Methoden der Regelungs- und Automatisierungstechnik

Herausgegeben von
Otto Föllinger, Hans Sartorius und Volker Krebs

Optimale Regelung und Steuerung

von
Professor em. Dr. rer. nat. Dr.-Ing. E. h. Otto Föllinger
Universität Karlsruhe
unter Mitwirkung von
Dr.-Ing. habil. Günter Roppenecker

3., verbesserte Auflage

Mit 96 Bildern, 7 Tabellen und
16 Übungsaufgaben mit genauer
Darstellung des Lösungsweges

R. Oldenbourg Verlag München Wien 1994

Prof. em. Dr. rer. nat. Dr.-Ing. E.h. Otto Föllinger, geboren 1924, studierte Mathematik und Physik an der Universität Frankfurt und promovierte 1952 in Mathematik. Ab 1956 arbeitete er im Institut für Automation der AEG. Von 1965 bis 1990 war er Inhaber des Lehrstuhls für Regelungs- und Steuerungssysteme an der Elektrotechnischen Fakultät der Universität Karlsruhe. 1986 verlieh ihm die Elektrotechnische Fakultät der Ruhruniversität Bochum die Ehrendoktorwürde. 1988 erhielt er das Ehrenzeichen des VDI.

Die 1. und 2. Auflage dieses Werkes erschienen unter dem Titel „Optimierung dynamischer Systeme".

Die Deutsche Bibliothek - CIP-Einheitsaufnahme

Föllinger, Otto:
Optimale Regelung und Steuerung : mit 7 Tabellen und 16 Übungsaufgaben mit genauer Darstellung des Lösungsweges / Otto Föllinger. Unter Mitw. von Günter Roppenecker. - 3., verb. Aufl. - München ; Wien : Oldenbourg, 1994
(Methoden der Regelungs- und Automatisierungstechnik)
Bis 2. Aufl. u.d.T.: Föllinger, Otto: Optimierung dynamischer Systeme
ISBN 3-486-23116-2

Gesamtherstellung: R. Oldenbourg, Graphische Betriebe GmbH, München

ISBN 3-486-23116-2

Inhaltsverzeichnis

Vorwort

Dieses Buch ist aus einem Kurs für die Fernuniversität Hagen hervorgegangen, basiert aber letztlich auf einer Optimierungsvorlesung, die ich schon seit längerer Zeit an der Karlsruher Universität halte. Die Bearbeitung der Übungsaufgaben wurde von meinem Mitarbeiter Herrn Dr.-Ing. Günter Roppenecker durchgeführt.

Ihm danke ich ebenso wie Herrn Hans Veil für wertvolle Ratschläge bei der Abfassung des Textes, meinem Mitarbeiter Herrn Helmut Keller sowie Herrn Dr. Winfried Berres und Herrn Roman Lunardon für Hinweise auf Irrtümer und Druckfehler, Herrn Jörg Flemmig für die Anfertigung des Sachwortverzeichnisses und Frau Rita Bellm sowie Frau Lieselotte Huber für die sorgfältige Erstellung des Textes und der Bilder.

Weihnachten 1984 O. Föllinger

Zur 3. Auflage

Der bisherige Titel "Optimierung dynamischer Systeme" wurde in "Optimale Regelung und Steuerung" abgewandelt, um so den behandelten Gegenstand genauer zu umschreiben. Im übrigen unterscheidet sich die vorliegende Auflage von den beiden vorangegangenen durch die Beseitigung noch vorhandener Irrtümer, kleinere Textänderungen und Ergänzungen im Literaturverzeichnis.

2. Juli 1994 O. Föllinger

Einführung

Charakterisierung des Themas

Ziel einer Regelung ist es, dem zu beeinflussenden System, der Strecke, ein gewünschtes Verhalten aufzuprägen und dieses gegen die Einwirkung von Störungen abzusichern. An das Verhalten der Regelung werden dabei Anforderungen gestellt, die von der Aufgabenstellung abhängen und von verschiedenem Schwierigkeitsgrad sind. Grundforderungen, die auf jeden Fall erfüllt sein müssen, sind Stabilität und genügende stationäre Genauigkeit. Darüber hinaus wird man meist eine hinreichend gedämpfte, jedoch nicht zu langsame Reaktion der Regelung auf die real vorhandenen äußeren Einwirkungen verlangen. Diese noch qualitativen dynamischen Anforderungen werden zu quantitativen Bedingungen verschärft, wenn charakteristische Kenndaten der Zeitvorgänge, wie Überschwingweite und Ausregelzeit, vorgegebene Grenzen nicht überschreiten dürfen. Die stärkste Anforderung besteht darin, daß das System sich "optimal" verhalten soll, also so gut, wie es unter den Bedingungen der Aufgabenstellung überhaupt möglich ist.

Was soll das nun heißen? Wann kann man bei einem technischen oder allgemeiner einem dynamischen System von "Optimierung" sprechen? Im gängigen Sprachgebrauch wird dieses Wort ziemlich sorglos verwendet, und man kann sich manchmal des Eindrucks nicht erwehren, daß schon von "optimieren" geredet wird, wenn jemand sich überhaupt gezielte Gedanken über die Bearbeitung einer Aufgabe macht.

Um berechtigterweise von Optimierung zu sprechen, muß zunächst ein *Gütemaß* (Güte-Index, Gütekriterium) vorhanden sein, das heißt, eine Maßzahl, durch welche die Qualität des Systemverhaltens bewertet wird. So kommt es bei technischen Anlagen häufig darauf an, daß ein Vorgang so schnell wie möglich abläuft. Beispielsweise sollen Förderanlagen in einem Bergwerk das Transportgut so schnell wie möglich an die Oberfläche bringen, um dadurch die Gesamtförderung zu steigern, Stahlblöcke in einem Tiefofen sollen möglichst schnell auf die vorgeschriebene Temperatur erwärmt werden, um sie ohne unnötigen Zeitverzug weiterverarbeiten zu können usw. In solchen Fällen ist die Zeitspanne, welche die technische Anlage zum Übergang von dem gegebenen Anfangszustand in den gewünschten Endzustand benötigt, das Gütemaß für das Systemverhalten. Bei anderen Aufgaben wird das Gütemaß durch die Energie dargestellt, welche die technische Anlage beim Übergang vom Anfangs- in den Endzustand verbraucht. Man denke etwa an Steuerungsmanöver von Raumfahrzeugen, die mit einem sehr begrenzten Energievorrat auskommen müssen. Aber auch im Bereich der konventionellen Technik ist dieses Gütemaß zunehmend wichtiger geworden. Wie man bereits aus diesen Beispielen sieht, gibt es verschiedene Arten von Gütemaßen, was bei der außerordentlichen Vielfalt technischer Aufgabenstellungen nicht verwunderlich ist.

Hat man aufgrund der gegebenen Problemstellung dem System ein Gütemaß zugeordnet, so *besteht die Optimierung* - ganz allgemein gesprochen - *darin, das Gütemaß durch geeignete Wahl der verfügbaren technischen Daten zum Minimum oder Maximum zu machen.* Ob Minimum oder Maximum, hängt von der speziellen Definition des Gütemaßes ab. Man kann sich bei der mathematischen Behandlung des Problems auf den Fall des Minimums beschränken, da durch Vorzeichenumkehr aus einem zu maximierenden Gütemaß ein zu minimierendes wird.

Bei einer Regelung kommt es also darauf an, den Regler so zu wählen, daß das Gütemaß, welches dem System zugeordnet wurde, minimal wird. Hier sind nun zwei Fälle zu unterscheiden. Der erste Fall, schon seit der Entstehung der

Regelungstechnik als eigene Disziplin betrachtet (OLDENBOURG-SARTORIUS, 1944), liegt dann vor, wenn die Struktur des Reglers von vornherein vorgeschrieben ist, zum Beispiel als PI- oder PID-Regler. Die verfügbaren Systemdaten bestehen dann lediglich aus den *Reglerparametern*. Sie so zu wählen, daß das Gütemaß minimal wird, führt auf ein gewöhnliches Extremalproblem. Man spricht dann von *Parameteroptimierung*. Sie stellt eine geläufige, in der Regelungstechnik vielfach benutzte Methode dar (siehe z.B. [43], Abschnitt 7.5.1).

So nützlich sie auch ist, vom begrifflichen Standpunkt aus kann man sie doch nur in recht eingeschränktem Sinn als Optimierung ansprechen. Denn das, worin die größte Wahlfreiheit besteht, nämlich die *Reglerstruktur*, also die Art der den Regler beschreibenden Funktionalbeziehung, hat man ja von vornherein festgelegt. Bei einer wirklichen Optimierung wird man gerade sie nicht vorschreiben, vielmehr unter allen möglichen Strukturen diejenige wählen, welche das kleinste Gütemaß liefert. Es liegt auf der Hand, daß man hierdurch gegenüber der Parameteroptimierung einen immensen Zuwachs an Optimierungsspielraum gewinnt. Wir wollen diese Art der Optimierung als *Strukturoptimierung* bezeichnen. Sie allein ist *Gegenstand des vorliegenden Buches*.

Ist der Regler völlig frei, so ist seine Ausgangsgröße, die wir im folgenden als Steuergröße oder Steuerfunktion bezeichnen wollen, beliebig (abgesehen von ganz allgemeinen mathematischen Voraussetzungen). Denkt man sich die Steuerfunktion irgendwie vorgegeben, so stellt sich ein bestimmter Wert des Gütemaßes ein. Unter allen möglichen Steuerfunktionen hat man diejenige zu wählen, welche das Gütemaß zu einem Minimum macht. Die eindeutige Zuordnung einer Zahl zu einer Funktion bezeichnet man allgemein als ein Funktional. Die Strukturoptimierung dynamischer Systeme führt somit zwangsläufig auf die

Minimierung von Funktionalen - zum Unterschied von der Parameteroptimierung, bei der lediglich eine Funktion, nämlich das Gütemaß als Funktion der Reglerparameter, zu minimieren ist.

Die Minimierung von Funktionalen aber ist eine klassische Aufgabe der Analysis, die schon ausgiebig bearbeitet wurde, als vom abstrakten Begriff des Funktionals noch nicht die Rede war. Extremalprobleme dieser Art hießen damals und heißen noch heute *Variationsprobleme;* die für sie zuständige mathematische Disziplin ist die *Variationsrechnung.* Variationsprobleme traten erstmals gegen Ende des 17. Jahrhunderts bei der Behandlung mechanischer Fragestellungen auf. Ein klassisches Beispiel ist das Problem der Brachistochrone, dessen Lösung zu einem erbitterten Streit zwischen den beiden Brüdern Johann und Jakob Bernoulli führte (1696). Die Aufgabe besteht darin, diejenige Kurve zwischen einem gegebenen Anfangspunkt und einem tiefer gelegenen, ebenfalls gegebenen Endpunkt zu finden, die von einem allein unter dem Einfluß der Schwerkraft stehenden Massenpunkt in kürzester Zeit durchlaufen wird. Gütemaß ist hier also die Übergangszeit vom gegebenen Anfangspunkt in den gegebenen Endpunkt, so daß ein zeitoptimales Problem vorliegt. Zum Unterschied von technischen Problemstellungen gibt es hier jedoch keine Steuerfunktion, mit der man das System während des Prozeßablaufs gezielt beeinflussen kann. Das Gütemaß hängt vielmehr allein von der Gestalt der Bahnkurve ab.

An Problemen solcher Art hat sich die Variationsrechnung in innigem Zusammenhang mit der Physik, zunächst der Mechanik, später der Optik, entwickelt. Eine notwendige Bedingung, der die Lösung des Variationsproblems genügen muß, wurde sehr bald in Form einer Differentialgleichung bzw. eines Differentialgleichungssystems gefunden, welches die Mathematiker nach EULER, die Physiker nach LAGRANGE benennen (EULER, 1744) und das man durch die

Einführung der Hamilton-Funktion (1834/35) auf eine überaus symmetrische und für technische Problemstellungen sehr geeignete Form bringen kann. Für den Anwender ist damit die Hauptarbeit getan: Er löst ein *Randwertproblem zu den Hamilton-Gleichungen* und ist - sofern dieses eine eindeutige Lösung besitzt - sicher, die Lösung des Optimierungsproblems in der Hand zu haben. Denn auf Grund der konkreten Aufgabenstellung weiß er in vielen Fällen, daß eine Lösung des Optimierungsproblems existiert, so daß sie durch die Lösung des Randwertproblems gegeben sein muß.

Anders der Mathematiker, welcher sich mit solchen intuitiven Begründungen nicht zufrieden geben kann! So ist denn die Entwicklung der Variationsrechnung im 19. Jahrhundert gekennzeichnet durch die Suche nach weiteren notwendigen Bedingungen, jeweils verbunden mit dem Versuch, sie in ihrer Gesamtheit als hinreichend zu erweisen. Mit der gleichen Methode wie die *Euler-Lagrangeschen Differentialgleichungen* wurde zunächst die *Legendre-Bedingung* (1786) hergeleitet. Eine Bedingung ganz anderer Art, nämlich von geometrischem Charakter, ist die *Jacobi-Bedingung* (1837), wieder anders die *Weierstraß-Bedingung* (1879). Erst wenn man alle vier Bedingungen zusammennimmt, unter Verschärfung der drei letztgenannten, erhält man eine hinreichende Bedingung für die Lösung des Variationsproblems, jedenfalls im einfachsten Fall.

Wir werden uns im Rahmen dieses Buches auf die Euler-Lagrangeschen Differentialgleichungen bzw. die Hamilton-Gleichungen beschränken, weil die anderen Bedingungen, so reizvoll sie in mathematischer Hinsicht sind, für die Anwendungen in Systemdynamik und Regelungstechnik keine nennenswerte Rolle spielen. Für diese ist jedoch ein anderer Gesichtspunkt von größter Bedeutung. Als man in den 50er Jahren begann, Regelungen strukturoptimal zu entwerfen, zeigte sich eine eigentümliche Schwierigkeit, die bei den vorangegangenen naturwissenschaftlichen Anwendungen der Variationsrechnung keine Rolle gespielt hatte. In technischen Systemen gibt es nicht selten zeitveränderliche Größen, die sich nur innerhalb gewisser Grenzen bewegen dürfen, also beschränkt sind. Das können Zustandsvariable sein: Eine Geschwindigkeit darf etwa einen kritischen Wert nicht überschreiten, eine Temperatur muß unterhalb eines Maximalwertes bleiben, damit das Material nicht schmilzt, und dergleichen. Vielfach ist es die Stellgröße, also die Ausgangsgröße der Stelleinrichtung, welche beschränkt ist, und zwar durch die in der Stelleinrichtung vorhandene Begrenzungskennlinie. Deren Ursachen sind verschiedenartig. Sie kann als mechanischer Anschlag in Ventilen oder Rudereinrichtungen auftreten, als Sättigungserscheinung in elektronischen Verstärkern oder elektrischen Maschinen oder in anderer Weise. Auf jeden Fall besteht der Effekt darin, daß die Stellgröße beschränkt ist. Schließlich kann auch die Eingangsgröße der Stelleinrichtung aus technologischen Gründen beschränkt sein. Treten aber in den Systemdifferentialgleichungen beschränkte Variable auf, ganz gleich, aus welchen Gründen und in welcher Form, so versagt die klassische Variationsrechnung. Verständlicherweise: Sie befaßte sich nicht mit der gezielten Beeinflussung von Systemen, was ja eine typisch technische Aufgabenstellung ist, und hatte es daher auch nicht mit den bei technischen Systemen leider so häufig auftretenden Beschränkungen zu tun.

Man war daher bei der Behandlung technischer Probleme zu einer Erweiterung der klassischen Ideen gezwungen. Sie wurde in zweifacher Weise gegeben. Einmal in Form des *Maximumprinzips*, das 1956 von dem russischen Mathematiker L.S. PONTRJAGIN als Hypothese formuliert und von ihm und seinen Schülern in den nachfolgenden Jahren bewiesen und auf immer ausgedehntere Systemklassen erweitert wurde. Vorbereitet wurde diese allgemeine Methode durch Untersuchungen des russischen Regelungstechnikers A.A. FELDBAUM über zeitoptimale Systeme (1953). Das zweite Verfahren, Optimierungsprobleme mit beschränkten Variablen anzugehen, wurde in Gestalt der *Dynamischen Programmierung* seit Anfang der 50er Jahre von dem amerikanischen Mathematiker R. BELLMAN entwickelt. Es handelt sich dabei um eine sehr allgemeine Methodik, die nicht auf technische Probleme begrenzt ist, sondern ebenso auf ökonomische, militärische und andere Aufgabenstellungen angewandt werden kann. Vorbereitet wurde sie durch Untersuchungen des deutschen Mathematikers C. CARATHEODORY (1935). Es verdient hervorgehoben zu werden, daß diese *modernen Weiterentwicklungen der Variationsrechnung* nicht mehr durch naturwissenschaftliche Probleme, sondern *durch technische Fragestellungen inspiriert wurden.*

Gliederung des Buches

Zunächst wird im Kapitel 1 das Variationsproblem formuliert, das sich bei der Strukturoptimierung dynamischer Systeme einstellt. Im Zusammenhang damit wird der grundsätzliche Aufbau einer optimalen Regelung entwickelt. Im Kapitel 2 erfolgt dann die Lösung dieses Variationsproblems, das heißt, es werden die Hamilton-Gleichungen und Transversalitätsbedingungen angegeben, denen die optimale Lösung genügen muß. Dabei wird vorausgesetzt, daß sämtliche Variablen unbeschränkt sind, eine Voraussetzung, die man beispielsweise bei verbrauchsoptimalen Problemen vielfach zugrunde legen darf. Im Kapitel 3 wird dann die Anwendung der allgemeinen Lösungsmethode auf einen viel bearbeiteten Problemkreis beschrieben, nämlich die Optimierung eines quadratischen Gütemaßes bei linearer Strekke. Eine umfangreiche Klasse verbrauchsoptimaler Probleme ist hierin enthalten. Im Kapitel 4 erfolgt der Übergang zum Pontrjaginschen Maximumprinzip. Seine Verwendbarkeit wird vor allem an einem Problemtyp gezeigt, der nur bei Berücksichtigung von Beschränkungen überhaupt sinnvoll behandelt werden kann: der Ermittlung zeit- oder schnelligkeitsoptimaler Regelungen (Kapitel 5). Dabei wird ein für die praktische Anwendung sehr wichtiger Gesichtspunkt erörtert: der Übergang zu suboptimalen, also fast-optimalen, Regelungen. Kapitel 6 bringt weitere Anwendungen des Maximumprinzips. Der Text schließt mit der Behandlung der Dynamischen Programmierung im Kapitel 7, wobei auch ihr Zusammenhang mit dem Maximumprinzip aufgezeigt wird.

Auf numerische Methoden zur Lösung von Optimierungsproblemen wird nicht eingegangen. Dies ist ein eigenes, umfangreiches Gebiet, dessen Behandlung den Rahmen des Buches erheblich überschritten hätte. Hierfür sei auf die gut lesbare, mit zahlreichen durchgerechneten Anwendungsbeispielen versehene Darstellung von HOFER-LUNDERSTÄDT [32] sowie auf [48], Kapitel 20, verwiesen.

Auch mit stochastischen Optimierungsproblemen werden wir uns nicht befassen, vielmehr wird generell vorausgesetzt, daß Strecke und Eingangsgrößen mit genügender Näherung deterministisch beschrieben werden können.

Ein dritter Themenkreis, der in unserem Buch nicht behandelt wird, sind die sogenannten "direkten Methoden der Variationsrechnung".[1)] Bei ihnen wird die Lösung des Optimierungsproblems nicht auf ein Randwertproblem von Differentialgleichungen zurückgeführt, vielmehr versucht man, direkt eine Funktionenfolge zu konstruieren, welche gegen die Lösung des Optimierungsproblems strebt. Konkret läuft dies - überschlägig gesagt - darauf hinaus, die Variablen des Problems nach einem geeignet gewählten

1 Für eine allgemeine Darstellung der direkten Methoden und ihre Anwendung auf mechanische Probleme siehe etwa H. LEIPHOLZ: Die direkte Methode der Variationsrechnung und Eigenwertprobleme der Technik. G. Braun-Verlag, Karlsruhe, 1975. Siehe auch Kapitel 2 in [4].

Funktionensystem zu entwickeln, etwa nach trigonometrischen Funktionen oder Tschebyscheff-Polynomen, und auf diese Weise die Minimierung des Güte*funktionals* in die Minimierung einer *Funktion* zu verwandeln, nämlich einer Funktion der Entwicklungskoeffizienten. Bisher haben jedoch die direkten Methoden nur vereinzelt in die Systemdynamik und Regelungstechnik Eingang gefunden.[1)]

ZIEL

des vorliegenden Buches ist es, in die Begriffe und Verfahren einzuführen, die der Ingenieur zur Strukturoptimierung von Regelungen und Steuerungen benötigt. Der Anwendungsgesichtspunkt steht dabei im Vordergrund. Auf rein mathematische Aspekte der Optimierungsmethoden wird nicht eingegangen, Strenge der Darstellung nicht angestrebt. Dennoch wird nicht nur eine Rezeptsammlung gegeben, vielmehr werden die Begriffsbildungen und Methoden einsichtig gemacht. An typischen Beispielen wird die Anwendung der Verfahren gezeigt.

VORAUSSETZUNGEN

An *mathematischen Kenntnissen* werden benötigt:

. Die Differential- und Integralrechnung, wie sie in einem einführenden Kurs in die Analysis gebracht wird.

. Grundkenntnisse über gewöhnliche Differentialgleichungen.

---

1 Ein interessantes Beispiel hierfür bietet der Aufsatz "Anwendung der Walsh-Transformation auf optimale Steuerungs- und Regelungsprobleme - eine neue Formulierung der direkten diskreten Lösung" von H. BURKHARDT [Regelungstechnik 23 (1975), Seite 294-299].
Ein auf den direkten Methoden basierendes numerisches Verfahren wurde von H.G. JACOB angegeben [37].

- Die Lösung linearer Differentialgleichungen mit konstanten Koeffizienten mittels der Laplace-Transformation (siehe etwa [41]).
- Grundlagen der Vektor- und Matrizenrechnung.

Kenntnisse aus der Funktionalanalysis sind nicht erforderlich. Bei der anwendungsorientierten Ausrichtung des vorliegenden Buches genügt die Behandlung der Variationsprobleme mittels klassischer Analysis.

An *regelungstechnischen Kenntnissen* werden vorausgesetzt:

- Grundkenntnisse der klassischen Regelungstechnik (siehe etwa [43], Kapitel 1, 2, 4).
- Die Elemente der Zustandsbeschreibung dynamischer Systeme (Zustandsgleichungen, Transformation auf Diagonalform, Transitionsmatrix; siehe etwa [43], Kapitel 11, 12).

Spezielle physikalische oder technische Kenntnisse werden nirgends verlangt. Deshalb ist das Buch für Anwender beliebiger Fachrichtung verständlich, sofern sie über die obengenannten mathematischen und regelungstechnischen Vorkenntnisse verfügen.

1 Die Strukturoptimierung dynamischer Systeme als Variationsproblem

1.1 Parameteroptimierung und Strukturoptimierung

Wir knüpfen an die überschlägige Charakterisierung der beiden Begriffe in der Einführung an und wollen sie nun ausführlicher erläutern. Halten wir zunächst nochmals fest: *Ein dynamisches System zu optimieren, heißt allgemein, ihm ein Gütemaß zuzuordnen und dieses durch geeignete Wahl der verfügbaren technischen Daten zum Extremum zu machen, wobei man sich bei geeigneter Wahl des Vorzeichens auf das Minimum beschränken darf.*

Veranschaulichen wir diese allgemeine Formulierung am Regelkreis im Bild 1/1 ! Die Struktur des Reglers, d.h.

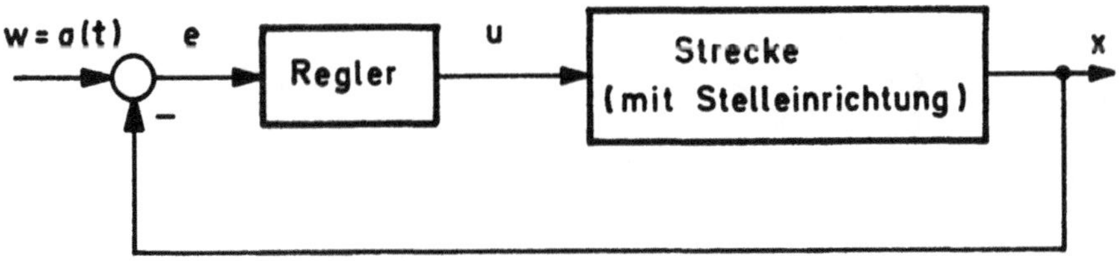

Bild 1/1 Regelkreis
σ(t): Einheitssprung

die den Regler beschreibende Gleichung, sei vorgegeben. Handelt es sich beispielsweise um einen PI-Regler, so lautet die komplexe Übertragungsgleichung

$$U(s) = K_R \frac{1+T_R s}{s} E(s).$$

Im Zeitbereich geht sie in die Beziehung

$$u(t) = K_R T_R e(t) + K_R \int_0^t e(\tau)d\tau$$

über. Als verfügbare technische Daten liegen die beiden Reglerparameter K_R und T_R vor. Sie sollen so gewählt werden, daß der Regelkreis ein günstiges Verhalten aufweist.

Hierzu kann man in verschiedener Weise vorgehen. *Eine* Möglichkeit besteht darin, dem Regelkreis ein Gütemaß zuzuordnen und dieses durch geeignete Wahl von K_R und T_R minimal zu machen. Ein vielbenutztes Gütemaß ist die sogenannte *"quadratische Regelfläche"*. Man denke sich als Führungsgröße w den Einheitssprung $\sigma(t)$ aufgeschaltet, wie das im Bild 1/1 angedeutet ist. Unter der Annahme, daß der Regelkreis stabil ist, durchläuft die Regeldifferenz $e(t)$ einen Einschwingvorgang und strebt mit wachsender Zeit t gegen Null. Im Bild 1/2 ist ein möglicher Verlauf skizziert. Im ersten Augenblick hat $e = w-x$ den

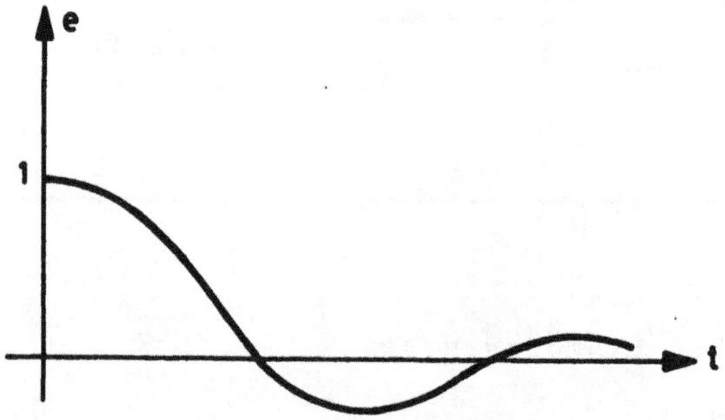

Bild 1/2 Möglicher Verlauf der Regeldifferenz e(t)

Wert 1, da wegen des Verzögerungscharakters der Strecke x zunächst den Wert 0 aufweist. Der Idealfall bestände darin, daß e dann sofort den Wert 0 annähme und festhielte, so daß die Regelgröße $x(t)$ identisch mit der Führungsgröße $w(t)$ wäre. Das ist wegen des Zeitverhaltens der Strecke nicht zu verwirklichen, aber man wird bestrebt sein, e(t) so klein wie möglich zu halten, wobei es nicht auf einen einzelnen Zeitpunkt, vielmehr auf den Gesamtverlauf ankommt. Hierdurch wird

$$\int_0^\infty e(t)dt$$

als Gütemaß nahegelegt. Führt jedoch e(t) eine nur schwach gedämpfte Schwingung aus, wobei sich die positiven und negativen Schwingungsanteile nahezu kompensieren, so ergibt sich ein kleiner Wert des Gütemaßes, der ein günstiges Verhalten vortäuscht, während das tatsächliche Übergangsverhalten sehr schlecht ist. Um solche Vorzeicheneinflüsse auszuschalten, muß man von e(t) zu $|e(t)|$ oder $e^2(t)$ übergehen. Im letzteren Fall gelangt man zur "quadratischen Regelfläche":

$$J = \int_0^\infty e^2(t)dt.$$

Zu einer bestimmten Einstellung der Reglerparameter K_R und T_R ergibt sich bei Aufschaltung der Führungsgröße $w = \sigma(t)$ ein eindeutig bestimmter Verlauf von e(t) und damit ein bestimmter Wert von J. Ändert man die Einstellung von K_R und T_R, so ändert sich der Verlauf von e(t) und mit ihm der Wert J. Mit einem Wort, das Gütemaß J ist eine Funktion der Reglerparameter:

$$J = J(K_R, T_R).$$

Die Aufgabe besteht nun darin, K_R und T_R so zu bestimmen, daß diese Funktion ein Minimum annimmt. Sieht man von Beschränkungen der Parameter ab, so erhält man die optimalen Werte aus den Gleichungen

$$\frac{\partial J}{\partial K_R} = 0, \quad \frac{\partial J}{\partial T_R} = 0.$$

Es kommt uns hier nicht auf die Berechnung der Funktion $J(K_R,T_R)$ und die Durchführung der Optimierung an [1], sondern nur auf die grundsätzliche *Vorgehensweise*. Sie ist *dadurch charakterisiert, daß die Struktur des Reglers, d.h. die den Regler beschreibende Gleichung, festliegt und nur die Reglerparameter verfügbar sind.* Demgemäß ist das *Gütemaß eine Funktion der Reglerparameter. Die Optimierung erfolgt durch Aufsuchen des Minimums dieser Funktion.* Treten keine Parameterbeschränkungen auf, so erhält man das Minimum mittels der Differentialrechnung (sofern das Gütemaß als Funktion der Parameter differenzierbar ist, was man im allgemeinen voraussetzen darf). Muß man Beschränkungen der Reglerparameter berücksichtigen, so treten Ungleichungen als Nebenbedingung des Optimierungsproblems auf. Man spricht dann von *linearer* oder *nichtlinearer Optimierung*, je nachdem, ob Gütemaß und Ungleichungen linear oder nichtlinear von den Parametern abhängen.[2] Aber ganz gleich, welcher dieser Fälle vorliegt, es handelt sich stets um die Minimierung einer *Funktion* - eine Problemstellung, die wir für unseren Problemkreis treffend als *Parameteroptimierung* bezeichnen können.[3]

---

1 Hierüber kann man z.B. nachlesen in [43], Abschnitt 7.5.1.
Ausführliche Behandlung der Parameteroptimierung ohne Berücksichtigung von Beschränkungen bei R.F. DRENICK: Die Optimierung linearer Regelungssysteme. R. Oldenbourg Verlag, 1967. Für die Berücksichtigung von Beschränkungen: [48], Abschnitt 7.4.

2 Siehe etwa [34], [35], [48].

3 Manchmal spricht man auch von "statischer Optimierung", wovon dann die Strukturoptimierung - nicht sehr glücklich - als "dynamische Optimierung" unterschieden wird.

Die Parameteroptimierung ist seit Beginn der klassischen Regelungstheorie im Gebrauch und für zahlreiche Aufgabenstellungen ein nützliches Entwurfsverfahren. Sie schränkt jedoch die Optimierungsmöglichkeiten dadurch ganz wesentlich ein, daß sie von vornherein von einer fest vorgegebenen Regler*struktur* ausgeht. Legt man beispielsweise einen PID-Regler zugrunde, so könnte es doch sein, daß etwa eine nichtlineare Kennlinie einen viel besseren Wert des Gütemaßes liefert als alle möglichen PID-Regler. Nur wird sie überhaupt nicht in Betracht gezogen, da man sich ja von vornherein auf die PID-Struktur beschränkt hat. Will man wirklich alle Optimierungsmöglichkeiten ausnutzen, so wird man die Struktur des Reglers keinesfalls festlegen, denn mit ihr kann man eine viel größere Variabilität erreichen als mit beliebigen Parametervariationen bei festzementierter Struktur. Man wird also versuchen, *unter allen möglichen Reglerstrukturen diejenige zu finden, welche das durch die Aufgabenstellung gegebene Gütemaß zum Minimum macht.* Wir wollen dann von *Strukturoptimierung* sprechen. Um sie handelt es sich in unserem Buch. Wenn im folgenden von Optimierung geredet wird, ist stets die Strukturoptimierung gemeint.

Bei ihr ist nur zweierlei vorgegeben:

- Das mathematische Modell der Strecke, aus den physikalischen Gesetzen des Systems oder auch durch Identifikation erhalten. Die Stelleinrichtung wird dabei zur Strecke hinzugerechnet.
- Das Gütemaß J, aus der Aufgabenstellung entwickelt, welche die Regelung erfüllen soll.

Was das Streckenmodell betrifft, so muß es in Zustandsdarstellung gegeben sein. Sie ist die sachgemäße Beschreibung des Systems, wenn es um Strukturoptimierung geht. Die klassische Systembeschreibung mit komplexen Übertragungsgleichungen ist hierbei nicht brauchbar.

Im Bild 1/3 ist die Strecke, auch dynamisches System

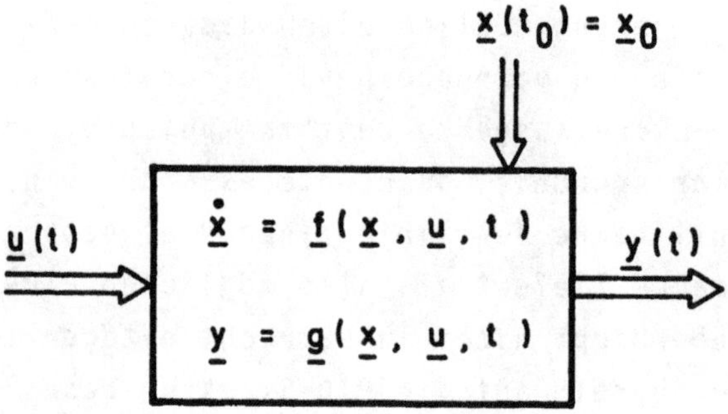

Bild 1/3 Strecke (dynamisches System, dynamischer Prozeß) in Zustandsdarstellung

oder dynamischer Prozeß genannt, in Blockform dargestellt.

$$\underline{x}(t) = \begin{bmatrix} x_1(t) \\ \vdots \\ x_n(t) \end{bmatrix}$$ ist der Zustandsvektor,

$$\underline{u}(t) = \begin{bmatrix} u_1(t) \\ \vdots \\ u_p(t) \end{bmatrix}$$ der Steuer- oder Eingangsvektor,

manchmal auch als Steuergröße bezeichnet,

$$\underline{y}(t) = \begin{bmatrix} y_1(t) \\ \vdots \\ y_q(t) \end{bmatrix}$$ der Ausgangs- oder Aufgabenvektor.

Die Zustandsdifferentialgleichung

$$\underline{\dot{x}}(t) = \underline{f}\big(\underline{x}(t),\underline{u}(t),t\big), \qquad t \geqq t_0,$$

darf nichtlinear sein, ebenso wie die Ausgangsgleichung

$$\underline{y}(t) = \underline{g}\big(\underline{x}(t),\underline{u}(t),t\big), \qquad t \geqq t_0,$$

die aber bei uns keine so große Rolle spielen wird.

Die Strecke wird von einem Zeitpunkt t_0 an betrachtet. Der Zustandspunkt $\underline{x}(t)$ der Strecke befindet sich dann in einem Punkt $\underline{x}(t_0) = \underline{x}_0$ des Zustandsraums, der durch die Vorgeschichte, also durch vorangegangene Steuerprozesse, Störeingriffe und dergleichen, gegeben ist. Vielfach ist dieser *Anfangszustand* nicht bekannt. Bei der Entwicklung allgemeiner Lösungsverfahren wird man deshalb annehmen, daß er *an einer beliebigen Stelle des Zustandsraumes* liegt.

In der Aufgabenstellung wird häufig verlangt, daß der Zustandspunkt $\underline{x}(t)$ der Strecke zu einem gegebenen Endzeitpunkt t_e in einem gewünschten Zielpunkt $\underline{x}_e$ angelangt ist. Die technische Anlage soll sich eben nach einer gewissen Zeit im gewünschten Betriebszustand befinden. Es gibt aber auch Problemstellungen, bei denen der Endzeitpunkt t_e frei oder der Endpunkt $\underline{x}_e$ nicht festgelegt ist. Darauf werden wir später ausführlich eingehen. Zur Fixierung der Vorstellungen wollen wir hier jedoch annehmen, daß Endzeitpunkt und Endpunkt fest vorgegeben sind.

Man hat dann einen Steuervektor $\underline{u}(t)$ zu wählen, der den Zustandspunkt $\underline{x}(t)$ aus dem beliebigen Anfangszustand $\underline{x}(t_0) = \underline{x}_0$ in den gewünschten Endzustand $\underline{x}(t_e) = \underline{x}_e$ bewegt. Sofern keine weiteren Anforderungen gestellt sind, darf man erwarten, daß es unendlich viele derartige Steuervektoren gibt und demgemäß unendlich viele durch sie bestimmte Trajektorien, die von $\underline{x}(t_0) = \underline{x}_0$ nach $\underline{x}(t_e) = \underline{x}_e$ führen. Im Bild 1/4 ist diese Situation skizziert.

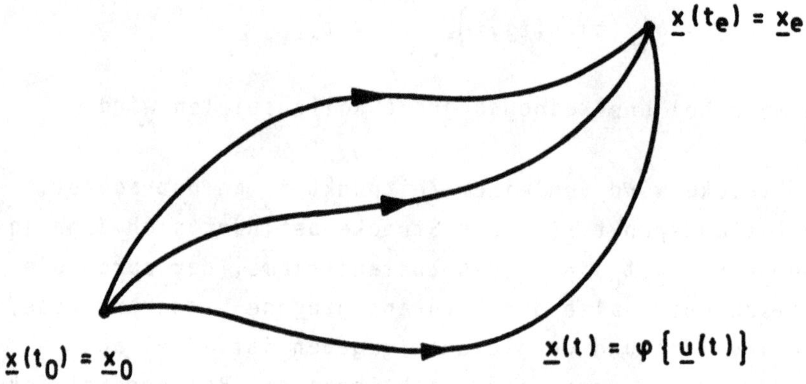

Bild 1/4 Die Trajektorien der Strecke in Abhängigkeit vom Steuervektor

Nun ist der Eingangsvektor $\underline{u}(t)$ der Strecke (einschließlich Stelleinrichtung) die Ausgangsgröße des Reglers. Da die Reglerstruktur völlig frei ist, sind grundsätzlich beliebige Steuervektoren $\underline{u}(t)$ der Strecke zugelassen. Im Hinblick auf das, was bisher bereits über die Aufgabenstellung gesagt wurde, kommen von ihnen allerdings nur die in Frage, welche $\underline{x}(t)$ von $\underline{x}(t_0) = \underline{x}_0$ nach $\underline{x}(t_e) = \underline{x}_e$ überführen. Damit gelangen wir zu der folgenden *vorläufigen Formulierung unseres Optimierungsproblems: Unter allen möglichen Steuervektoren $\underline{u}(t)$, welche den Zustandspunkt $\underline{x}(t)$ der Strecke vom beliebigen Anfangszustand $\underline{x}_0$, in dem er sich zum Zeitpunkt t_0 befindet, bis zum Zeitpunkt t_e in den gewünschten Endzustand $\underline{x}_e$ überführen, ist derjenige gesucht, welcher das gegebene Gütemaß J zum Minimum macht.*

Es ist nun an der Zeit, etwas über das Gütemaß zu sagen, welches bei der Strukturoptimierung zugrunde gelegt werden soll.

1.2 Gütemaße

Schon in der Einführung wurde darauf hingewiesen und durch Beispiele belegt, daß es entsprechend der Vielfalt technischer Aufgabenstellungen verschiedene Arten von Gütemaßen gibt. Wir wollen im folgenden die gängigsten Typen von Gütemaßen näher betrachten, einmal, um sie selbst kennenzulernen, zum anderen, um eine übergreifende Darstellung zu finden, die bei den allgemeinen Untersuchungen zur Lösung des Optimierungsproblems zugrunde gelegt werden kann.

Da ist zunächst der Typ des *energie- oder verbrauchsoptimalen Gütemaßes*. Liegt ein dynamisches System mit nur einer Steuerfunktion u(t) vor, so ist es einleuchtend, als Maß für die Gesamtenergie, die dem System während des Steuerungszeitraumes von t_0 bis t_e zugeführt wird, den Wert

$$J = \frac{1}{2} \int_{t_0}^{t_e} u^2(t)dt \tag{1.1}$$

zu wählen. Entsprechend wie bei der quadratischen Regelfläche wird auch hier das Quadrat von u(t) genommen, um Vorzeicheneinflüsse auszuschalten. Der Faktor 1/2 ist unwesentlich und hat lediglich den Zweck, die späteren Rechnungen ein wenig zu vereinfachen.

Treten mehrere Steuergrößen $u_1(t),...,u_p(t)$ auf, so wird man das Gütemaß (1.1) zu

$$J = \frac{1}{2}\int_{t_0}^{t_e} \left[r_1 u_1^2(t) + \ldots + r_p u_p^2(t)\right] dt \tag{1.2}$$

verallgemeinern, wobei die $r_\nu > 0$ Gewichtsfaktoren sind. Mit ihnen ist es möglich, mittelbar eine beschränkende Wirkung auf die Steuerfunktionen auszuüben. Soll z.B. die Steuergröße u_1 besonders sparsam eingesetzt werden, so wird man r_1 im Vergleich zu den anderen r_ν sehr groß wählen. Man wird dann erwarten dürfen, daß der Betrag von u_1 klein bleibt, da ja die $u_\nu(t)$ so bestimmt werden, daß J minimal wird, was bei großem r_1 *und* großem $|u_1(t)|$ kaum zu erreichen ist. Natürlich ist dieser Schluß nicht streng, und es ist durchaus möglich, daß $u_1(t)$ zeitlich eng begrenzte, hohe Spitzen aufweist, die sich im Integral nur wenig bemerkbar machen. Meist wird dies jedoch nicht der Fall sein. Auf diese Weise ist es vielfach möglich, Beschränkungen der Steuergrößen wenigstens qualitativ zu berücksichtigen.

Man kann (1.2) noch weiter verallgemeinern, indem man von der gewichteten Quadratsumme

$$\sum_{\nu=1}^{p} r_\nu u_\nu^2(t), \quad r_\nu > 0,$$

zu einer allgemeinen quadratischen Form übergeht:

$$J = \frac{1}{2}\int_{t_0}^{t_e} \sum_{i,k=1}^{p} r_{ik} u_i(t) u_k(t) = \frac{1}{2}\int_{t_0}^{t_e} \underline{u}^T(t)\underline{R}\,\underline{u}(t)dt,^{1)} \tag{1.3}$$

1 Hier wie stets in unserem Buch bezeichnet T die Transposition eines Vektors sowie einer Matrix. Zeilenvektoren werden durch das Transpositionszeichen als solche gekennzeichnet.

wobei $\underline{R} = (r_{ik})$ eine p-reihige, symmetrische und *positiv definite Matrix* ist. Letzteres *bedeutet, daß für jeden Vektor $\underline{u}$ die quadratische Form $\underline{u}^T \underline{R}\, \underline{u} \geqq 0$ ist und den Wert Null lediglich für $\underline{u} = \underline{0}$ annimmt.* Diese Voraussetzung liegt für ein Verbrauchsmaß auf der Hand.

Die Verallgemeinerung (1.3) hat im wesentlichen theoretische Bedeutung, insofern man die später zu entwickelnde Lösungsmethode statt für (1.2) ohne zusätzliche Schwierigkeit auch für (1.3) durchführen kann. Im konkreten Fall wird man sich auf die gewichtete Quadratsumme (1.2) beschränken. Bereits dort ist die zweckmäßige Wahl der Gewichtsfaktoren r_ν nicht einfach, weil man hierfür nur ganz grobe Anhaltspunkte hat, wie etwa die Betragsabsenkung gewisser Steuergrößen. Bei der Wahl von Elementen r_{ik} mit $i \neq k$ aber fehlt - von etwaigen Ausnahmefällen abgesehen - jedes Kriterium.

Eine zweite Art von *Gütemaßen* ist *vom Typ der quadratischen Regelfläche.* Betrachten wir zunächst ein System mit nur einer Ausgangsgröße y(t). Vielfach wird man fordern, daß sie nach irgendeiner Anfangsauslenkung $\underline{x}_0$ mit wachsendem t einem festen, vorgegebenen Wert zustrebt. Diesen darf man ohne Einschränkung der Allgemeinheit zu Null annehmen, da man hierzu ja nur das Nullniveau geeignet zu wählen braucht. Um zu starke Ausschläge der Ausgangsgröße zu vermeiden, liegt es dann nahe zu fordern, daß

$$J = \frac{1}{2} \int_{t_0}^{t_e} y^2(t)dt \qquad (1.4)$$

ein Minimum wird. Bei mehreren Ausgangsgrößen wird man entsprechend wie im verbrauchsoptimalen Fall zum Gütemaß

$$J = \frac{1}{2} \int_{t_0}^{t_e} \left[g_1 y_1^2(t) + \ldots + g_q y_q^2(t) \right] dt$$

übergehen, wobei $g_1, \ldots, g_q \geqq 0$ Gewichtungsfaktoren sind. Den Integranden kann man in vektorieller Form schreiben:

$$\sum_{\mu=1}^{q} g_\mu y_\mu^2 = [y_1 \ \ldots \ y_q] \begin{bmatrix} g_1 & \ldots & 0 \\ \vdots & \ddots & \vdots \\ 0 & \ldots & g_q \end{bmatrix} \begin{bmatrix} y_1 \\ \vdots \\ y_q \end{bmatrix} = \underline{y}^T \underline{G} \ \underline{y} \ . \tag{1.5}$$

Handelt es sich um ein lineares dynamisches System, so ist

$$\underline{y} = \underline{C} \ \underline{x}$$

und damit wird aus (1.5)

$$\sum_{\mu=1}^{q} g_\mu y_\mu^2 = \underline{x}^T \underline{C}^T \underline{G} \ \underline{C} \ \underline{x} \ . \tag{1.6}$$

Hierin ist die Matrix $\underline{C}^T \underline{G} \ \underline{C}$ symmetrisch, da

$$(\underline{C}^T \underline{G} \ \underline{C})^T = \underline{C}^T \underline{G}^T \underline{C}^{TT} = \underline{C}^T \underline{G} \ \underline{C} \ .$$

Außerdem ist

$$\underline{x}^T \underline{C}^T \underline{G} \ \underline{C} \ \underline{x} = \sum_{\mu=1}^{q} g_\mu y_\mu^2 \geqq 0,$$

und zwar für beliebige Werte von $\underline{x}$. Dabei ist es allerdings möglich, daß der Wert Null angenommen wird, obgleich $\underline{x} \neq \underline{0}$ ist. Sind z.B. in $\underline{C}$ die ersten beiden Spalten gleich, so ist $\underline{y} = \underline{0}$ für $x_2 = -x_1$ beliebig und

$x_3 = \ldots = x_n = 0$. Die Matrix $\underline{C}^T \underline{G}\, \underline{C}$ ist somit positiv semidefinit.

Es liegt nahe, das Gütemaß (1.6) dadurch zu verallgemeinern, daß man zu

$$J = \frac{1}{2} \int_{t_0}^{t_e} \underline{x}^T(t) \underline{Q}\, \underline{x}(t) dt = \frac{1}{2} \int_{t_0}^{t_e} \sum_{i,k=1}^{n} q_{ik} x_i(t) x_k(t) dt \tag{1.7}$$

übergeht, wobei $\underline{Q} = (q_{ik})$ eine beliebige n-reihige, symmetrische und *positiv semidefinite Matrix* ist. Letzteres heißt $\underline{x}^T \underline{Q}\, \underline{x} \geqq 0$ *für jeden beliebigen Vektor* $\underline{x}$. Hier darf also die quadratische Form Null werden, obwohl $\underline{x} \neq \underline{0}$ ist. Wie der spezielle Fall (1.6) zeigt, muß man dies zulassen.

Der physikalische Sinn des Gütemaßes (1.7) besteht darin, den Zustandspunkt $\underline{x}(t)$ des dynamischen Systems (der Strecke) aus dem beliebigen Anfangszustand $\underline{x}_0$ in den gewünschten Endzustand $\underline{x}_e = \underline{0}$ zu überführen, ohne daß allzu starke Pendelungen der Trajektorie auftreten. Da dieses *Gütemaß* auf einen gewünschten Verlauf der Trajektorie abzielt, kann man es treffend als *verlaufsoptimal* bezeichnen.

Für die Wahl der Bewertungsmatrix $\underline{Q}$ gilt ähnliches wie im verbrauchsoptimalen Fall. Sofern $\underline{Q}$ nicht - wie beim Gütemaß (1.6) - vom Ausgangsvektor her bestimmt ist, wird man $\underline{Q}$ im allgemeinen als Diagonalmatrix wählen, $\underline{x}^T \underline{Q}\, \underline{x}$ somit als gewichtete Quadratsumme.

Kehren wir noch einmal zum speziellen Gütemaß (1.6) zurück! Wenn das zugrunde liegende lineare System zeitvariant ist, können die Komponenten der Matrix $\underline{C}$ und damit die Elemente der Matrix $\underline{C}^T\underline{G}\,\underline{C}$ zeitabhängig sein. Man läßt daher bei der allgemeinen Behandlung des Optimierungsproblems die Matrix $\underline{Q}$ und auch die Bewertungsmatrix $\underline{R}$ des verbrauchsoptimalen Falles als zeitabhängig zu.

Das kann auch noch aus einem anderen Grund sinnvoll sein. Oft wird $t_e = +\infty$ angenommen. Sofern dann $\underline{x}(t)$ mit wachsendem t nicht (oder zu langsam) gegen Null strebt, wird das Integral (1.7) divergieren. Dann kann man es unter Umständen konvergent machen, indem man als Bewertungsmatrix

$$\underline{Q}(t) = \underline{Q}_c e^{2\lambda t}$$

mit einer konstanten, symmetrischen, positiv semidefiniten Matrix $\underline{Q}_c$ und einem geeignet gewählten negativen Wert λ einführt. Dadurch wird aus (1.7)

$$J = \frac{1}{2}\int_{t_0}^{+\infty}\left(\underline{x}(t)e^{\lambda t}\right)^T\cdot\underline{Q}_c\cdot\left(\underline{x}(t)e^{\lambda t}\right)dt.$$

Sofern $\underline{x}(t)$ nicht zu stark anwächst, strebt $\underline{x}(t)e^{\lambda t}$ mit wachsendem t genügend stark gegen Null, und J wird konvergent.

Meist wird es bei dem Übergangsvorgang eines dynamischen Systems vom vorliegenden Anfangszustand in den gewünschten Endzustand nicht *nur* auf geringen Energieverbrauch und auch nicht *nur* auf einen günstigen Trajektorienverlauf, sondern auf beides ankommen. Nichts liegt deshalb näher als das verbrauchsoptimale Gütemaß (1.3) mit dem verlaufsoptimalen Gütemaß (1.7) zu kombinieren, wobei $\underline{Q}$ und $\underline{R}$ der konkreten Problemstellung entsprechend gegeneinander abzuwägen sind. Man gelangt so zu einem allgemeineren *quadratischen Gütemaß:*

$$J = \frac{1}{2}\int_{t_0}^{t_e} (\underline{x}^T\underline{Q}\,\underline{x} + \underline{u}^T\underline{R}\,\underline{u})dt. \tag{1.8}$$

Im übrigen bleiben die obigen Voraussetzungen über $\underline{Q}$ und $\underline{R}$ unverändert.

Eine Bewertung des Übergangsverhaltens, die von den verschiedenen Typen des allgemeinen quadratischen Gütemaßes ganz verschieden ist, liegt im *zeit- oder schnelligkeitsoptimalen Gütemaß* vor. Es stellt die Übergangszeit vom Anfangszustand $\underline{x}_0$ in den gegebenen Endzustand $\underline{x}_e$ dar:

$$J = t_e - t_0 = \int_{t_0}^{t_e} 1\cdot dt. \tag{1.9}$$

Seine Anwendung bei technischen Problemen braucht sicherlich nicht weiter motiviert zu werden.

Quadratisches und zeitoptimales Gütemaß sind die verbreitetsten und am häufigsten benutzten Gütemaße. Sie sind jedoch nicht die einzigen, denn für spezielle Problemstellungen können andere Bewertungskriterien erforderlich sein. Einige werden wir in späteren Kapiteln des Buches kennenlernen. Auch sie haben mit (1.8) und (1.9) eine allgemeine Eigenschaft gemeinsam: die Darstellung als bestimmtes Integral, dessen Integrand von $\underline{x}(t)$ und $\underline{u}(t)$ abhängt. Alle diese Gütemaße sind also von der Form

$$J = \int_{t_0}^{t_e} f_0\big(\underline{x}(t),\underline{u}(t),t\big)dt, \tag{1.10}$$

wobei f_0 eine durch die Aufgabenstellung gegebene Funktion ist. (1.10) wollen wir als *Lagrangesches Gütemaß* bezeichnen, weil das zugehörige Optimierungsproblem, dieses Gütemaß unter Berücksichtigung von Differentialgleichungen als Nebenbedingung zum Minimum zu machen, zuerst von J.L. LAGRANGE angegangen wurde und deshalb allgemein Lagrange-Problem genannt wird.

So allgemein das Lagrangesche Gütemaß auch ist, es erschöpft keineswegs alle Möglichkeiten. Auf ein Beispiel anderer Art führt das im Bild 1/5 skizzierte Problem.

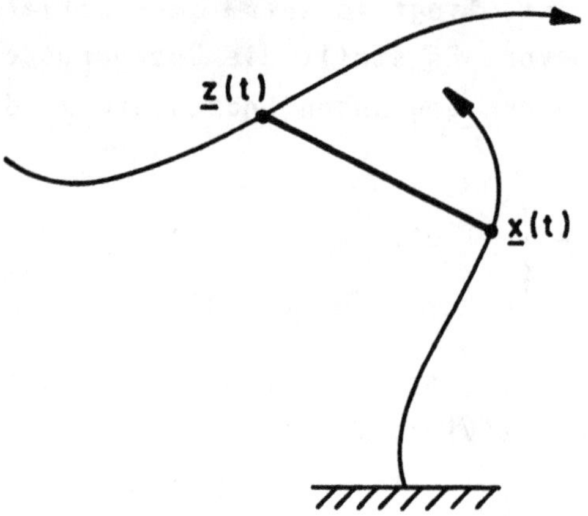

Bild 1/5 Beispiel zum Mayerschen Gütemaß

Der zeitabhängige Vektor $\underline{z}(t)$ beschreibt die Bahn eines Flugkörpers im dreidimensionalen Raum, die als bekannt angenommen wird. Vom Boden wird ein zweiter Flugkörper gestartet, dessen Bahnkurve durch $\underline{x}(t)$ beschrieben wird. Sie soll so gewählt werden, daß der Abstand der beiden Flugkörper zum vorgeschriebenen Zeitpunkt t_e minimal wird. Da der Abstand der Flugkörper durch die Länge des Differenzvektors $\underline{x} - \underline{z}$ gegeben ist, ergibt sich das Gütemaß

$$J = |\underline{x}(t_e)-\underline{z}(t_e)| = \sqrt{\sum_{\nu=1}^{3} [x_\nu(t_e)-z_\nu(t_e)]^2}. \quad (1.11)$$

Wie man sieht, wird es nicht durch ein bestimmtes Integral dargestellt.

Die allgemeine Form derartiger Gütemaße ist

$$J = h\left(\underline{x}(t_e), t_e\right) \tag{1.12}$$

mit einer durch die Problemstellung gegebenen Funktion h. Wir wollen hier vom *Mayerschen Gütemaß* sprechen, nach dem Mathematiker ADOLPH MAYER, der sich zu Ende des vorigen Jahrhunderts mit Optimierungsproblemen solcher Art befaßt hat.

Während sich das Lagrangesche Gütemaß auf den gesamten Steuerungszeitraum von t_0 bis t_e erstreckt, also ein günstiges Übergangsverhalten anstrebt, bewertet das Mayersche Gütemaß allein das Endverhalten. Man kann sich unschwer Fälle vorstellen, wo beides von Bedeutung ist, etwa während des gesamten Vorganges Energie gespart werden soll, dabei aber ein möglichst günstiges Endverhalten zu erzielen ist. Dann wird man das Lagrangesche und Mayersche Gütemaß kombinieren und gelangt so zu einer sehr allgemeinen Bewertung des dynamischen Verhaltens. Optimierungsprobleme solcher Art werden nach dem zu Beginn unseres Jahrhunderts tätigen Mathematiker O. BOLZA benannt, weshalb wir vom *Bolzaschen Gütemaß* sprechen wollen:

$$J = h\left(\underline{x}(t_e), t_e\right) + \int_{t_0}^{t_e} f_0\left(\underline{x}(t), \underline{u}(t), t\right) dt. \tag{1.13}$$

Es enthält die beiden anderen Gütemaße als Spezialfälle.

Die drei Gütemaße können ineinander umgewandelt werden. Das sei am Beispiel des Mayerschen Gütemaßes (1.12) gezeigt. Um es in ein Lagrangesches Gütemaß umzuformen, führen wir zusätzlich zu den Zustandsvariablen der Strecke die neue Variable

$$z(t) = \frac{d}{dt}\, h\big(\underline{x}(t), t\big) \tag{1.14}$$

ein. Dann ist

$$\int_{t_0}^{t_e} z(t)dt = h\big(\underline{x}(t_e), t_e\big) - h\big(\underline{x}(t_0), t_0\big). \tag{1.15}$$

Da t_0 und $\underline{x}(t_0) = \underline{x}_0$ für die Optimierung als gegeben anzusehen sind, kann man den letzten Summanden in (1.15) bei der Optimierung ignorieren und erhält so gemäß (1.12)

$$J = \int_{t_0}^{t_e} z(t)dt, \tag{1.16}$$

das heißt, ein Lagrangesches Gütemaß anstelle des Mayerschen. Zu den Zustandsdifferentialgleichungen der Strecke tritt zusätzlich die Beziehung (1.14), also

$$\frac{\partial h}{\partial x_1}\dot{x}_1 + \ldots + \frac{\partial h}{\partial x_n}\dot{x}_n + \frac{\partial h}{\partial t} - z = 0. \tag{1.17}$$

1.3 Formulierung des Optimierungsproblems

Nachdem die mathematische Form von Streckenmodell und Gütemaß klargestellt ist, können wir die endgültige Formulierung des Optimierungsproblems vornehmen:

$$\left.\begin{array}{l}
\textit{Unter allen Vektoren } \begin{bmatrix} \underline{x}(t) \\ \underline{u}(t) \end{bmatrix}, \quad t_0 \leqq t \leqq t_e, \\
\textit{welche die Zustandsdifferentialgleichung} \\
\qquad \dot{\underline{x}} = \underline{f}(\underline{x},\underline{u},t) \\
\textit{und die Randbedingungen} \\
\qquad \underline{x}(t_0) = \underline{x}_0, \quad \underline{x}(t_e) = \underline{x}_e \\
\textit{erfüllen, ist derjenige gesucht, welcher das} \\
\textit{Gütemaß} \\
\qquad J = h\big(\underline{x}(t_e),t_e\big) + \int_{t_0}^{t_e} f_0\big(\underline{x}(t),\underline{u}(t),t\big)dt \\
\textit{zum Minimum macht.}^{1)}
\end{array}\right\} \quad (1.18)$$

Zu dieser Formulierung ist noch einiges zu sagen. Zunächst sei darauf hingewiesen, daß ein Minimum bezüglich *aller* Vektoren gesucht ist, welche Zustandsdifferentialgleichung und Randbedingungen erfüllen. Man bezeichnet ein derartiges Minimum als *absolutes Minimum*. Besitzt ein Minimum den kleinsten Wert innerhalb einer gewissen Umgebung (wie diese auch immer definiert sei), so spricht man von einem *relativen Minimum*. Es kann mehrere relative Minima geben, und es liegt auf der Hand, daß das absolute Minimum unter ihnen allen den kleinsten Wert aufweist (sofern es existiert). Wenn im folgenden von "Minimum" gesprochen wird, so ist das absolute Minimum gemeint.[2)]

---

1 Um mathematisch streng zu sein, müßte man noch angeben, welche Voraussetzungen die Funktionen $\underline{x}(t)$, $\underline{u}(t)$, $\underline{f}$, h und f_0 erfüllen sollen. Da wir die Optimierung vom Standpunkt des Anwenders aus betrachten, gehen wir hierauf nicht ein. Siehe dazu etwa [2,4,11, 23-27].

2 Wir werden alsbald notwendige Bedingungen herleiten, welche die optimale Lösung $\begin{bmatrix} \underline{x} \\ \underline{u} \end{bmatrix}$ erfüllen muß. Ihrer Herleitung nach sind es zunächst Bedingungen für ein relatives Minimum. Da das absolute Minimum erst recht ein relatives Minimum ist, gelten sie aber auch für das absolute Minimum.

Es ist möglich, wenn auch nicht der Normalfall, daß *mehrere* Vektoren $\begin{bmatrix} \underline{x} \\ \underline{u} \end{bmatrix}$ existieren, die das absolute Minimum liefern, so daß das Optimierungsproblem nicht eindeutig lösbar ist. Manchmal spricht man dann von einem *uneigentlichen Minimum.*

Durch (1.18) wird ein Extremalproblem formuliert. Extremalprobleme sind aus der Differentialrechnung wohlbekannt. Dort geht es darum, das Minimum einer Funktion zu suchen, im einfachsten Fall einer Funktion von einer Variablen. Das heißt also: Es ist eine Zahl x zu finden, für welche die gegebene Funktion f(x) den kleinsten Wert annimmt.

Bei uns handelt es sich um ein anderes Extremalproblem. Die unabhängige Variable des Problems ist hier nicht eine Zahl, sondern eine Funktion, genauer gesagt, der Funktionenvektor $\begin{bmatrix} \underline{x}(t) \\ \underline{u}(t) \end{bmatrix}$. Jedem solchen Funktionenvektor wird durch das Gütemaß in (1.18) eine Zahl J zugeordnet. Allgemein bezeichnet man eine solche *eindeutige Zuordnung einer Zahl zu einer Funktion bzw. einem Funktionenvektor* als *Funktional.* Ein einfacheres Beispiel für ein Funktional ist das bestimmte Integral

$$z = \int_a^b f(t)dt,$$

durch das jeder (im Intervall $a \leq t \leq b$ integrierbaren) Funktion f(t) in eindeutiger Weise eine Zahl z zugeordnet wird. Ein Funktional ist also zu unterscheiden von einer Funktion, welche eine Zuordnung von Zahl zu Zahl darstellt. Beispielsweise ordnet die e-Funktion jeder reellen Zahl x eine eindeutig bestimmte reelle Zahl $y = e^x$ zu.

Das Gütemaß J in (1.18) stellt also ein Funktional dar. Damit führt die *Strukturoptimierung eines dynamischen Systems*, wie sie in (1.18) formuliert wurde, auf die *Minimierung eines Funktionals.* Eine Extremalaufgabe dieser Art bezeichnet man seit alters her als *Variationsproblem.*

Nochmals sei an dieser Stelle auf den Unterschied zwischen Parameter- und Strukturoptimierung hingewiesen. Während die Parameteroptimierung das Gütemaß als Funktion der Reglerparameter darstellt und daher auf die Minimierung einer Funktion, also (von Variablenbeschränkungen abgesehen) auf ein Problem der Differentialrechnung führt, faßt die Strukturoptimierung das Gütemaß als Funktional von Steuer- und Zustandsvektor auf und gelangt so zu einem Variationsproblem.

Es handelt sich dabei um ein *Variationsproblem mit Nebenbedingung:* Das Funktional wird minimiert unter der Bedingung, daß zugleich die Zustandsdifferentialgleichung erfüllt ist. Diese wird deshalb auch als Nebenbedingung des Variationsproblems bezeichnet. Nach der Art des Gütemaßes unterscheidet man dabei zwischen den *Problemen von Lagrange, Mayer und Bolza.* Die Situation ist entsprechend wie bei einem gewöhnlichen Extremalproblem mit Nebenbedingung, wo allerdings keine Differentialgleichungen, sondern nur gewöhnliche Gleichungen als Nebenbedingung auftreten.

Grundsätzlich kann man sich das Variationsproblem mit Nebenbedingung auf ein solches ohne Nebenbedingung zurückgeführt denken, indem man aus der Zustandsdifferentialgleichung in (1.18) $\underline{x}(t)$ in Abhängigkeit von $\underline{u}(t)$ (und dem Anfangszustand $\underline{x}_0$) ausdrückt und diesen Ausdruck in das Gütemaß einsetzt. In allgemeiner Form ist dies aber nur bei linearer Strecke möglich und bringt auch dort keinen Vorteil bei der Lösung des Problems. Für die Durchführung der Problemlösung ist es deshalb besser, bei der Formulierung (1.18) zu bleiben. Rein begrifflich ist allerdings festzuhalten, daß $\underline{u}(t)$ die einzige unabhängige Variable des Problems ist und $\underline{x}(t)$ aufgrund der Zustandsdifferentialgleichung in (1.18) durch sie (und den Anfangszustand $\underline{x}_0$) bestimmt wird.

Abschließend sei ein theoretisch bedeutsamer Unterschied zwischen einem gewöhnlichen Extremalproblem und einem Variationsproblem erwähnt. Ein gewöhnliches Extremalproblem, also die Aufgabe, eine Funktion, die in einem Bereich des euklidischen Raumes definiert ist, zum Minimum zu machen, hat unter sehr allgemeinen Voraussetzungen eine Lösung. Das heißt: Es gibt (mindestens) eine Stelle des Definitionsbereiches, an der die Funktion tatsächlich ihr Minimum annimmt. Insbesondere gilt dies für jede Funktion, die in einem beschränkten und abgeschlossenen Bereich stetig ist. Eine entsprechend allgemeine Aussage gibt es für Variationsprobleme nicht. Es kann daher sein, daß ein durchaus normal ausschauendes Variationsproblem keine Lösung aufweist.

Als Anwender braucht man sich darüber jedoch keine Sorgen zu machen, darf man doch von der Voraussetzung ausgehen, daß ein von den technischen Bedingungen her sinnvoll gestelltes Optimierungsproblem lösbar und in der Mehrzahl der Fälle sogar eindeutig lösbar ist.

Im zweiten Kapitel werden Bedingungen formuliert, denen die Lösung unseres Optimierungsproblems (1.18) genügen muß. Lassen diese Bedingungen nur eine Lösung zu, so haben wir damit die Lösung unseres Optimierungsproblems gefunden. Gibt es mehrere Lösungen der Bedingungsgleichungen, so werden es - von etwaigen Ausnahmefällen abgesehen - nur endlich viele sein. Dann läßt sich durch konkrete Berechnung des Gütemaßes für jede dieser Lösungen, z.B. mittels Rechnersimulation, entscheiden, welche von ihnen den kleinsten Wert liefert und damit die Lösung des Optimierungsproblems darstellt.

1.4 Grundsätzlicher Aufbau einer optimalen Regelung

Die Hauptaufgabe besteht nun darin, das in (1.18) formulierte Variationsproblem zu lösen. Zuvor muß aber noch eine prinzipielle Frage geklärt werden, die dem Leser vielleicht schon aufgetaucht ist. Bislang war nämlich bei der Strukturoptimierung noch nirgends von *Regelung* die Rede. Vielmehr ging es ausschließlich um die Lösung eines *Steuerungsproblems:* Es ist ein Steuervektor zu finden, der zusammen mit der durch ihn bestimmten Trajektorie das Gütemaß J zum Minimum macht. Es liegt auf der Hand, daß der optimale Steuervektor, ebenso wie die optimale Trajektorie, vom Anfangszustand $\underline{x}_0$ abhängt:

$$\underline{u} = \underline{u}^*(t,\underline{x}_0), \tag{1.19}$$

$$\underline{x} = \underline{x}^*(t,\underline{x}_0), \quad t_0 \leqq t \leqq t_e, \tag{1.20}$$

wobei hier wie auch späterhin der Stern den optimalen Verlauf symbolisieren soll. Wir wollen annehmen, daß optimaler Steuervektor und optimale Trajektorie berechnet wurden, die Gesetzmäßigkeiten (1.19) und (1.20) also bekannt sind. Kennt man den Anfangszustand $\underline{x}_0$, aus der Aufgabenstellung oder auch durch Messung, bildet daraus gemäß (1.19) den Steuervektor $\underline{u}$, etwa in einem Mikrorechner, und schaltet ihn auf die Strecke, so zeigt $\underline{x}$ den gewünschten optimalen Verlauf (1.20). Im Bild 1/6 ist die so aufgebaute *optimale Steuerung* skizziert.

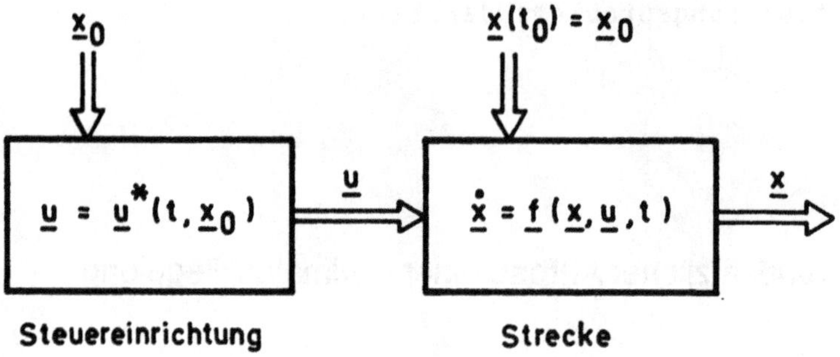

Bild 1/6 Optimale Steuerung
(Die Ausgangsgleichung der Strecke spielt hier keine Rolle)

Sie kann aber nur dann in der beschriebenen Weise realisiert werden, wenn der Anfangszustand $\underline{x}_0$ bekannt ist, und arbeitet nur dann in der berechneten optimalen Weise, wenn während des Steuerungszeitraumes $t_0 \leqq t \leqq t_e$ keine Störung auf die Strecke einwirkt. Bei zahlreichen Aufgabenstellungen sind diese Voraussetzungen jedoch nicht erfüllt. Dann wird man, wie stets beim Auftreten von Störungen irgendwelcher Art, von der Steuerung zur Regelung übergehen. Hierzu erfaßt man den laufenden Wert $\underline{x}(t)$ des Zustandsvektors und bildet aus ihm - und nicht dem möglicherweise weit zurückliegenden Anfangszustand $\underline{x}_0$ - den Wert $\underline{u}(t)$ des Steuervektors. Man erhält so eine Rückführung von der Form

$$\underline{u} = \underline{k}(\underline{x}, t). \tag{1.21}$$

Da der jeweilige Wert $\underline{x}(t)$ die Wirkung der vorangegangenen Störungen widerspiegelt, wird über ihn die Störeinwirkung auf die Strecke berücksichtigt. Hierbei ist zunächst an impulsförmige Störungen gedacht, die in zufälligen Zeitpunkten auftreten und dann der Strecke neue Anfangsbedingungen aufprägen. Treten länger dauernde Störungen auf, die nicht vernachlässigbar sind, so kann man sie unter gewissen Voraussetzungen durch ein sogenanntes Störmodell auf impulsförmige Störungen, das heißt, auf die Einwirkung von Anfangsbedingungen, zurückführen. Hierzu ist es erforderlich, die Störung so weit zu kennen, daß man sie durch eine Differentialgleichung beschreiben kann, welche durch Anfangsbedingungen angeregt wird und die man dann zur Zustandsdifferentialgleichung der Strecke schlägt.[1)]

Wie kann man nun die Rückführung (1.21) rechnerisch erhalten? Man faßt (1.20) als ein System von n Gleichungen für die n Komponenten von $\underline{x}_0$ auf:

$$\begin{aligned} x_1^*(t;x_{10},\dots,x_{no}) &= x_1, \\ &\vdots \\ x_n^*(t;x_{10},\dots,x_{no}) &= x_n. \end{aligned} \tag{1.22}$$

Man löst dieses Gleichungssystem nach $x_{10},\dots,x_{no}$ auf und erhält so die Funktionen

1 Da die Benutzung eines Störmodells nichts für die Optimierung Spezifisches ist, wird sie hier nicht weiter behandelt. Über die Definition und Ermittlung des Störmodells kann man in [43], Abschnitt 13.8.1 nachlesen, über seine Anwendung bei der Optimierung in [17], Abschnitt 5.2 und 5.3.

$$x_{1o} = X_1(t;x_1,\ldots,x_n),$$
$$\vdots$$
$$x_{no} = X_n(t;x_1,\ldots,x_n)$$

bzw. die Vektorfunktion

$$\underline{x}_o = \underline{X}(t,\underline{x}).$$

Setzt man sie in (1.19) ein, so ergibt sich

$$\underline{u} = \underline{u}^*(t,\underline{X}(t,\underline{x})) := \underline{k}(\underline{x},t). \qquad (1.23)$$

Der hier beschriebene Weg soll nur die grundsätzliche Möglichkeit aufzeigen. Im konkreten Fall wird er nur selten gangbar sein - sei es, daß die optimale Steuerung und Trajektorie (1.19/20) nicht analytisch vorliegen, sei es, daß sich die Lösung des im allgemeinen nichtlinearen Gleichungssystems (1.22) nicht formelmäßig angeben läßt. Eine schematische Methode zur Auffindung des optimalen Rückführgesetzes gibt es nicht. Für bestimmte Problemkreise wurden individuelle Lösungen gefunden. Einige der gebräuchlichsten werden in den Kapiteln 3, 5, 6 und 7 entwickelt.

Das Bild 1/7 zeigt den grundsätzlichen Aufbau einer optimalen Regelung, wie er sich aus den vorangegangenen Überlegungen ergeben hat. Eigentlich müßte in diesem Bild neben Strecke und optimalem Regler noch ein weiterer Block enthalten sein. Im allgemeinen wird man nämlich nicht alle Zustandsvariablen messen können. Da man aber für den optimalen Regler den gesamten Zustandsvektor $\underline{x}$ benötigt, muß man die nicht gemessenen Zustandsvariablen durch einen Zustandsbeobachter (Luenberger-Beobachter) "schätzen", d.h. näherungsweise rekonstruieren, um sie dem - etwa in einem Mikrorechner realisierten - Regler zur Verfügung zu stellen. Da es sich beim Beobachter um

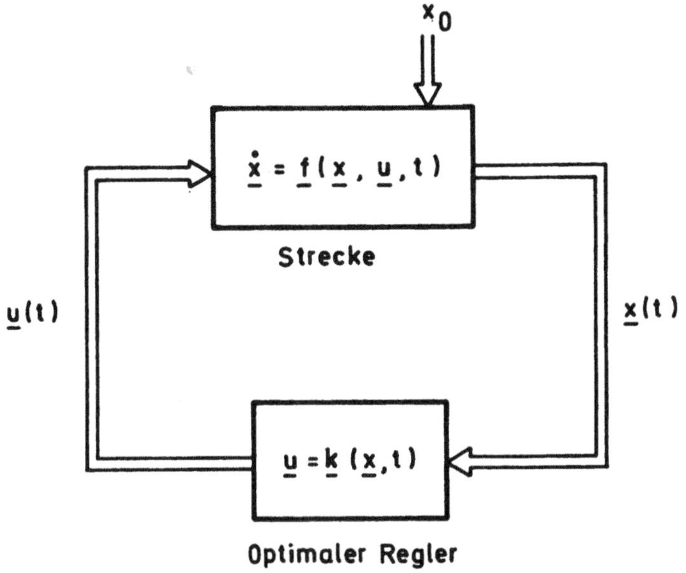

Bild 1/7 Optimale Regelung

kein Spezifikum des Optimierungsproblems handelt, vielmehr um eine allgemeine Einrichtung von Zustandsregelungen, gehen wir hier nicht weiter auf ihn ein.[1]

1 Siehe hierzu [17], Kapitel 6, oder [43], Abschnitt 13.7.

2 Allgemeine Lösung des Optimierungsproblems

2.1 Vorbereitung: Lösung des Grundproblems der Variationsrechnung

Das Variationsproblem mit Nebenbedingung, wie es sich aus der Strukturoptimierung dynamischer Systeme ergab und in (1.18) formuliert wurde, ist ein recht kompliziertes Problem. Um die Grundidee zu seiner Lösung deutlich sichtbar zu machen, behandeln wir zunächst eine einfache Aufgabe, bei der diese Idee bereits zum Tragen kommt: das sogenannte *Grundproblem der Variationsrechnung.*

Es ist in drei Punkten einfacher als unser eigentliches Variationsproblem:

- Das Gütemaß besteht lediglich aus einem bestimmten Integral.
- Der Integrand hängt nicht von n+p Zeitfunktionen $x_1(t),\dots,x_n(t)$, $u_1(t),\dots,u_p(t)$ ab, sondern nur von einer einzigen, die wir mit $x(t)$ bezeichnen wollen. Zusätzlich soll er allerdings noch von der Ableitung $\dot{x}(t)$ abhängig sein, während in unserem Gütemaß in (1.18) keinerlei Ableitungen vorkommen.
- Es gibt keine Nebenbedingung. Diese Vereinfachung ist weitaus am wichtigsten.

Wir erhalten so das folgende Variationsproblem:
Gegeben ist das Gütemaß

$$J = \int_{t_0}^{t_e} f(t,x,\dot{x})dt. \tag{2.1}$$

Gesucht ist diejenige Funktion $x = x(t)$, welche die Randbedingungen

$$x(t_0) = x_0, \quad x(t_e) = x_e \tag{2.2}$$

erfüllt und J zum Minimum macht. Die zulässigen Kurven sind im Bild 2/1 skizziert. Dabei braucht, solange wir das Grundproblem behandeln, t nicht die Zeit zu sein, kann vielmehr auch irgendeine andere physikalische Größe bedeuten.

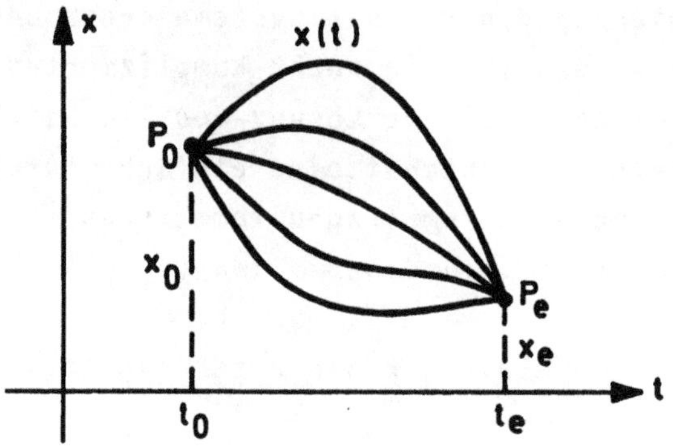

Bild 2/1 Zum Grundproblem der Variationsrechnung

Ein einfaches *Beispiel* für das Auftreten des Grundproblems liefert die *Frage nach der kürzesten Verbindung zwischen zwei gegebenen Punkten* $P_0 = (t_0, x_0)$ und $P_e = (t_e, x_e)$ der Ebene, wobei also t eine Länge ist. Für das Bogenelement einer Verbindungskurve gilt

$$ds^2 = dt^2 + dx^2 = (1+\dot{x}^2)dt^2.$$

Daher ist die gesamte Bogenlänge der Kurve zwischen P_0 und P_e

$$s_{0e} = \int_{s_0}^{s_e} ds = \int_{t_0}^{t_e} \sqrt{1+\dot{x}^2}\, dt. \tag{2.3}$$

Die Funktion x(t) ist so zu wählen, daß dieses Gütemaß J zum Minimum gemacht wird.

Um das Problem in der allgemeinen Form (2.1) anzugreifen, benutzen wir die Vorgehensweise von EULER: Wir nehmen an, daß die Lösung $x = x^*(t)$ des Variationsproblems gefunden sei und konstruieren zu ihr eine einparametrige Schar von *Vergleichskurven:*

$$x(t) = x^*(t) + \varepsilon\tilde{x}(t). \tag{2.4}$$

Dabei ist ε ein Parameter, der sich im Intervall $-\varepsilon_0 < \varepsilon < \varepsilon_0$ (ε_0 positiv) bewegt, und $\tilde{x}(t)$ eine beliebige Funktion, für die lediglich

$$\tilde{x}(t_0) = 0, \quad \tilde{x}(t_e) = 0 \tag{2.5}$$

gelten muß, damit die Vergleichskurven durch P_0 und P_e gehen. Das Bild 2/2 veranschaulicht die Konstruktion der Vergleichskurven. Für $\varepsilon = 0$ ist die optimale Lösung in den Vergleichskurven enthalten. Die Veränderung

$$\delta x^* = \varepsilon\tilde{x}(t),$$

durch die aus der angenommenen optimalen Lösung die Vergleichskurven entstehen, wurde von den Analytikern des 18. Jahrhunderts als *"Variation"* von $x^*(t)$ bezeichnet, woher die Namen "Variationsproblem" und "Variationsrechnung" stammen.

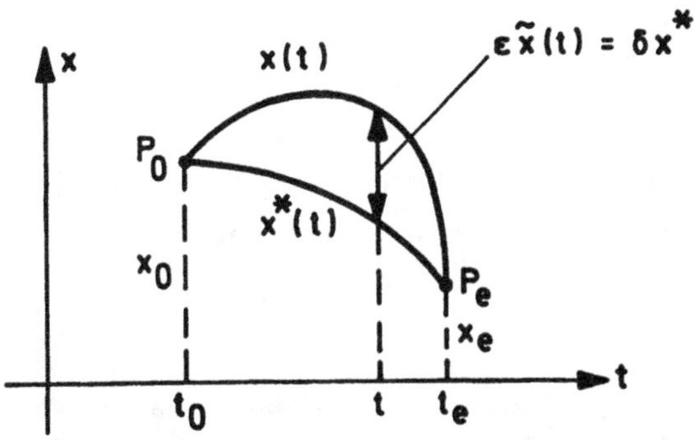

Bild 2/2 Vergleichskurven zum Grundproblem

Setzt man (2.4) in das Gütemaß (2.1) ein, so wird aus diesem

$$J = \int_{t_0}^{t_e} f\Big(t, x^*(t)+\varepsilon\tilde{x}(t), \dot{x}^*(t)+\varepsilon\dot{\tilde{x}}(t)\Big)dt = F(\varepsilon). \quad (2.6)$$

Da $x^*(t)$ als bekannt angenommen und $\tilde{x}(t)$ vorgegeben wird, ergibt sich bei der Durchführung der Integration eine Funktion von ε. Weil die optimale Lösung $x^*(t)$ für $\varepsilon=0$ in der Vergleichskurvenschar enthalten ist, muß die Funktion $F(\varepsilon)$ für $\varepsilon = 0$ ein Minimum haben. Dann muß aber

$$\left[\frac{dF}{d\varepsilon}\right]_{\varepsilon=0} = 0 \quad (2.7)$$

sein. Damit hat man eine Bedingung erhalten, aus der sich die optimale Lösung $x^*(t)$ ermitteln lassen muß.

Durch die Eulersche Idee, eine einparametrige Vergleichskurvenschar einzuführen, wird also das Variationsproblem auf ein gewöhnliches Extremalproblem zurückgeführt.[1] Dieser Gedanke kann auch zur Behandlung komplizierterer Variationsprobleme eingesetzt werden. Wir werden ihn im folgenden Abschnitt auf unser Optimierungsproblem (1.18) anwenden. Ebenso kann auf diese Weise z.B. die Wiener-Hopfsche Integralgleichung aus der Theorie der stochastischen Filter hergeleitet werden.

Es gilt nun, die Gleichung (2.7) auszuwerten. Ausführlich folgt für sie aus (2.6), indem man unter dem Integral nach dem Parameter ε differenziert und dann $\varepsilon = 0$ setzt:

1 Allerdings ist auf diese Weise nur die Herleitung *notwendiger* Bedingungen für die Lösung des Variationsproblems möglich. Aber im allgemeinen sind auch nur diese für den Anwender von Interesse.

$$\int_{t_0}^{t_e} \left[\frac{\partial f}{\partial x}\,\tilde{x}(t) + \frac{\partial f}{\partial \dot{x}}\,\dot{\tilde{x}}(t)\right]dt = 0. \tag{2.8}$$

Dabei treten als Argumente der partiellen Ableitungen t, $x^*(t)$, $\dot{x}^*(t)$ auf. Um im zweiten Term des Integrals $\dot{\tilde{x}}(t)$ durch $\tilde{x}(t)$ zu ersetzen, wendet man auf ihn partielle Integration an. Mit $u = \frac{\partial f}{\partial \dot{x}}$, $v = \tilde{x}$ wird

$$\int_{t_0}^{t_e} \frac{\partial f}{\partial \dot{x}}\,\dot{\tilde{x}}(t)dt = \left[\frac{\partial f}{\partial \dot{x}}\,\tilde{x}(t)\right]_{t=t_0}^{t=t_e} - \int_{t_0}^{t_e} \tilde{x}(t)\,\frac{d}{dt}\left(\frac{\partial f}{\partial \dot{x}}\right)dt. \tag{2.9}$$

Wegen (2.5) verschwinden die integralfreien Terme. Durch Einsetzen von (2.9) in (2.8) erhält man deshalb

$$\int_{t_0}^{t_e} \left[\frac{\partial f}{\partial x} - \frac{d}{dt}\left(\frac{\partial f}{\partial \dot{x}}\right)\right]\tilde{x}(t)dt = 0. \tag{2.10}$$

Dies soll für eine bis auf die Randwerte beliebige Funktion $\tilde{x}(t)$ gelten. Das ist nur möglich, wenn für jedes t aus dem Intervall $[t_0, t_e]$

$$\frac{\partial f}{\partial x} - \frac{d}{dt}\left(\frac{\partial f}{\partial \dot{x}}\right) = 0 \tag{2.11}$$

gilt. Da, wie oben bemerkt, als Argumente der partiellen Ableitungen t, $x^*(t)$ und $\dot{x}^*(t)$ auftreten, heißt dies: *Die optimale Lösung muß in $t_o \leqq t \leqq t_e$ der Beziehung (2.11) genügen.* Dies ist (von Ausnahmefällen abgesehen) eine gewöhnliche Differentialgleichung 2. Ordnung für die Funktion $x(t)$, die wir als *Euler-Lagrangesche Differen-*

tialgleichung bezeichnen wollen.[1]

Als allgemeine Lösung ergibt sich eine zweiparametrige Kurvenschar:

$$x = x(t,c_1,c_2).$$

Die Integrationsparameter c_1 und c_2 sind aus den Randbedingungen zu ermitteln:

$$x(t_0,c_1,c_2) = x_0, \quad x(t_e,c_1,c_2) = x_e.$$

Auf *einen* Punkt sei noch hingewiesen. *Die Euler-Lagrangesche Differentialgleichung ist nur eine notwendige Bedingung für die Lösung des Variationsproblems.* D.h:
Die Lösung des Variationsproblems muß die Euler-Lagrangesche Differentialgleichung (samt Randbedingungen) erfüllen - wie dies ja aus unserer Herleitung hervorgeht. Hingegen muß eine Lösung des Randwertproblems der Euler-Lagrangeschen Differentialgleichung nicht in jedem Fall eine Lösung des Optimierungsproblems sein. Hierzu muß sie weitere Bedingungen erfüllen, um die wir uns aber - wie in der Einführung motiviert - nicht weiter kümmern werden.

Wenden wir nun die Euler-Lagrangesche Differentialgleichung auf unser Beispiel an! Bei ihm ist gemäß (2.3)

$$f(t,x,\dot{x}) = \sqrt{1+\dot{x}^2},$$

also

1 Es handelt sich nicht etwa um eine partielle Differentialgleichung, wie in Prüfungen immer mal wieder zu hören ist: f ist ja eine *gegebene* Funktion, gesucht wird x(t).

$$f_x = 0, \quad f_{\dot{x}} = \frac{\dot{x}}{\sqrt{1+\dot{x}^2}} .$$

Damit wird aus (2.11)

$$\frac{d}{dt} \frac{\dot{x}}{\sqrt{1+\dot{x}^2}} = 0,$$

also

$$\frac{\dot{x}}{\sqrt{1+\dot{x}^2}} = \text{const}$$

und damit auch

$$\dot{x} = \text{const} = c_1 .$$

Daraus folgt

$$x = c_1 t + c_2 .$$

Als allgemeine Lösung der Euler-Lagrangeschen Differentialgleichung erhält man so die Gesamtheit der Geraden in der t-x-Ebene (mit Ausnahme der senkrecht auf der t-Achse stehenden Geraden).

Diese Lösung hat man an die Randbedingungen anzupassen:

$$c_1 t_0 + c_2 = x_0 ,$$

$$c_1 t_e + c_2 = x_e .$$

Daraus erhält man

$$c_1 = \frac{x_e - x_0}{t_e - t_0} , \quad c_2 = - \frac{x_e - x_0}{t_e - t_0} t_0 + x_0 .$$

Die Lösung des Randwertproblems ist somit

$$x - x_0 = \frac{x_e - x_0}{t_e - t_0}(t - t_0),$$

also - wie nicht anders zu erwarten - die Gerade durch die beiden Punkte $P_0 = (t_0, x_0)$ und $P_e = (t_e, x_e)$.

Im allgemeinen ist die Lösung der Euler-Lagrangeschen Differentialgleichung nicht so einfach, da die Differentialgleichung normalerweise nichtlinear ist. Aber auch dann, wenn man die allgemeine Lösung der Differentialgleichung in geschlossener Form erhält, stellt die Anpassung an die Randbedingungen ein zusätzliches Problem dar, dessen Lösung schwierig sein kann.

2.2 Mathematische Vorbemerkung: Differentiation von Vektorfunktionen

Nach der Lösung des Grundproblems der Variationsrechnung sind wir in der Lage, an das uns eigentlich interessierende Variationsproblem mit Nebenbedingung heranzugehen, das in (1.18) formuliert wurde und die Optimierung dynamischer Systeme beschreibt. Zuvor muß aber noch etwas über die Differentiation von Vektorfunktionen gesagt werden, die im folgenden häufig angewandt wird.

Gegeben sei ein m-dimensionaler Vektor $\underline{f}$, der von einem n-dimensionalen Vektor $\underline{x}$ abhängt:

$$\underline{f}(\underline{x}) = \begin{bmatrix} f_1(\underline{x}) \\ \vdots \\ f_m(\underline{x}) \end{bmatrix} = \begin{bmatrix} f_1(x_1,\dots,x_n) \\ \vdots \\ f_m(x_1,\dots,x_n) \end{bmatrix} . \qquad (2.12)$$

Der Vektor $\underline{x}$ möge seinerseits von den beiden (skalaren) Variablen t und ε abhängen:

$$\underline{x} = \underline{x}(t,\varepsilon) . \qquad (2.13)$$

Aus (2.12) und (2.13) bilden wir die Funktion

$$\underline{f}\big(\underline{x}(t,\varepsilon)\big) = \begin{bmatrix} f_1\big(x_1(t,\varepsilon),\dots,x_n(t,\varepsilon)\big) \\ \vdots \\ f_m\big(x_1(t,\varepsilon),\dots,x_n(t,\varepsilon)\big) \end{bmatrix} . \qquad (2.14)$$

Sie stellt eine mittelbare Funktion von t und ε dar.

Will man sie nach ε differenzieren, hat man gemäß der allgemeinen Definition der Vektordifferentiation jede

Komponente nach ε zu differenzieren:

$$\frac{\partial \underline{f}}{\partial \varepsilon}\left(\underline{x}(t,\varepsilon)\right) = \begin{bmatrix} \frac{\partial f_1}{\partial x_1}\cdot\frac{\partial x_1}{\partial \varepsilon}+\ldots+\frac{\partial f_1}{\partial x_n}\cdot\frac{\partial x_n}{\partial \varepsilon} \\ \vdots \\ \frac{\partial f_m}{\partial x_1}\cdot\frac{\partial x_1}{\partial \varepsilon}+\ldots+\frac{\partial f_m}{\partial x_n}\cdot\frac{\partial x_n}{\partial \varepsilon} \end{bmatrix}.$$

Der so erhaltene Vektor läßt sich als Produkt schreiben:

$$\frac{\partial \underline{f}}{\partial \varepsilon}\left(\underline{x}(t,\varepsilon)\right) = \begin{bmatrix} \frac{\partial f_1}{\partial x_1} & \cdots & \frac{\partial f_1}{\partial x_n} \\ \vdots & & \vdots \\ \frac{\partial f_m}{\partial x_1} & \cdots & \frac{\partial f_m}{\partial x_n} \end{bmatrix} \cdot \begin{bmatrix} \frac{\partial x_1}{\partial \varepsilon} \\ \vdots \\ \frac{\partial x_n}{\partial \varepsilon} \end{bmatrix}. \qquad (2.15)$$

Der zweite Faktor dieses Produktes ist die Ableitung des Vektors $\underline{x}$ nach dem Argument ε: $\frac{\partial \underline{x}}{\partial \varepsilon}$. Der erste stellt eine (m,n)-Matrix dar, deren i-te Zeile durch die partiellen Ableitungen von $f_i(x_1,\ldots,x_n)$ bestimmt ist. Sie wird kurz mit

$$\frac{\partial \underline{f}}{\partial \underline{x}} \quad \text{oder auch} \quad \frac{\partial(f_1,\ldots,f_m)}{\partial(x_1,\ldots,x_n)}$$ [1)]

bezeichnet und ist die *Jacobische Funktionalmatrix* des Funktionen-Systems $(f_1,\ldots,f_n)$. Nach (2.15) gilt somit

---

1 Auch hier wird das Symbol für den partiellen Differentialquotienten beibehalten, weil die Funktion $\underline{f}$ außer von $\underline{x}$ auch noch von anderen Variablen abhängen kann, wie es bei der späteren Anwendung in der Tat der Fall ist.

als *Regel für die Differentiation der mittelbaren Vektorfunktion (2.14)*

$$\frac{\partial \underline{f}}{\partial \varepsilon}\left(\underline{x}(t,\varepsilon)\right) = \frac{\partial \underline{f}}{\partial \underline{x}} \cdot \frac{\partial \underline{x}}{\partial \varepsilon} \,, \tag{2.16}$$ [1)]

wobei also

$$\frac{\partial \underline{f}}{\partial \underline{x}} = \begin{bmatrix} \frac{\partial f_1}{\partial x_1} & \cdots & \frac{\partial f_1}{\partial x_n} \\ \vdots & & \\ \frac{\partial f_m}{\partial x_1} & \cdots & \frac{\partial f_m}{\partial x_n} \end{bmatrix} . \tag{2.17}$$

Das ist die geradlinige Verallgemeinerung der üblichen skalaren Differentiationsregel für die mittelbare Funktion, und zwar auf den Fall, daß ein Vektor von einem anderen Vektor abhängt.

Gehen wir nun zu dem Fall über, daß eine skalare Funktion von einem Vektor abhängig ist:

$$f(\underline{x}) = f(x_1,\ldots,x_n) \,.$$

Da dies ein Spezialfall des vorigen ist, sollte man nach (2.17)

$$\frac{\partial f}{\partial \underline{x}} = \left[\frac{\partial f}{\partial x_1} \;\cdots\; \frac{\partial f}{\partial x_n}\right] .$$

erwarten. Es ist jedoch üblich, die *Ableitung einer skalaren Funktion nach einem Vektor* als *Spaltenvektor* zu definieren:

---

1 Hier wie auch im folgenden sind die Argumente der Übersichtlichkeit halber häufig weggelassen, sofern dadurch keine Irrtümer entstehen können.

$$\frac{\partial f}{\partial \underline{x}} = \begin{bmatrix} \frac{\partial f}{\partial x_1} \\ \vdots \\ \frac{\partial f}{\partial x_n} \end{bmatrix} . \tag{2.18}$$

Es ist dies der *Gradient* der Funktion $f(\underline{x})$.
Damit wird für die mittelbare skalare Funktion $f\big(\underline{x}(t,\varepsilon)\big)$

$$\frac{\partial}{\partial \varepsilon} f\big(\underline{x}(t,\varepsilon)\big) = \frac{\partial}{\partial \varepsilon} f\big(x_1(t,\varepsilon),\dots,x_n(t,\varepsilon)\big) =$$

$$= \frac{\partial f}{\partial x_1} \cdot \frac{\partial x_1}{\partial \varepsilon} + \dots + \frac{\partial f}{\partial x_n} \cdot \frac{\partial x_n}{\partial \varepsilon} =$$

$$= \begin{bmatrix} \frac{\partial f}{\partial x_1} & \dots & \frac{\partial f}{\partial x_n} \end{bmatrix} \cdot \begin{bmatrix} \frac{\partial x_1}{\partial \varepsilon} \\ \vdots \\ \frac{\partial x_n}{\partial \varepsilon} \end{bmatrix} , \quad \text{also wegen (2.18)}$$

$$\frac{\partial f}{\partial \varepsilon}\big(\underline{x}(t,\varepsilon)\big) = \left[\frac{\partial f}{\partial \underline{x}}\right]^T \cdot \frac{\partial \underline{x}}{\partial \varepsilon} . \tag{2.19}$$

2.3 Herleitung der Hamilton-Gleichungen und der Transversalitätsbedingung des Optimierungsproblems

2.3.1 Erweiterung der Problemstellung

Bevor wir nun an die Lösung der Problemstellung (1.18) herangehen, wollen wir sie erweitern, indem wir den Endpunkt $\underline{x}(t_e) = \underline{x}_e$ nicht mehr unbedingt als fest vorgegeben annehmen, sondern allgemeiner zulassen, daß er sich innerhalb einer gewissen Punktmenge des Zustandsraumes, einer sogenannten *Zielmannigfaltigkeit Z*, befindet. Solche

Fälle treten nicht selten auf. Beispielsweise liegt diese Situation dann vor, wenn man weniger an einem gewünschten *Endzustand* interessiert ist, als vielmehr an einem gewünschten *Endverhalten des Ausgangsvektors*, der etwa den vorgegebenen Wert $\underline{y}_e$ annehmen soll. Lautet dann die Ausgangsgleichung $\underline{y} = \underline{g}(\underline{x})$, so muß der Endzustand $\underline{x}_e$ die Gleichung

$$\underline{g}(\underline{x}_e) - \underline{y}_e = \underline{0} \tag{2.20}$$

erfüllen. Sie charakterisiert eine Punktmenge im Zustandsraum, eben die Zielmannigfaltigkeit Z. Liegt z.B. eine lineare zeitinvariante Strecke 2. Ordnung mit genau einer Ausgangsgröße vor, so ist

$$y = c_1x_1 + c_2x_2$$

und damit bei vorgeschriebenem Endwert y_e die Zielmannigfaltigkeit durch

$$c_1x_1 + c_2x_2 = y_e$$

gegeben. Sie ist somit eine Gerade in der Zustandsebene.

Allgemein sei die Zielmannigfaltigkeit Z durch die Gleichung

$$\underline{z}(\underline{x}) = \underline{0} \quad \text{bzw.} \quad \begin{cases} z_1(x_1,\ldots,x_n) = 0 \\ \vdots \\ z_m(x_1,\ldots,x_n) = 0 \end{cases} \tag{2.21}$$

mit $0 < m < n$ gegeben.

Als Grenzfall kann man auch $m = 0$ hinzunehmen: Dann gibt es keine Bedingung, die der *Endpunkt* $\underline{x}_e$ erfüllen muß, d.h. er *darf beliebig im Zustandsraum liegen.* Im Kapitel 3 werden wir sehen, daß dies eine durchaus vernünftige Randbedingung des Optimierungsproblems sein kann.

Der entgegengesetzte Grenzfall liegt für $m = n$ vor. Die Anzahl der Gleichungen (2.21) ist dann gleich der Anzahl der Komponenten des Endzustandes. Man wird erwarten, daß das Gleichungssystem (2.21) eindeutig nach ihnen auflösbar ist. Es ist dies der Fall des festen Endpunktes, den man selbstverständlich direkt vorgeben wird.

Wie die Zielmannigfaltigkeit auch im einzelnen vorgegeben sein mag, die Optimierungsaufgabe besteht darin, Steuervektor und Trajektorie so zu finden, daß sie das Gütemaß zum Minimum machen, und zwar so, daß die Zustandsdifferentialgleichung erfüllt wird und die Trajektorie vom Anfangspunkt $\underline{x}_0$ zu einem Punkt der Zielmannigfaltigkeit führt.

Stellen wir nunmehr die Daten der so erweiterten Problemstellung (1.18) zusammen:

Gütemaß:
$$J = h\big(\underline{x}(t_e), t_e\big) + \int_{t_0}^{t_e} f_0\big(\underline{x}(t), \underline{u}(t), t\big)dt \overset{!}{=} \min. \tag{2.22}$$

Zustandsdifferentialgleichung der Strecke (Nebenbedingung des Variationsproblems):

$$\dot{\underline{x}} = \underline{f}(\underline{x}, \underline{u}, t). \tag{2.23}$$

Anfangsbedingung: t_0 gegeben, $\underline{x}(t_0) = \underline{x}_0$ beliebig, aber fest.

Endbedingung: t_e gegeben, $\underline{x}(t_e)$ auf der Zielmannigfaltigkeit

$$Z : \underline{z}(\underline{x}) = \underline{0} \quad \text{bzw.} \quad \begin{cases} z_1(\underline{x}) = 0, \\ \vdots \\ z_m(\underline{x}) = 0 \end{cases} \tag{2.24}$$

gelegen. Grenzfälle sind
$m = 0$, d.h. $\underline{x}(t_e)$ beliebig im Zustandsraum,
$m = n$, d.h. $\underline{x}(t_e) = \underline{x}_e$ fest vorgegeben.
Im letzten Fall ist $h\left(\underline{x}(t_e),t_e\right)$ fest und kann deshalb aus dem Gütemaß J gestrichen werden.

Damit ist die Problemstellung vollständig beschrieben. Es sei hinzugefügt, daß keine Beschränkungen der Steuerfunktionen und Zustandsvariablen vorliegen sollen, diese vielmehr grundsätzlich beliebige Werte annehmen dürfen.

2.3.2 Anwendung Lagrangescher Multiplikatoren

Die eben formulierte Problemstellung unterscheidet sich vom Grundproblem der Variationsrechnung (Abschnitt 2.1) dadurch, daß zur Optimierungsforderung (2.22) eine Nebenbedingung hinzugetreten ist, eben die Differentialgleichung (2.23), die wir auch in der Form

$$\dot{\underline{x}} - \underline{f}(\underline{x},\underline{u},t) = \underline{0} \tag{2.25}$$

schreiben können.

Ein Kunstgriff, der von LAGRANGE stammt (in spezieller Form aber auch schon bei EULER vorkommt), macht es möglich, ein *Extremalproblem mit Nebenbedingung ohne größere Rechnung auf ein solches ohne Nebenbedingung zurückzuführen: die Einführung von Multiplikatoren.* Diese Operation ist vom Extremalproblem der Differentialrechnung her bekannt und kann in analoger Weise auch beim Variationsproblem eingesetzt werden. Der Multiplikator ist hier allerdings nicht mehr konstant, sondern ein zeitabhängiger Vektor:

$$\underline{\psi}^T(t) = [\psi_1(t),\ldots,\psi_n(t)],$$

wobei die $\psi_\nu(t)$ vorläufig frei sind. Mit diesem Vektor wird (2.25) von links multipliziert und der so entstehende Ausdruck, der nach wie vor Null ist, zum Integranden von (2.22) addiert, was dort gewiß nichts ändert:

$$J = h\big(\underline{x}(t_e),t_e\big) + \int_{t_o}^{t_e}\Big[f_o\big(\underline{x}(t),\underline{u}(t),t\big)+\underline{\psi}^T(t)\dot{\underline{x}}(t)-\underline{\psi}^T(t)\underline{f}\big(\underline{x}(t),\underline{u}(t),t\big)\Big]dt. \qquad (2.26)$$

In dieser Formulierung des Gütemaßes ist die Nebenbedingung enthalten und braucht deshalb nicht mehr gesondert berücksichtigt zu werden.

Die weiteren Betrachtungen vereinfachen sich beträchtlich, wenn man nunmehr die *Hamilton-Funktion* einführt, welche den Lagrange-Multiplikator, den Integranden des ursprünglichen Gütemaßes und die Nebenbedingung miteinander verknüpft:

$$H(\underline{x},\underline{\psi},\underline{u},t) = -f_o(\underline{x},\underline{u},t) + \underline{\psi}^T\underline{f}(\underline{x},\underline{u},t). \qquad (2.27)$$

Mit ihr wird aus (2.26)

$$J = h\big(\underline{x}(t_e),t_e\big) + \int_{t_o}^{t_e}\Big[\underline{\psi}^T(t)\dot{\underline{x}}(t)-H\big(\underline{x}(t),\underline{\psi}(t),\underline{u}(t),t\big)\Big]dt.$$

2.3.3 Verwendung von Vergleichskurven

Ganz entsprechend wie beim Grundproblem nehmen wir nun an, daß die Lösung $\underline{x}^*(t), \underline{u}^*(t)$ des Problems vorliegt und konstruieren *eine einparametrige Vergleichskurvenschar,* auch hier *mit dem Ziel, das Variationsproblem auf ein gewöhnliches Extremalproblem zurückzuführen:*

$$\left.\begin{aligned} &\underline{x} = \underline{x}^*(t) + \varepsilon\underline{\tilde{x}}(t), \\ &\underline{u} = \underline{u}^*(t) + \varepsilon\underline{\tilde{u}}(t), \\ &t_0 \leqq t \leqq t_e, \; |\varepsilon| < \varepsilon_0. \end{aligned}\right\} \qquad (2.28)$$

$\underline{\tilde{x}}(t)$ und $\underline{\tilde{u}}(t)$ können beliebig gewählt werden, jedoch so, daß die Vergleichskurven Anfangs-, End- und Nebenbedingung erfüllen.
Daher gilt zunächst

$$\underline{\tilde{x}}(t_0) = \underline{0}, \qquad (2.29)$$

weil sowohl die optimale Lösung als auch die Vergleichskurven die Anfangsbedingung erfüllen müssen und deshalb $\underline{x}^*(t_0) = \underline{x}_0$ und $\underline{x}(t_0) = \underline{x}_0$ gelten muß. Wegen der Endbedingung gilt

$$\underline{z}\Big(\underline{x}^*(t_e)+\varepsilon\underline{\tilde{x}}(t_e)\Big) = \underline{0} \quad \text{für} \quad |\varepsilon| < \varepsilon_0. \qquad (2.30)$$

Aus der Nebenbedingung folgt

$$\underline{\dot{x}}^*(t) + \varepsilon\underline{\dot{\tilde{x}}}(t) - \underline{f}\Big(\underline{x}^*(t)+\varepsilon\underline{\tilde{x}}(t), \underline{u}^*(t)+\varepsilon\underline{\tilde{u}}(t), t\Big) = 0$$

$$\text{für } t_0 \leqq t \leqq t_e, \; |\varepsilon| < \varepsilon_0.$$

Differenziert man nach ε, wobei die Differentiationsregel (2.16) zu benutzen ist, und setzt dann $\varepsilon = 0$, so erhält man die Beziehung

$$\dot{\tilde{\underline{x}}}(t) - \frac{\partial \underline{f}}{\partial \underline{x}}\, \tilde{\underline{x}}(t) - \frac{\partial \underline{f}}{\partial \underline{u}}\, \tilde{\underline{u}}(t) = \underline{0}, \quad t_0 \leq t \leq t_e. \quad (2.31)$$

Gibt man $\tilde{\underline{u}}(t)$ beliebig vor, so hat man in (2.31) eine lineare Differentialgleichung für $\tilde{\underline{x}}(t)$, da die Argumente $\underline{x}^*(t)$ und $\underline{u}^*(t)$ der partiellen Ableitungen von $\underline{f}$ ja als bekannt angenommen sind. Durch diese Differentialgleichung und die Anfangsbedingung (2.29) ist $\tilde{\underline{x}}(t)$ bestimmt. Hat man also $\tilde{\underline{u}}(t)$ vorgeschrieben, so ist $\tilde{\underline{x}}(t)$ nicht mehr frei wählbar, weil beide durch die Nebenbedingung gekoppelt sind.

Im Bild 2/3 sind die Vergleichskurven für eine Strecke 2. Ordnung skizziert.

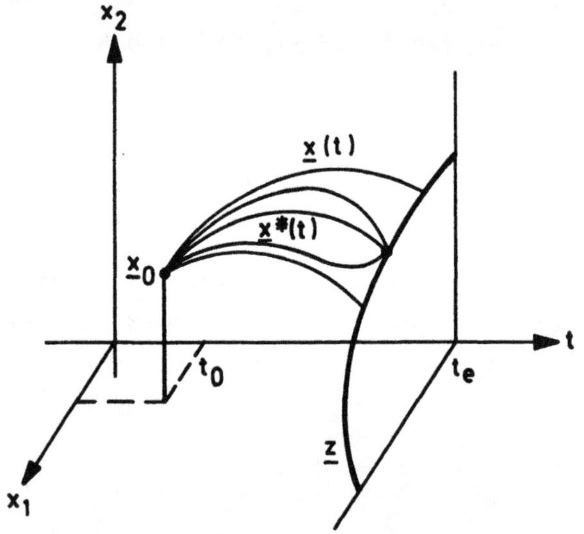

Bild 2/3 Skizze der Vergleichskurven

Setzt man die Vergleichskurven in das Gütemaß ein, so wird dieses eine Funktion von ε, da $\underline{x}^*(t)$, $\underline{u}^*(t)$ als bekannt angenommen wurden und $\tilde{\underline{x}}(t)$, $\tilde{\underline{u}}(t)$ gewählt sind:

$$J = h\left(\underline{x}^*(t_e)+\varepsilon\underline{\tilde{x}}(t_e),t_e\right) + \int_{t_0}^{t_e} \underline{\psi}^T(t)\left[\underline{\dot{x}}^*(t)+\varepsilon\underline{\dot{\tilde{x}}}(t)\right]dt -$$

$$- \int_{t_0}^{t_e} H\left(\underline{x}^*(t)+\varepsilon\underline{\tilde{x}}(t),\underline{\psi}(t),\underline{u}^*(t)+\varepsilon\underline{\tilde{u}}(t),t\right)dt := F(\varepsilon). \quad (2.32)$$

Da die optimale Lösung $\underline{x}^*(t)$, $\underline{u}^*(t)$ für $\varepsilon = 0$ aus der Vergleichskurvenschar hervorgeht, muß $F(\varepsilon)$ für $\varepsilon = 0$ ein Minimum aufweisen. Deshalb muß

$$\left(\frac{dF}{d\varepsilon}\right)_{\varepsilon=0} = 0 \quad (2.33)$$

gelten.

Bei der Differentiation von (2.32) nach ε sind die Regeln (2.16) und (2.19) anzuwenden. Damit wird aus (2.32)

$$\frac{dF}{d\varepsilon} = \left(\frac{\partial h}{\partial \underline{x}}\right)^T_{t_e} \underline{\tilde{x}}(t_e) + \int_{t_0}^{t_e} \underline{\psi}^T(t)\underline{\dot{\tilde{x}}}(t)dt -$$

$$- \int_{t_0}^{t_e} \left[\left(\frac{\partial H}{\partial \underline{x}}\right)^T \underline{\tilde{x}}(t) + \left(\frac{\partial H}{\partial \underline{u}}\right)^T \underline{\tilde{u}}(t)\right]dt. \quad (2.34)$$

Auf das erste Integral wendet man partielle Integration an, um von $\underline{\dot{\tilde{x}}}(t)$ zu $\underline{\tilde{x}}(t)$ überzugehen:

$$\int_{t_0}^{t_e} \underline{\psi}^T(t)\underline{\dot{\tilde{x}}}(t)dt = \left[\underline{\psi}^T(t)\underline{\tilde{x}}(t)\right]_{t=t_0}^{t=t_e} - \int_{t_0}^{t_e} \underline{\dot{\psi}}^T(t)\underline{\tilde{x}}(t)dt =$$

$$= \underline{\psi}^T(t_e)\underline{\tilde{x}}(t_e) - \int_{t_0}^{t_e} \underline{\dot{\psi}}^T(t)\underline{\tilde{x}}(t)dt,$$

da $\underline{\tilde{x}}(t_0) = \underline{0}$ ist. Faßt man sodann die beiden Integrale in (2.34) zusammen, so erhält man

$$\frac{dF}{d\varepsilon} = \left[\left(\frac{\partial h}{\partial \underline{x}}\right)_{t_e} + \underline{\psi}(t_e)\right]^T \tilde{\underline{x}}(t_e) - \int_{t_0}^{t_e} \left[\left\{\dot{\underline{\psi}}(t) + \frac{\partial H}{\partial \underline{x}}\right\}^T \tilde{\underline{x}}(t) + \left(\frac{\partial H}{\partial \underline{u}}\right)^T \tilde{\underline{u}}(t)\right] dt. \qquad (2.35)$$

Die Argumente von $\frac{\partial h}{\partial \underline{x}}$ sind hierin $\underline{x}^*(t_e) + \varepsilon\tilde{\underline{x}}(t_e)$ und t_e, die Ableitungen der Hamilton-Funktion haben die Argumente $\underline{x}^*(t) + \varepsilon\tilde{\underline{x}}(t), \underline{\psi}(t), \underline{u}^*(t) + \varepsilon\tilde{\underline{u}}(t), t$.

Setzt man nun $\varepsilon = 0$, so gehen diese Argumente in $\underline{x}^*(t_e)$ und t_e bzw. $\underline{x}^*(t), \underline{\psi}(t), \underline{u}^*(t)$ und t über. Aus (2.33) wird dann die Gleichung

$$\left[\left(\frac{\partial h}{\partial \underline{x}}\right)_{t_e} + \underline{\psi}(t_e)\right]^T \tilde{\underline{x}}(t_e) - \int_{t_0}^{t_e} \left[\left\{\dot{\underline{\psi}}(t) + \frac{\partial H}{\partial \underline{x}}\right\}^T \tilde{\underline{x}}(t) + \left(\frac{\partial H}{\partial \underline{u}}\right)^T \tilde{\underline{u}}(t)\right] dt = 0 \qquad (2.36)$$

mit eben diesen Argumenten der partiellen Ableitungen.

Wir betrachten nun zunächst lediglich Vergleichskurven, deren Endpunkt mit dem Endpunkt der optimalen Lösung zusammenfällt. Dann ist $\tilde{\underline{x}}(t_e) = \underline{0}$, und in (2.36) fällt der Term vor dem Integral weg. *Diese Beziehung muß für beliebige Vektoren $\tilde{\underline{u}}(t)$ und $\underline{\psi}(t)$ gelten,* während $\tilde{\underline{x}}(t)$ nicht mehr frei ist, wenn man $\tilde{\underline{u}}(t)$ einmal gewählt hat. Jetzt wenden wir die Schlußweise von LAGRANGE an: Man wird den freien Vektor $\underline{\psi}(t)$ so wählen können, daß

$$\dot{\underline{\psi}}(t) + \frac{\partial H}{\partial \underline{x}} = \underline{0} \qquad (2.37)$$

gilt. Führt man die Differentiation der Hamilton-Funktion aus, so ergibt sich

$$\frac{\partial H}{\partial \underline{x}} = -\frac{\partial f_0}{\partial \underline{x}} + \left[\frac{\partial}{\partial \underline{x}}(\underline{\psi}^T \underline{f})\right]^T = -\frac{\partial f_0}{\partial \underline{x}} + \left[\underline{\psi}^T \frac{\partial \underline{f}}{\partial \underline{x}}\right]^T,$$

wobei die Transposition erforderlich ist, weil nach (2.18) die vektorielle Ableitung eines Skalars ein *Spalten*vektor sein muß. Also ist

$$\dot{\underline{\psi}}(t) = \frac{\partial f_0}{\partial \underline{x}} - \left(\frac{\partial \underline{f}}{\partial \underline{x}}\right)^T \underline{\psi}(t), \quad t_0 \leqq t \leqq t_e. \qquad (2.38)$$

Das ist - komponentenweise geschrieben - ein System von n linearen Differentialgleichungen für die n Komponenten von $\underline{\psi}(t)$, das gewiß lösbar ist. Damit reduziert sich (2.36) auf

$$\int_{t_0}^{t_e} \left(\frac{\partial H}{\partial \underline{u}}\right)^T \underline{\tilde{u}}(t)dt = 0.$$

Da $\underline{\tilde{u}}(t)$ beliebig ist, schließt man nun wie beim Grundproblem, daß

$$\frac{\partial H}{\partial \underline{u}} = \underline{0}, \quad t_0 \leqq t \leqq t_e, \qquad (2.39)$$

gelten muß.

Wir haben damit das folgende Zwischenresultat erhalten: *Die optimale Lösung $\underline{x}^*(t), \underline{u}^*(t)$ muß in $t_0 \leqq t \leqq t_e$ die beiden Vektorgleichungen*

$$\dot{\underline{\psi}} = -\frac{\partial H}{\partial \underline{x}}, \qquad (2.40)$$

$$\frac{\partial H}{\partial \underline{u}} = \underline{0} \qquad (2.41)$$

erfüllen. Kehrt man mit diesem Resultat in die Gleichung (2.36) zurück, so fällt das Integral weg, und es bleibt nur

$$\left\{\left(\frac{\partial h}{\partial \underline{x}}\right)_{t_e} + \underline{\psi}(t_e)\right\}^T \underline{\tilde{x}}(t_e) = 0. \qquad (2.42)$$

2.3.4 Herleitung der Transversalitätsbedingung

Bisher hatten wir bei der weiteren Auswertung der Gleichung (2.36) nur Vergleichskurven betrachtet, die den gleichen Endpunkt wie die optimale Lösung hatten, so daß $\tilde{\underline{x}}(t_e) = \underline{0}$ war. Sofern der Endpunkt nicht fest ist, sondern auf einer Zielmannigfaltigkeit liegt, gehen wir zu Vergleichskurven mit anderem Endpunkt über, so daß $\tilde{\underline{x}}(t_e) \neq \underline{0}$ ist. Das bisher erzielte Resultat (2.40) und (2.41) bleibt dabei erhalten, da die optimale Lösung ja auf jeden Fall ein Minimum unter den Vergleichskurven mit gleichem Endpunkt liefern muß. Nur betrachten wir jetzt zusätzlich auch Vergleichskurven mit anderem Endpunkt.

Wegen (2.40) und (2.41) wird dann aus (2.36)

$$\left[\left(\frac{\partial h}{\partial \underline{x}}\right)_{t_e} + \underline{\psi}(t_e)\right]^T \tilde{\underline{x}}(t_e) = 0 \tag{2.42}$$

Überdies muß die Gleichung (2.30) gelten, die bisher noch nicht benutzt wurde. Differenziert man sie nach ε und setzt anschließend $\varepsilon = 0$, so erhält man die Beziehung

$$\left(\frac{\partial \underline{z}}{\partial \underline{x}}\right)_{t_e} \tilde{\underline{x}}(t_e) = \underline{0}\,, \tag{2.43}$$

wobei als Argument der partiellen Ableitung $\underline{x}^*(t_e)$ auftritt.

Der Vektor $\tilde{\underline{x}}(t_e)$ muß den Gleichungen (2.42) und (2.43) genügen. Nun wird man annehmen dürfen, daß sich durch geeignete Wahl von $\tilde{\underline{u}}(t)$ über die Beziehung (2.31) jeder beliebige Wert von $\tilde{\underline{x}}(t_e)$ einstellen läßt. Da aber $\tilde{\underline{x}}(t_e)$

zusätzlich noch die Endbedingung (2.30) erfüllen muß, welche aus m skalaren Gleichungen besteht, werden von den n Komponenten von $\underline{\tilde{x}}(t_e)$ tatsächlich nur n-m frei verfügbar sein. Wir dürfen annehmen, daß dies die letzten Komponenten von $\underline{\tilde{x}}(t_e)$ sind.

Um diese Tatsache zur Auswertung der Gleichungen (2.42) und (2.43) zu benutzen, ist es am einfachsten, ein zweites Mal die Lagrange-Multiplikatoren zu bemühen. Dazu multiplizieren wir (2.43) von links mit dem konstanten Vektor

$$\underline{\mu}^T = (\mu_1, \mu_2, \ldots, \mu_m),$$

dessen Komponenten zunächst völlig frei sind, und subtrahieren die so entstehende Beziehung von (2.42):

$$\left\{\left(\frac{\partial h}{\partial \underline{x}}\right)^T_{t_e} + \underline{\psi}^T(t_e) - \underline{\mu}^T\left(\frac{\partial \underline{z}}{\partial \underline{x}}\right)_{t_e}\right\}\underline{\tilde{x}}(t_e) = 0 \qquad (2.44)$$

oder, wenn man dieses skalare Produkt ausführlich schreibt:

$$\sum_{i=1}^{n} \left\{\left(\frac{\partial h}{\partial \underline{x}}\right)^T_{t_e} + \underline{\psi}^T(t_e) - \underline{\mu}^T\left(\frac{\partial \underline{z}}{\partial \underline{x}}\right)_{t_e}\right\}_i \cdot \tilde{x}_i(t_e) = 0. \quad (2.45)$$

Nun wieder die Lagrangesche Schlußweise: Man wählt $\mu_1, \ldots, \mu_m$ so, daß die ersten m Klammerausdrücke in (2.45) Null werden. Danach treten in (2.45) nur noch Summanden auf, welche die letzten n-m Komponenten von $\underline{\tilde{x}}(t_e)$ enthalten. Da diese beliebig sind, kann (2.45) nur gelten, wenn auch die restlichen Klammerausdrücke verschwinden. Insgesamt wird also der Faktor von $\underline{\tilde{x}}(t_e)$ in (2.44) Null. Durch Transposition folgt daraus

$$\left(\frac{\partial h}{\partial \underline{x}}\right)_{t_e} + \underline{\psi}(t_e) - \left(\frac{\partial \underline{z}}{\partial \underline{x}}\right)_{t_e}^T \underline{\mu} = \underline{0}. \tag{2.46}$$

Man bezeichnet diese Beziehung, der die optimale Lösung im Endpunkt genügen muß, als *Transversalitätsbedingung.*[1]

Ist der Endpunkt vorgegeben, so gibt es keine Transversalitätsbedingung. Dann enden ja *alle* Vergleichskurven im vorgegebenen Endpunkt $\underline{x}_e$. Daher ist stets $\underline{\tilde{x}}(t_e) = \underline{0}$, und (2.36) besteht nur aus dem Integral, ist also für sämtliche Vergleichskurven erfüllt, wenn (2.40) und (2.41) gelten.

Ist der *Endpunkt völlig frei im Zustandsraum,* so wird die Zielmannigfaltigkeit durch keine Gleichung beschrieben. Man kann dann $\underline{z}$ als Nullvektor ansehen und erhält so aus (2.46)

$$\underline{\psi}(t_e) = -\left(\frac{\partial h}{\partial \underline{x}}\right)_{t_e} . \tag{2.47}$$

2.3.5 Zusammenstellung der Ergebnisse

Zur Lösung des Optimierungsproblems zurückkehrend, ist festzuhalten, daß die optimale Lösung den Gleichungen (2.40), (2.41) und (2.46) genügen muß, dazu natürlich

1 Im Falle des Lagrange-Problems (h = 0) läßt sich eine einfache geometrische Deutung der Transversalitätsbedingung angeben: $\underline{\psi}(t_e)$ ist orthogonal zur Zielmannigfaltigkeit (im Endpunkt der optimalen Trajektorie).

noch den Randbedingungen sowie der Nebenbedingung (Zustandsdifferentialgleichung). Auch diese läßt sich mittels der Hamilton-Funktion ausdrücken. Für (2.27) kann man nämlich schreiben:

$$H = -f_0 + \psi_1 f_1 + \ldots + \psi_n f_n, \tag{2.48}$$

wobei f_ν die Komponenten von $\underline{f}$ sind. Durch Differentiation nach ψ_ν folgt hieraus

$$\frac{\partial H}{\partial \psi_\nu} = f_\nu, \quad \nu = 1,\ldots,n,$$

und somit

$$\frac{\partial H}{\partial \underline{\psi}} = \begin{bmatrix} f_1 \\ \vdots \\ f_n \end{bmatrix} = \underline{f}\,.$$

Damit wird aus der *Zustandsdifferentialgleichung* (2.23)

$$\dot{\underline{x}} = \frac{\partial H}{\partial \underline{\psi}}\,. \tag{2.49}$$

Im Bild 2/4 sind sämtliche Beziehungen zusammengestellt, denen die optimale Lösung $\underline{x}(t)$,$\underline{u}(t)$ genügen muß, wobei auch die üblichen Bezeichnungen angegeben sind. Dazu ist anzumerken, daß die Benennung "Steuerungsgleichung" nicht allgemein gebräuchlich ist. Sie wurde hier gewählt, weil aus dieser Gleichung später der Steuervektor bestimmt wird. Den Multiplikator $\underline{\psi}(t)$ bezeichnet man auch als *adjungierten Vektor* oder Kozustandsvektor. Im Unterschied zu den kanonischen Differentialgleichungen ist die Steuerungsgleichung eine *gewöhnliche* Gleichung. Alle drei Vektorgleichungen zusammen wollen wir auch kurz als

Hamilton-Funktion: $H(\underline{x},\underline{\psi},\underline{u},t) = -f_o(\underline{x},\underline{u},t) + \underline{\psi}^T \underline{f}(\underline{x},\underline{u},t)$ (2.50)

Gleichungen für die optimale Lösung im Intervall $t_o \leq t \leq t_e$

$$\dot{\underline{x}} = \frac{\partial H}{\partial \underline{\psi}} \quad \text{bzw.} \quad \dot{\underline{x}} = \underline{f}$$ Zustandsdifferentialgleichung (2.51)

$$\dot{\underline{\psi}} = -\frac{\partial H}{\partial \underline{x}} \quad \text{bzw.} \quad \dot{\underline{\psi}} = \frac{\partial f_o}{\partial \underline{x}} - \left(\frac{\partial \underline{f}}{\partial \underline{x}}\right)^T \underline{\psi}$$ adjungierte Differentialgleichung (2.52)

(2.51) und (2.52): kanonische Differentialgleichungen

$$\frac{\partial H}{\partial \underline{u}} = \underline{0}$$ Steuerungsgleichung (2.53)

Gleichungen für die optimale Lösung zum gegebenen Anfangszeitpunkt t_o

$$\underline{x}(t_o) = \underline{x}_o. \tag{2.54}$$

Gleichungen für die optimale Lösung zum gegebenen Endzeitpunkt t_e

Falls Endpunkt $\underline{x}_e$ *gegeben:* $\underline{x}(t_e) = \underline{x}_e$ (2.55)

Falls Endpunkt auf gegebener Zielmannigfaltigkeit $\underline{z}(\underline{x}) = \underline{0}$*:*

$$\underline{z}\big(\underline{x}(t_e)\big) = \underline{0} \tag{2.56}$$

$$\left(\frac{\partial h}{\partial \underline{x}}\right)_{t_e} + \underline{\psi}(t_e) - \left(\frac{\partial \underline{z}}{\partial \underline{x}}\right)_{t_e}^T \underline{\mu} = \underline{0} \tag{2.57}$$

Falls Endpunkt beliebig: $\underline{\psi}(t_e) = -\left(\frac{\partial h}{\partial \underline{x}}\right)_{t_e}$ (2.58)

(2.57) und (2.58): Transversalitätsbedingung

Bild 2/4 Bestimmungsgleichungen für die optimale Lösung zur erweiterten Problemstellung (1.18)

Hamilton-Gleichungen bezeichnen.

Die Gleichungen von Bild 2/4 gelten auch dann, wenn der Endzeitpunkt t_e nicht vorgegeben ist. Zu ihnen tritt dann lediglich noch die Beziehung

$$H\left(\underline{x}(t_e),\underline{\psi}(t_e),\underline{u}(t_e),t_e\right) - \frac{\partial h}{\partial t}\left(\underline{x}(t_e),t_e\right) = 0 \quad (2.59)$$

hinzu.[1)]

Die Gleichungen im Bild 2/4 sind nur notwendig: Wenn es eine Lösung des Optimierungsproblems gibt, so genügt sie diesen Gleichungen. Hat man umgekehrt Vektoren $\underline{x}(t),\underline{u}(t)$ gefunden, die den Beziehungen im Bild 2/4 genügen, also das Randwertproblem zu den Hamilton-Gleichungen lösen, so brauchen sie nicht in jedem Fall eine Lösung des Optimierungsproblems darzustellen. Hier sei an das erinnert, was schon in der Einführung gesagt wurde. Im konkreten Fall weiß der Anwender oftmals, daß es eine Lösung seines Optimierungsproblems gibt - oder geht zumindest von dieser Überzeugung aus. Diese Lösung des Optimierungsproblems muß dann die Gleichungen in Bild 2/4 erfüllen, also das Randwertproblem zu den Hamilton-Gleichungen lösen. Gibt es nur eine Lösung des Randwertproblems und hat man sie gefunden, so hat man damit auch die optimale Lösung. Gibt es hingegen mehrere Lösungen des Randwertproblems, so weiß man immerhin, daß die Lösung des Optimierungsproblems unter ihnen ist. Falls es nur endlich viele sind, was man bei einem konkreten Problem erwarten wird, kann man für jede den Wert des Gütemaßes berechnen und so den günstigsten Fall feststellen.

---

1 Siehe hierzu etwa [12], Seite 192, wobei zu beachten ist, daß dort die Hamilton-Funktion etwas anders definiert wird als bei uns. Generell werden in [12] die verschiedenen Möglichkeiten für die Randbedingungen ausführlich diskutiert.

Macht man zusätzliche Voraussetzungen über Gütemaß und Zustandsdifferentialgleichung, so lassen sich hinreichende Bedingungen für die Lösung des Optimierungsproblems angeben. Darauf werden wir bei speziellen Aufgabentypen zurückkommen.
Jetzt interessiert zunächst die Frage: Wie kann man aus den Gleichungen (2.50) bis (2.58) im Bild 2/4 die allgemeine Lösung $\underline{x}(t),\underline{u}(t)$ ermitteln? Im folgenden Abschnitt soll die grundsätzliche Vorgehensweise beschrieben werden.

2.4 Grundsätzlicher Lösungsweg für das Randwertproblem der Hamilton-Gleichungen

Ausgangspunkt ist die Steuerungsgleichung. Sie stellt eine gewöhnliche Gleichung zwischen $\underline{x}$, $\underline{\psi}$, $\underline{u}$ und t dar und wird nach $\underline{u}$ aufgelöst:

$$\underline{u} = \underline{U}(\underline{x},\underline{\psi},t). \tag{2.60}$$

Diese Funktion setzt man in die kanonischen Differentialgleichungen ein, die hierdurch nur noch von $\underline{x}$, $\underline{\psi}$ und t abhängen.

Im *zweiten Schritt* ermittelt man ihre allgemeine Lösung. Da es sich um ein gekoppeltes System von 2n skalaren Differentialgleichungen 1. Ordnung handelt, treten 2n Integrationsparameter $c_1,\dots,c_{2n}$ auf, die wir zum Vektor $\underline{c}$ zusammenfassen. Die allgemeine Lösung lautet so:

$$\underline{x} = \underline{x}(t,\underline{c}), \tag{2.61}$$

$$\underline{\psi} = \underline{\psi}(t,\underline{c}). \tag{2.62}$$

Im *dritten Schritt* ist diese Lösung an die Randbedingungen anzupassen. Nehmen wir bei der Endbedingung etwa den allgemeinen Fall an, daß eine Zielmannigfaltigkeit vorgegeben ist, so müssen folgende Gleichungen gelten:

$$\underline{x}(t_0,\underline{c}) = \underline{x}_0,$$

$$\underline{z}\big(\underline{x}(t_e,\underline{c})\big) = \underline{0},$$

$$\frac{\partial h}{\partial \underline{x}}\big(\underline{x}(t_e,\underline{c}),t_e\big) + \underline{\psi}(t_e,\underline{c}) - \left[\frac{\partial \underline{z}}{\partial \underline{x}}\big(\underline{x}(t_e,\underline{c})\big)\right]^T \cdot \underline{\mu} = \underline{0}$$

Das sind bei gegebenen Werten t_0 und t_e $n+m+n = 2n+m$ Gleichungen für die Vektoren $\underline{c}$ und $\underline{\mu}$, also für die $2n+m$ Parameter $c_1,\ldots,c_{2n},\mu_1,\ldots,\mu_m$. Die Lösung hängt im allgemeinen von $\underline{x}_0$ ab, da $\underline{x}_0$ ja nicht vorgegeben ist: $\underline{c} = \underline{c}(\underline{x}_0)$, $\underline{\mu} = \underline{\mu}(\underline{x}_0)$.

Im *vierten Schritt* setzt man $\underline{c}(\underline{x}_0)$ in (2.61/62) und die sich so ergebenden Funktionen in (2.60) ein:

$$\underline{x} = \underline{x}\big(t,c(\underline{x}_0)\big) := \underline{x}^*(t,\underline{x}_0), \tag{2.63}$$

$$\underline{\psi} = \underline{\psi}\big(t,c(\underline{x}_0)\big) := \underline{\psi}^*(t,\underline{x}_0) \tag{2.64}$$

und daraus

$$\underline{u} = \underline{U}\big(\underline{x}^*(t,\underline{x}_0),\underline{\psi}^*(t,\underline{x}_0),t\big) := \underline{u}^*(t,\underline{x}_0). \tag{2.65}$$

Mit (2.63) ist die *optimale Trajektorie*, mit (2.65) der *optimale Steuervektor* gefunden und damit das Steuerungsproblem erledigt.[1)]

Zur Lösung des Regelungsproblems ist jedoch noch ein *fünfter Schritt* notwendig, der schon im Abschnitt 1.4 beschrieben wurde. Aus (2.63) und (2.65) wird $\underline{x}_0$ elimi-

1 Zur Vereinfachung der Ausdrucksweise ist hier wie im folgenden angenommen, daß die Lösung des Randwertproblems der Hamilton-Gleichungen in der Tat die Lösung des Optimierungsproblems darstellt.

niert, indem man (2.63) nach $\underline{x}_0$ auflöst und die sich ergebende Funktion von $\underline{x}$ und t in (2.65) einsetzt. Dies führt zur Gleichung

$$\underline{u} = \underline{k}(\underline{x},t),$$

mit der man endlich das *optimale Regelungsgesetz* erhalten hat.

Ein wichtiger *Sonderfall* ist zu erwähnen. Sind die *kanonischen Differentialgleichungen* nach Einsetzen von (2.60) *linear mit konstanten Koeffizienten,* so ist es am besten, sie mit Laplace-Transformation zu lösen. Dann erhält man die Lösung unmittelbar in Abhängigkeit von den Anfangswerten:

$$\underline{x} = \underline{x}(t;\underline{x}_0,\underline{\psi}_0), \quad \underline{\psi} = \underline{\psi}(t;\underline{x}_0,\underline{\psi}_0). \tag{2.66}$$

Die Anfangsbedingung (2.54) ist hier bereits eingearbeitet und braucht nicht mehr gesondert berücksichtigt zu werden. Setzt man (2.66) in die Endbedingung, etwa in (2.55) ein, so entsteht die Gleichung

$$\underline{x}(t_e;\underline{x}_0,\underline{\psi}_0) = \underline{x}_e,$$

aus der man $\underline{\psi}_0$ in Abhängigkeit von $\underline{x}_0$ ausdrücken kann:

$$\underline{\psi}_0 = \underline{f}(\underline{x}_0).$$

Das liefert, in (2.66) eingesetzt, die optimale Lösung

$$\underline{x} = \underline{x}^*(t,\underline{x}_0), \quad \underline{\psi} = \underline{\psi}^*(t,\underline{x}_0),$$

also die Gleichungen (2.63) und (2.64), die man hier somit einfacher erhält als im allgemeinen Fall.

Der hiermit beschriebene grundsätzliche Lösungsweg verschafft zwar begriffliche Klarheit, wird aber konkret nur in Einzelfällen begehbar sein. Meist wird weder die geschlossene Lösung der Hamilton-Gleichungen noch die formelmäßige Durchführung der verschiedenen Eliminationsprozesse gelingen. Wie man dennoch bei bestimmten Problemstellungen durch individuelle Lösungsideen zum optimalen Regelungsgesetz gelangen kann, wird im Kapitel 3 an einer viel diskutierten Aufgabenstellung gezeigt werden. Im folgenden Abschnitt soll aber zunächst der grundsätzliche Lösungsweg an einem einfachen Beispiel veranschaulicht werden, auch deshalb, um die vorangegangenen sehr allgemeinen Betrachtungen an einem konkreten Fall zu verdeutlichen.

2.5 Beispiel zur Illustration des grundsätzlichen Lösungsweges

Die Strecke sei ein Verzögerungsglied 1. Ordnung

$$T\dot{x} + x = Ku$$

oder

$$\dot{x} = -ax + bu \tag{2.67}$$

mit $a = \frac{1}{T}$, $b = \frac{K}{T}$, beides positiv.

Weiter sei $t_0 = 0$ und $x(0) = x_0$ ein beliebiger Wert. Der Endzeitpunkt t_e sei vorgegeben, und es soll $x(t_e) = 0$ sein. Schließlich sei das Gütemaß durch

$$J = \frac{1}{2}\int_0^{t_e} u^2(t)dt \tag{2.68}$$

gegeben, es liege also ein verbrauchsoptimales Problem vor.

Konkret kann man sich vorstellen, daß das durch die Zustandsdifferentialgleichung (2.67) beschriebene System den stationären Betriebszustand $x_e = 0$ besitzt. Zum Anfangszeitpunkt $t_0 = 0$ befindet es sich aufgrund vorangegangener Störungen nicht in diesem Betriebszustand, sondern im Zustand x_0. Durch die zu entwerfende Regelung soll das System verbrauchsoptimal in den stationären Zustand zurückgeführt werden.

Um die Hamilton-Gleichungen aufstellen zu können, bilden wir als erstes die Hamilton-Funktion:

$$H = -\frac{1}{2}u^2 + \psi(-ax+bu). \tag{2.69}$$

Da die Strecke nur 1. Ordnung ist, geht hierin der adjungierte Vektor $\underline{\psi}$ in einen Skalar über. Aus (2.69) folgt für die adjungierte Differentialgleichung $\dot{\underline{\psi}} = -\frac{\partial H}{\partial \underline{x}}$ und die Steuerungsgleichung $\frac{\partial H}{\partial \underline{u}} = \underline{0}$:

$$\dot{\psi} = a\psi, \quad (2.70$$

$$-u + b\psi = 0. \tag{2.71}$$

Als erstes lösen wir nun die Steuerungsgleichung nach u auf,

$$u = b\psi, \tag{2.72}$$

und setzen diese Funktion in die kanonischen Differentialgleichungen (2.67) und (2.70) ein:

$$\dot{x} = -ax + b^2\psi, \tag{2.73}$$

$$\dot{\psi} = a\psi. \tag{2.74}$$

Um ihre allgemeine Lösung zu finden, wenden wir die Laplace-Transformation an (siehe etwa [41]).

$$sx(s) - x_0 = -ax(s) + b^2\psi(s),$$

$$s\psi(s) - \psi_0 = a\psi(s).$$

Die Auflösung dieses linearen Gleichungssystems nach x(s) und ψ(s) liefert:

$$x(s) = \frac{x_0}{s+a} + \frac{b^2\psi_0}{(s+a)(s-a)},$$

$$\psi(s) = \frac{\psi_0}{s-a}.$$

Nun Rücktransformation in den Zeitbereich:

$$x(t) = x_0e^{-at} + \frac{b^2\psi_0}{2a}(e^{at}-e^{-at}), \tag{2.75}$$

$$\psi(t) = \psi_0e^{at}. \tag{2.76}$$

Damit liegt die allgemeine Lösung der Hamilton-Gleichungen vor, sofort in Abhängigkeit von den Anfangswerten x_0 und ψ_0. Die Anfangsbedingung wurde also schon berücksichtigt.

Da die optimale Lösung nur von t und x_0 abhängen darf, ist es noch erforderlich, ψ_0 durch x_0 auszudrücken. Das geschieht mittels der Endbedingung $x(t_e) = 0$, die bislang noch nicht benutzt wurde:

$$x_0e^{-at_e} + \frac{b^2\psi_0}{2a}\left(e^{at_e}-e^{-at_e}\right) = 0.$$

Aus ihr folgt

$$\psi_0 = -\frac{2a}{b^2}\,\frac{e^{-at_e}}{e^{at_e}-e^{-at_e}}\,x_0\,. \tag{2.77}$$

Das gibt, in (2.75) eingesetzt:

$$x = x_0\,\frac{e^{a(t_e-t)}-e^{-a(t_e-t)}}{e^{at_e}-e^{-at_e}} := x^*(t,x_0)\,. \tag{2.78}$$

Weiterhin folgt aus (2.72), (2.76) und (2.77)

$$u = b\psi_0 e^{at} = -\frac{2a}{b}\,\frac{e^{-a(t_e-t)}}{e^{at_e}-e^{-at_e}}\cdot x_0 := u^*(t,x_0)\,. \tag{2.79}$$

Damit sind optimale Trajektorie und optimale Steuerfunktion gefunden.

Um von ihnen zum *optimalen Regelungsgesetz* zu gelangen, hat man x_0 zu eliminieren. Dazu löst man (2.78) nach x_0 auf und setzt den entstehenden Ausdruck in (2.79) ein:

$$u(t) = -k(t)\cdot x(t) \tag{2.80}$$

mit

$$k(t) = \frac{2a}{b}\,\frac{e^{-a(t_e-t)}}{e^{a(t_e-t)}-e^{-a(t_e-t)}}\,. \tag{2.81}$$

Wie man sieht, ist der so erhaltene *optimale Regler linear*, da u linear von x abhängt, *jedoch zeitvariant*, weil der Koeffizient von x eine bekannte Funktion der Zeit ist. Insofern weicht er von den klassischen Reglertypen (PI-, PID-, PD-Regler) ab, die sämtlich linear und zeit*in*variant sind. Bild 2/5 zeigt die zugehörige Regelung.

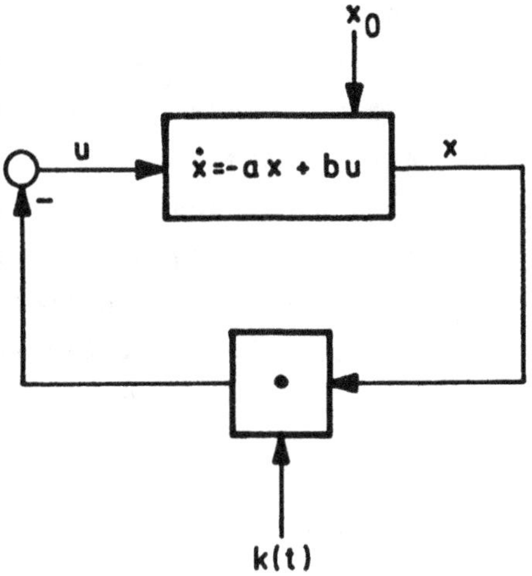

Bild 2/5 Verbrauchsoptimale Regelung für festen Endpunkt, wobei

$$k(t) = \frac{2a}{b} \frac{e^{-a(t_e-t)}}{e^{a(t_e-t)} - e^{-a(t_e-t)}} .$$

Was die *Realisierung* des Reglers angeht, so tritt bei dieser Art von Regelungen, d.h. *Strecke linear, Gütemaß quadratisch und Endpunkt fest,* eine *grundsätzliche Schwierigkeit* auf. Für $t < t_e$, also positiven Wert von t_e-t, ist

$$e^{a(t_e-t)} > e^{-a(t_e-t)}$$

und somit k(t) endlich und positiv. Für $t \to t_e$ aber geht der Nenner $\to 0$ und mit ihm $k(t) \to +\infty$. Die Reglerverstärkung nimmt also unbegrenzt zu, wenn der Zustandspunkt gegen den vorgegebenen Endpunkt strebt - verständlicherweise, da der Endpunkt $x_e = 0$ ja *genau* erreicht werden soll.

Einen solchen Regler kann man zwar als mathematische Gesetzmäßigkeit formulieren, aber nicht verwirklichen. Um diese Schwierigkeit zu beheben, geht man von der Forderung ab, daß $x(t)$ *genau* in den Endpunkt x_e gelangen soll. In der Realität ist diese Forderung wegen der nie vollständigen Kenntnis der Strecke, wegen auftretender Störungen und dergleichen ohnehin kaum zu erfüllen. Es genügt vielmehr, wenn $x(t_e)$ in einer genügend engen Umgebung von $x_e = 0$ liegt. Um dies zu erreichen, läßt man $x(t_e)$ grundsätzlich beliebig, sorgt aber durch die Wahl des Gütemaßes dafür, daß $x(t_e)$ nahe bei 0 liegen muß. Hierzu nimmt man

$$J = \frac{1}{2} Sx^2(t_e) + \frac{1}{2} \int_0^t u^2(t)dt \tag{2.82}$$

mit einem genügend großen Gewichtsfaktor S. Dann wird $|x(t_e)|$ einen kleinen Wert annehmen müssen, da andernfalls J nicht minimal werden könnte.

Die hiermit für ein System 1. Ordnung beschriebene Optimierungsaufgabe wird im folgenden Kapitel in allgemeiner Form behandelt. Zum Abschluß der allgemeinen Ausführungen des vorliegenden Kapitels wollen wir noch kurz die Frage erörtern, warum das im vorhergehenden benutzte Lösungsverfahren versagt, wenn Beschränkungen der Variablen auftreten.

2.6 Grenzen der klassischen Lösungsmethode

Das Kernstück der im Abschnitt 2.3 beschriebenen klassischen Methode zur Lösung des Optimierungsproblems besteht in der Konstruktion einer einparametrigen Vergleichskurvenschar. Hierdurch wird das Variationsproblem auf ein gewöhnliches Extremalproblem zurückgeführt, das dann in bekannter Weise mit der Differentialrechnung angegangen werden kann. Man gelangt so zur Euler-Lagrangeschen Differentialgleichung bzw. den Hamilton-Gleichungen.

Die Herleitung dieser Gleichungen ist jedoch hinfällig, wenn Beschränkungen der Variablen, also der Komponenten des Steuer- oder Zustandsvektors, berücksichtigt werden müssen, wie es bei vielen Problemen der Fall ist. Um dies plausibel zu machen, betrachten wir ein System mit nur einer Steuergröße u(t) und nehmen an, daß sie einseitig beschränkt ist:

$$u(t) \leqq M.$$

Im Bild 2/6 ist die Situation skizziert. Dann ist es mög-

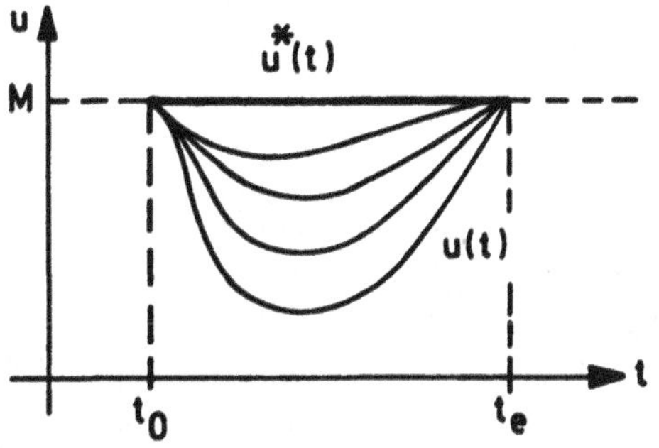

Bild 2/6 Vergleichskurvenschar bei Auftreten von Beschränkungen

lich, daß die optimale Lösung auf dem Rand des Steuerungsbereichs liegt, wofür wir in späteren Kapiteln Beispiele kennenlernen werden:

$$u^*(t) = M, \quad t_0 \leqq t \leqq t_e.$$

Die Vergleichskurven setzen wir wieder in der bewährten Form an, insbesondere also

$$u(t) = u^*(t) + \varepsilon\tilde{u}(t).$$

Damit sie zulässig sind, müssen sie im Bereich $u \leqq M$ liegen. Um dessen sicher zu sein, liegt es nahe, $\tilde{u}(t) \leqq 0$ und $\varepsilon \geqq 0$ zu wählen. Dann bildet man aus dem Gütemaß J, das im einzelnen nicht interessiert, ganz wie im Abschnitt 2.3 die Funktion $F(\varepsilon)$. Da die optimale Lösung für $\varepsilon = 0$ in der Vergleichskurvenschar enthalten ist, muß $F(0)$ ein Minimum von $F(\varepsilon)$ darstellen.

Soweit ist alles wie bisher. Der entscheidende Unterschied gegen die früheren Untersuchungen liegt darin, daß $F(\varepsilon)$ nicht mehr in $-\varepsilon_0 < \varepsilon < \varepsilon_0$, sondern nur noch für $\varepsilon \geqq 0$, also nur noch in einer einseitigen Umgebung von $\varepsilon = 0$, gegeben ist. Dadurch wird das Minimum jetzt zum *Randminimum*, wie es im Bild 2/7a wiedergegeben wird. Zum Vergleich zeigt Bild 2/7b nochmals den bisherigen Fall,

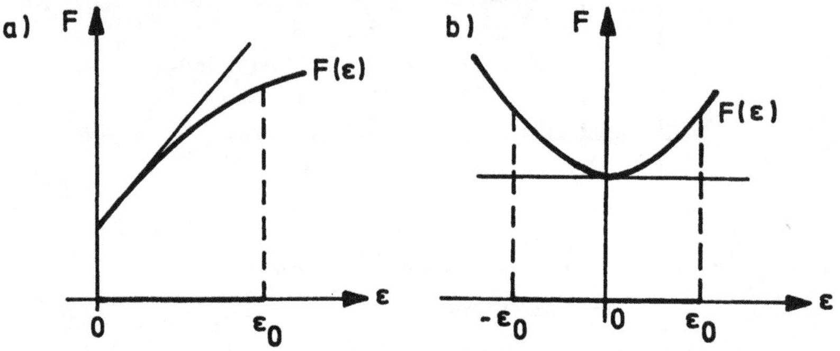

Bild 2/7 Randminimum und Minimum im Bereichsinnern

bei dem das Minimum im Innern des Definitionsbereiches angenommen wird. Während in diesem Fall $\left(\frac{dF}{d\varepsilon}\right)_{\varepsilon=0} = 0$ gilt, kann man beim Randminimum am linken Rand lediglich auf die Ungleichung $\left(\frac{dF}{d\varepsilon}\right)_{\varepsilon=0} \geqq 0$ schließen, wie man unmittelbar aus dem Bild 2/7a abliest. Entsprechend folgt für ein Randminimum am rechten Rand $\left(\frac{dF}{d\varepsilon}\right)_{\varepsilon=0} \leqq 0$.

Die Gleichung $\left(\frac{dF}{d\varepsilon}\right)_{\varepsilon=0} = 0$ war aber der Ausgangspunkt der Schlußfolgerungen, die zu den Hamilton-Gleichungen führten. Gilt sie nicht mehr, so ist dieser Schlußweise der Boden entzogen, und man kann daher nicht erwarten, daß beim Auftreten von Variablenbeschränkungen die Hamilton-Gleichungen unverändert weiter gelten.

Läßt man nur Beschränkungen in den Steuergrößen zu, setzt aber die Zustandsvariablen als unbeschränkt voraus, so wird man vermuten, daß zwar die kanonischen Differentialgleichungen weiter gelten, aber die Steuerungsgleichung durch eine andere Beziehung zu ersetzen sein wird. Wie das geschieht, wird im Kapitel 4 bei der Einführung des Maximumprinzips von Pontrjagin erörtert werden.

Im nächsten Kapitel werden wir die Hamilton-Gleichungen entsprechend Bild 2/4 auf eine intensiv bearbeitete Klasse von Problemen anwenden und dabei alle Variablen als unbeschränkt voraussetzen.

3 Optimierung linearer Systeme mit quadratischem Gütemaß

3.1 Mathematische Vorbemerkung: Nochmals Differentiation von Vektorfunktionen

Nachdem wir schon im Kapitel 2 auf die Differentiation von Vektorfunktionen eingegangen waren, müssen wir uns jetzt nochmals kurz damit befassen. Diesmal geht es um die Differentiation einiger *spezieller* Vektorfunktionen, die bei den folgenden Untersuchungen öfters auftreten.

Als erstes betrachten wir die lineare Vektorfunktion

$$f(\underline{u}) = \underline{u}^T \underline{z} = u_1 z_1 + u_2 z_2 + \ldots + u_p z_p, \tag{3.1}$$

wobei $\underline{u}$ die Variable und $\underline{z}$ ein konstanter Vektor ist. Nach Definition (2.18) ist

$$\frac{\partial}{\partial \underline{u}} (\underline{u}^T \underline{z}) = \begin{bmatrix} \frac{\partial}{\partial u_1} (\underline{u}^T \underline{z}) \\ \vdots \\ \frac{\partial}{\partial u_p} (\underline{u}^T \underline{z}) \end{bmatrix} = \begin{bmatrix} z_1 \\ \vdots \\ z_p \end{bmatrix},$$

also

$$\frac{\partial}{\partial \underline{u}} (\underline{u}^T \underline{z}) = \underline{z}. \tag{3.2}$$

Sind in dem skalaren Produkt (3.1) die Faktoren vertauscht, so ändert dies an der Differentiation nichts. Da sich nämlich ein Skalar bei Transposition nicht verändert, gilt

$$\underline{z}^T \underline{u} = (\underline{z}^T \underline{u})^T = \underline{u}^T \underline{z} .$$

Daraus folgt gemäß (3.2)

$$\frac{\partial}{\partial \underline{u}} (\underline{z}^T \underline{u}) = \frac{\partial}{\partial \underline{u}} (\underline{u}^T \underline{z}) = \underline{z} . \qquad (3.3)$$

Häufig treten im folgenden Vektorfunktionen der Form

$$f(\underline{u}) = \underline{u}^T \underline{A}\, \underline{v}$$

auf, die nach $\underline{u}$ zu differenzieren sind. Setzt man

$$\underline{z} = \underline{A}\, \underline{v}$$

und wendet (3.2) an, so folgt sofort

$$\frac{\partial}{\partial \underline{u}} (\underline{u}^T \underline{A}\, \underline{v}) = \underline{A}\, \underline{v} . \qquad (3.4)$$

Auch hier kann die Reihenfolge der Faktoren anders sein:

$$f(\underline{u}) = \underline{v}^T \underline{A}\, \underline{u} .$$

Da es sich auch bei dieser Funktion um einen Skalar handelt, ändert die Transposition nichts:

$$f(\underline{u}) = \underline{u}^T \underline{A}^T \underline{v} .$$

Jetzt kann man (3.4) anwenden:

$$\frac{\partial}{\partial \underline{u}} (\underline{u}^T \underline{A}^T \underline{v}) = \underline{A}^T \underline{v} .$$

Somit ist

$$\frac{\partial}{\partial \underline{u}} (\underline{v}^T \underline{A}\, \underline{u}) = \underline{A}^T \underline{v} . \qquad (3.5)$$

Neben solchen linearen Funktionen von $\underline{u}$ kommen im folgenden auch quadratische Formen

$$f(\underline{u}) = \underline{u}^T \underline{S}\, \underline{u} \tag{3.6}$$

vor, wobei also $\underline{S}$ *eine symmetrische Matrix* ist. Definitionsgemäß ist auch jetzt

$$\frac{\partial}{\partial \underline{u}} (\underline{u}^T \underline{S}\, \underline{u}) = \begin{bmatrix} \frac{\partial}{\partial u_1} (\underline{u}^T \underline{S}\, \underline{u}) \\ \vdots \\ \frac{\partial}{\partial u_p} (\underline{u}^T \underline{S}\, \underline{u}) \end{bmatrix} . \tag{3.7}$$

Ist $\underline{S} = (s_{ik})$, so gilt

$$\underline{u}^T \underline{S}\, \underline{u} = \sum_{i,k=1}^{n} s_{ik} u_i u_k =$$

$$= s_{11} u_1^2 + s_{12} u_1 u_2 + \ldots + s_{1p} u_1 u_p +$$

$$+ s_{21} u_2 u_1 + \ldots + s_{p1} u_p u_1 +$$

$$+ \text{restliche Terme ohne } u_1.$$

Hieraus folgt

$$\frac{\partial}{\partial u_1} (\underline{u}^T \underline{S}\, \underline{u}) = 2 s_{11} u_1 + s_{12} u_2 + \ldots + s_{1p} u_p +$$

$$+ s_{21} u_2 + \ldots + s_{p1} u_p$$

und daraus wegen $s_{ik} = s_{ki}$:

$$\frac{\partial}{\partial u_1} (\underline{u}^T \underline{S}\, \underline{u}) = 2 \sum_{\nu=1}^{p} s_{1\nu} u_\nu .$$

Da man die partiellen Differentialquotienten von $\underline{u}^T \underline{S}\, \underline{u}$ nach $u_2, \ldots, u_p$ ganz entsprechend berechnen kann, wird aus (3.7)

$$\frac{\partial}{\partial \underline{u}} (\underline{u}^T \underline{S}\, \underline{u}) = \begin{bmatrix} 2 \sum\limits_{\nu=1}^{p} s_{1\nu} u_\nu \\ \vdots \\ 2 \sum\limits_{\nu=1}^{p} s_{p\nu} u_\nu \end{bmatrix},$$

also

$$\frac{\partial}{\partial \underline{u}} (\underline{u}^T \underline{S}\, \underline{u}) = 2\, \underline{S}\, \underline{u}\,. \tag{3.8}$$

Diese Differentiationsformel für die quadratische Form ist völlig analog zur entsprechenden skalaren Formel:

$$\frac{\partial}{\partial u} (uSu) = \frac{\partial}{\partial u} (Su^2) = 2Su.$$

Nunmehr sind wir in der Lage, die in der Kapitelüberschrift genannte Problemstellung mathematisch zu behandeln.

3.2 Formulierung der Aufgabe

In vielen Fällen kann man die Strecke eines Regelungsproblems mit genügender Näherung linearisieren. Ihre Zustandsdifferentialgleichung hat dann die Gestalt

$$\dot{\underline{x}} = \underline{A}\, \underline{x} + \underline{B}\, \underline{u}$$

mit der (n,n)-Matrix $\underline{A}$ (Dynamikmatrix) und der (n,p)-Matrix $\underline{B}$ (Eingangsmatrix). n ist also die Ordnung der

Strecke. In der überwiegenden Mehrzahl der Anwendungen sind $\underline{A}$ und $\underline{B}$ konstant, die Strecke ist also ein zeitinvariantes System. Da die im folgenden entwickelte Theorie aber auch den Fall zeitabhängiger Matrizen $\underline{A}$ und $\underline{B}$ ohne zusätzlichen Aufwand mit zu erledigen gestattet, sei $\underline{A}$ *und* $\underline{B}$ im folgenden *auch als zeitabhängig zugelassen.*

Wir gehen davon aus, daß der Betriebszustand, in dem das System arbeiten soll, durch $\underline{x}_B = \underline{0}$ gegeben ist. Liegt er an einer anderen Stelle des Zustandsraums, so kann man durch eine Parallelverschiebung des Koordinatensystems stets $\underline{x}_B = \underline{0}$ erreichen. Zum Anfangszeitpunkt t_0, in dem die Betrachtung des Systems beginnen soll, sei der Zustandspunkt $\underline{x}(t)$ der Strecke durch vorangegangene Störungen aus dem Betriebszustand $\underline{x}_B = \underline{0}$ entfernt worden und liege in $\underline{x}(t_0) = \underline{x}_0$. Dieser Anfangszustand kann grundsätzlich beliebig im Zustandsraum gelegen sein. Der Zustandspunkt $\underline{x}(t)$ soll nun wieder in den gewünschten Betriebszustand $\underline{x}_B$ gebracht werden, und zwar zum vorgegebenen Zeitpunkt t_e.

Dieser Übergang kann in verschiedenartiger Weise erfolgen. Wir wollen annehmen, daß die Minimierung des quadratischen Gütemaßes (1.8), also von

$$J = \frac{1}{2} \int_{t_0}^{t_e} [\underline{x}^T(t)\, \underline{Q}\, \underline{x}(t) + \underline{u}^T(t)\, \underline{R}\, \underline{u}(t)]dt, \qquad (3.9)$$

angestrebt wird. Ein solches Vorgehen empfiehlt sich dann, wenn durch die konkrete Aufgabenstellung kein *spezielles* Entwurfsziel, wie z.B. zeitoptimales Verhalten, nahegelegt ist, wenn vielmehr lediglich ein allgemein günstiges Systemverhalten erwartet wird. Man darf annehmen, daß ein solches Verhalten durch die Minimierung des Gütemaßes (3.9) erzielt wird. Da dieses nämlich verbrauchs- und verlaufsoptimales Verhalten kombiniert, wird zum einen der Energieverbrauch in Grenzen gehalten, zum anderen ein annehmbarer dynamischer Verlauf gesichert.

Es bleibt die Wahl der Endbedingung zu klären. Am nächstliegenden wäre es, $\underline{x}(t_e) = \underline{0}$ zu fordern, damit der Zustandspunkt des Systems zum Endzeitpunkt t_e den gewünschten Betriebszustand $\underline{x}_B = \underline{0}$ genau annimmt. Wie am Ende des Abschnitts 2.5 am Beispiel gezeigt wurde, führt diese Forderung jedoch auf einen Regler mit zeitabhängigen Parametern, die für $t \to t_e$ unendlich große Beträge annehmen. Ein solcher Regler kann nicht realisiert werden. Man geht deshalb, wie ebenfalls bereits am Ende von Abschnitt 2.5 ausgeführt, davon ab, $\underline{x}(t)$ *exakt* nach $\underline{x}_B = \underline{0}$ zu bringen, begnügt sich vielmehr damit, $|\underline{x}(t_e)|$ genügend klein zu machen, so daß $\underline{x}(t_e)$ *näherungsweise* Null wird. In Anbetracht der in jedem realen System vorhandenen Parameterschwankungen und der niemals vollständigen Kenntnis des Systemverhaltens läßt sich ohnehin $\underline{x}(t_e)$ nicht exakt zu Null machen, sondern nur in die Nähe von $\underline{0}$ bringen.

Man nimmt deshalb den Endpunkt $\underline{x}(t_e)$ als frei an, sorgt aber durch eine geeignete Modifikation des Gütemaßes dafür, daß $\underline{x}(t_e)$ nahe bei $\underline{0}$ liegen muß. Hierzu fügt man, ganz entsprechend wie in dem speziellen Fall (2.82), zum bereits vorhandenen quadratischen Gütemaß (3.9) den Term

$$\frac{1}{2}\,\underline{x}^T(t_e)\underline{S}\;\underline{x}(t_e)$$

hinzu, in dem $\underline{S}$ eine konstante, symmetrische und positiv definite (oder auch nur positiv semidefinite) Matrix ist. Man gelangt so zu dem Gütemaß

$$J = \frac{1}{2}\,\underline{x}^T(t_e)\underline{S}\;\underline{x}(t_e) + \frac{1}{2}\int_{t_0}^{t_e}[\underline{x}^T(t)\underline{Q}\;\underline{x}(t)+\underline{u}^T(t)\underline{R}\;\underline{u}(t)]dt.$$

Darin wählt man $\underline{S}$ in geeigneter Weise, etwa als Diagonalmatrix mit Diagonalelementen, die betragsmäßig gegenüber den $\underline{Q}$- und $\underline{R}$-Elementen genügend groß sind. Wie schon im Abschnitt 1.2 bemerkt und nochmals am Schluß von Abschnitt 2.5 erläutert, darf man dann annehmen, daß die mit hohen Gewichtsfaktoren belasteten Größen genügend klein werden, da andernfalls das Gütemaß J seinen Minimalwert nicht erreichen könnte.

Da der Endpunkt $\underline{x}(t_e)$ jetzt grundsätzlich beliebig ist, gilt nach Bild 2/4 die Transversalitätsbedingung

$$\underline{\psi}(t_e) = -\left(\frac{\partial h}{\partial \underline{x}}\right)_{t_e} .$$

Beim vorliegenden Problem ist

$$h(\underline{x}) = \frac{1}{2}\,\underline{x}^T \underline{S}\,\underline{x} ,$$

also wegen der Differentiationsformel (3.8)

$$\frac{\partial h}{\partial \underline{x}} = \underline{S}\,\underline{x} .$$

Es gilt deshalb

$$\underline{\psi}(t_e) = -\,\underline{S}\,\underline{x}(t_e) .$$

Damit ist die Aufgabenstellung vollständig beschrieben. Fassen wir zusammen:

Strecke: $\dot{\underline{x}} = \underline{A}\,\underline{x} + \underline{B}\,\underline{u}$ (Zustandsdifferentialgleichung); (3.10)

$\underline{A}$ (n,n)-Matrix, $\underline{B}$ (n,p)-Matrix } dürfen auch zeitabhängig sein.

Gütemaß:

$$J = \frac{1}{2}\,\underline{x}^T(t_e)\underline{S}\;\underline{x}(t_e) + \frac{1}{2}\int_{t_o}^{t_e} [\underline{x}^T(t)\underline{Q}\;\underline{x}(t) + \underline{u}^T(t)\underline{R}\;\underline{u}(t)]dt; \tag{3.11}$$

$\underline{S}$ konstant, symmetrisch, positiv semidefinit;

$\underline{Q}$ symmetrisch, positiv semidefinit;

$\underline{R}$ symmetrisch, positiv definit;

$\underline{Q}$ und $\underline{R}$ dürfen zeitabhängig sein.[1)]

Randbedingungen:

$$t_o \text{ gegeben, } \underline{x}(t_o) = \underline{x}_o \tag{3.12}$$

$$t_e > t_o \text{ gegeben, } \underline{\psi}(t_e) = -\,\underline{S}\;\underline{x}(t_e). \tag{3.13}$$

3.3 Bestimmung des optimalen Regelungsgesetzes aus der Riccati-Gleichung

Wir beginnen die Lösung des Problems mit der Aufstellung der Hamilton-Funktion gemäß Gleichung (2.50) im Bild 2/4:

$$H(\underline{x},\underline{\psi},\underline{u},t) = -\frac{1}{2}\,(\underline{x}^T\underline{Q}\;\underline{x} + \underline{u}^T\underline{R}\;\underline{u}) + \underline{\psi}^T(\underline{A}\;\underline{x} + \underline{B}\;\underline{u}),$$

$$H(\underline{x},\underline{\psi},\underline{u},t) = -\frac{1}{2}\,\underline{x}^T\underline{Q}\;\underline{x} - \frac{1}{2}\,\underline{u}^T\underline{R}\;\underline{u} + \underline{\psi}^T\underline{A}\;\underline{x} + \underline{\psi}^T\underline{B}\;\underline{u}\,. \tag{3.14}$$

Um die adjungierte Differentialgleichung und die Steuerungsgleichung [Gleichungen (2.52) und (2.53) im Bild 2/4] zu erhalten, müssen wir H nach dem Vektor $\underline{x}$ bzw. dem Vektor $\underline{u}$ differenzieren. Mittels der Differentiationsregeln (3.5) und (3.8) folgt aus (3.14):

$$\frac{\partial H}{\partial \underline{x}} = -\,\underline{Q}\;\underline{x} + \underline{A}^T\underline{\psi}\,, \qquad \frac{\partial H}{\partial \underline{u}} = -\,\underline{R}\;\underline{u} + \underline{B}^T\underline{\psi}\,.$$

1 In diesem Fall bedeutet z.B. die positive Definitheit von $\underline{R}(t)$, daß $\underline{u}^T\underline{R}(t)\underline{u}$ für jedes t positiv definit ist.

Damit erhält man

$$-\underline{R}\,\underline{u} + \underline{B}^T\underline{\psi} = \underline{0} \quad \text{(Steuerungsgleichung)}, \qquad (3.15)$$

$$\dot{\underline{\psi}} = \underline{Q}\,\underline{x} - \underline{A}^T\underline{\psi} \quad \text{(adjungierte Differentialgleichung)}. \qquad (3.16)$$

Hinzu kommt noch die Zustandsdifferentialgleichung (3.10) der Strecke:

$$\dot{\underline{x}} = \underline{A}\,\underline{x} + \underline{B}\,\underline{u}\,. \qquad (3.17)$$

Wie man sieht, ist die Steuerungsgleichung in der Tat keine Differentialgleichung, sondern eine gewöhnliche Gleichung. Gemäß dem ersten Schritt des im Abschnitt 2.4 beschriebenen grundsätzlichen Lösungsweges lösen wir sie nach $\underline{u}$ auf:

$$\underline{u} = \underline{R}^{-1}\underline{B}^T\underline{\psi}\,. \qquad (3.18)$$

Die Inverse $\underline{R}^{-1}$ existiert, weil $\underline{R}$ als positiv definit vorausgesetzt und eine positiv definite Matrix stets regulär ist ([42], Abschnitt 11.2, Satz 1).

Nun setzt man $\underline{u}$ in die kanonischen Differentialgleichungen (3.16) und (3.17) ein, damit in diesen beiden Differentialgleichungen nur noch die beiden Unbekannten $\underline{x}$ und $\underline{\psi}$ vorkommen:

$$\dot{\underline{x}} = \underline{A}\,\underline{x} + \underline{B}\,\underline{R}^{-1}\underline{B}^T\underline{\psi}\,, \qquad (3.19)$$

$$\dot{\underline{\psi}} = \underline{Q}\,\underline{x} - \underline{A}^T\underline{\psi}\,. \qquad (3.20)$$

Diese beiden Gleichungen wollen wir für den Rest des vorliegenden Kapitels kurz als Hamilton-Gleichungen bezeichnen.

Jetzt weichen wir von dem grundsätzlichen Lösungsweg des Abschnittes 2.4 ab, um die dort erforderlichen mühsamen Lösungs- und Eliminationsprozesse zu vermeiden. Die Hamilton-Gleichungen (3.19) und (3.20) sind nämlich *lineare* Differentialgleichungen für $\underline{x}$ und $\underline{\psi}$. Hierdurch wird der Gedanke nahegelegt, daß auch das optimale Regelungsgesetz linear sein könnte. Man gelangt so zu dem Lösungsansatz

$$\underline{u} = - \underline{K}\,\underline{x} \tag{3.21}$$

mit der noch unbekannten, im allgemeinen zeitabhängigen (p,n)-Matrix $\underline{K}$. Soll dieser Ansatz mit (3.18) harmonieren, so muß

$$\underline{\psi} = - \underline{P}\,\underline{x} \tag{3.22}$$

sein, wobei $\underline{P}$ eine noch zu bestimmende, im allgemeinen zeitabhängige (n,n)-Matrix ist. Setzt man nämlich (3.22) in (3.18) ein, so entsteht das Regelungsgesetz

$$\underline{u} = - \underline{R}^{-1}\underline{B}^T\underline{P}\,\underline{x}\,, \tag{3.23}$$

das von der Form (3.21) ist.

Um nunmehr die unbekannte Matrix $\underline{P}(t)$ zu ermitteln, setzt man (3.22) in die Hamilton-Gleichungen (3.19), (3.20) ein:

$$\dot{\underline{x}} = \underline{A}\,\underline{x} - \underline{B}\,\underline{R}^{-1}\underline{B}^T\underline{P}\,\underline{x}\,, \tag{3.24}$$

$$-(\dot{\underline{P}}\,\underline{x} + \underline{P}\,\dot{\underline{x}}) = \underline{Q}\,\underline{x} + \underline{A}^T\underline{P}\,\underline{x}\,. \tag{3.25}$$

Hierbei wurde die Tatsache benutzt, daß die Produktregel der Differentiation auch für ein Matrizenprodukt gilt, wobei nur darauf zu achten ist, daß die Reihenfolge der Faktoren nicht geändert wird. Um aus den beiden Gleichungen (3.24) und (3.25) *eine* Gleichung für $\underline{P}$ zu bekommen, setzt man (3.24) in (3.25) ein:

$$-\dot{\underline{P}}\,\underline{x} - \underline{P}(\underline{A}\,\underline{x} - \underline{B}\,\underline{R}^{-1}\underline{B}^T\underline{P}\,\underline{x}) = \underline{Q}\,\underline{x} + \underline{A}^T\underline{P}\,\underline{x}\,,$$

$$(\dot{\underline{P}} - \underline{P}\,\underline{B}\,\underline{R}^{-1}\underline{B}^T\underline{P} + \underline{P}\,\underline{A} + \underline{A}^T\underline{P} + \underline{Q})\underline{x} = \underline{0}\,.$$

Da diese Gleichung für beliebige $\underline{x}$ gelten soll, muß der Faktor von $\underline{x}$ verschwinden. Daraus folgt

$$\dot{\underline{P}} = \underline{P}\,\underline{B}\,\underline{R}^{-1}\underline{B}^T\underline{P} - \underline{P}\,\underline{A} - \underline{A}^T\underline{P} - \underline{Q}\,. \qquad (3.26)$$

Das ist eine Differentialgleichung 1. Ordnung für die (n,n)-Matrix $\underline{P}(t)$. Sie wird als *Riccatische Matrixdifferentialgleichung oder kurz* als *Riccati-Gleichung* bezeichnet (R.E. KALMAN, 1960). Elementweise geschrieben liefert sie ein System von n^2 skalaren Differentialgleichungen für die n^2 Elemente p_{ik} der Matrix $\underline{P}$. Dieses Differentialgleichungssystem ist nichtlinear, da infolge des Terms $\underline{P}\,\underline{B}\,\underline{R}^{-1}\underline{B}^T\underline{P}$ Produkte der Elemente p_{ik} auftreten.

Um die Matrix $\underline{P}(t)$ aus der Riccati-Gleichung *eindeutig* zu bestimmen, fehlt aber noch eine Anfangsbedingung. Man gewinnt sie aus der Transversalitätsbedingung (3.13). Da nach (3.22)

$$\underline{\psi}(t_e) = -\,\underline{P}(t_e)\underline{x}(t_e)$$

ist, folgt aus ihr

$$-\,\underline{P}(t_e)\underline{x}(t_e) = -\,\underline{S}\,\underline{x}(t_e)\,.$$

Diese Beziehung ist für

$$\underline{P}(t_e) = \underline{S} \qquad (3.27)$$

gewiß erfüllt. Mathematisch gesehen ist diese Bedingung

vom Typ einer Anfangsbedingung, durch welche die Lösung der Differentialgleichung eindeutig festgelegt wird. Da sie sich aber auf das *Ende* des Steuerungszeitraums bezieht, dürfte die Bezeichnung "*Anfangs*bedingung" einem Ingenieur sonderbar klingen, weshalb wir sie im folgenden als *Endbedingung* bezeichnen wollen.

Durch (3.26) und (3.27) ist die Matrix $\underline{P}(t)$ eindeutig bestimmt und mit ihr das Regelungsgesetz (3.23). Ist es wirklich *optimal*? Wie früher bemerkt (Ende des Abschnitts 2.3), sind die Hamilton-Gleichungen zunächst ja nur notwendig für die Lösung des Optimierungsproblems. Für das jetzt behandelte *spezielle* Optimierungsproblem läßt sich jedoch zeigen, daß sie unter den von uns gemachten Voraussetzungen, wie sie zum Schluß des Abschnitts 3.2 zusammengestellt wurden, auch hinreichend sind. D.h. also: Das Regelungsgesetz

$$\underline{u} = -\underline{R}^{-1}\underline{B}^T\underline{P}\,\underline{x}, \tag{3.28}$$

wobei $\underline{P}(t)$ die Lösung der Riccati-Gleichung (3.26) mit der Endbedingung (3.27) darstellt, liefert unter allen möglichen Regelungsgesetzen $\underline{u} = \underline{k}\{\underline{x},t\}$ den kleinsten Wert des Gütemaßes J, und zwar für beliebiges $t_0 < t_e$ und beliebigen Anfangszustand $\underline{x}(t_0)$ (siehe z.B. [18], Abschnitt 2.3).

Betrachtet man etwa den Fall *einer* Steuergröße u(t), so ist der Regler (3.28) von der Form

$$u = -\underline{k}^T\underline{x} = -[k_1x_1+\ldots+k_nx_n] ,$$

wobei $k_1,\ldots,k_n$ die Elemente des Zeilenvektors

$$\underline{k}^T = r^{-1}\underline{b}^T\underline{P}$$

sind. Der Regler ist also linear, aber im allgemeinen zeitvariant.

Bild 3/1 zeigt die Struktur des geschlossenen Regelkreises. Ist der Anfangszeitpunkt $t_0 = 0$, so sind die Funk-

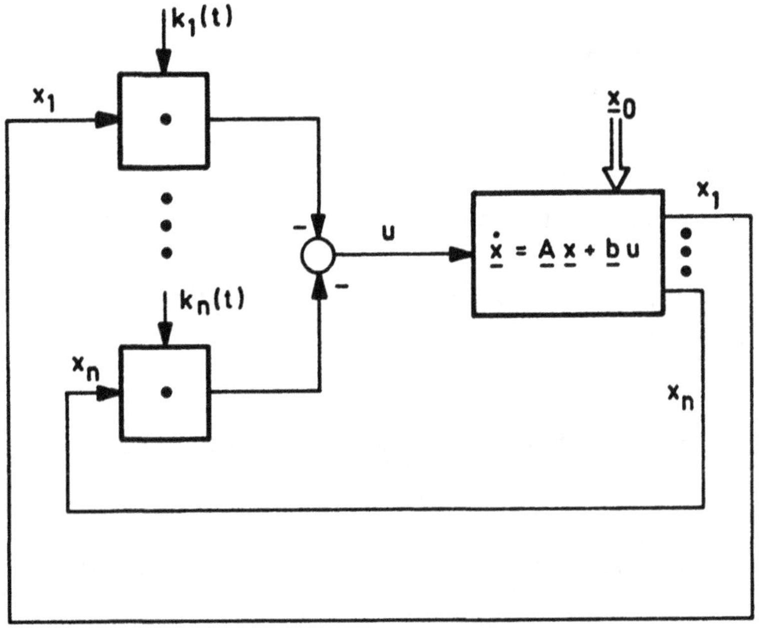

Bild 3/1 Struktur des optimalen Reglers bei linearer Strecke und quadratischem Gütemaß

tionen $k_\nu(t)$ im Intervall $0 \leqq t \leqq t_e$ gegeben. Sie liegen in einem Rechner gespeichert vor und werden mit den zurückgeführten Zustandsvariablen multipliziert (die unter Umständen durch einen Zustandsbeobachter geliefert werden, was im Bild 3/1 nicht berücksichtigt ist). Nach Ablauf der Zeitspanne t_e schaltet man die gleichen, nur um t_e nach rechts verschobenen Zeitfunktionen k_ν wiederum auf und regelt so im Intervall $t_e \leqq t \leqq 2t_e$. Usw.

3.4 Lösung der Riccati-Gleichung

3.4.1 Struktur der Lösung

Um uns einen Eindruck von der Art der Lösung zu verschaffen, betrachten wir zunächst den einfachsten Fall, daß die Strecke ein Verzögerungsglied 1. Ordnung darstellt, also durch die Differentialgleichung

$$\dot{x} = ax + bu, \qquad (3.29)$$

a,b konstant mit $a < 0$, $b > 0$,

beschrieben wird. Das zugehörige quadratische Gütemaß lautet dann

$$J = \frac{1}{2} Sx^2(t_e) + \frac{1}{2} \int_{t_0}^{t_e} \left[qx^2(t)+ru^2(t)\right] dt,$$

wobei auch S, q, r konstant seien, mit $S \geqq 0$ und $q,r > 0$.

Da alle Vektoren und Matrizen des allgemeinen Falles hier in Skalare übergehen, wird aus der (n,n)-Matrix $\underline{P}(t)$ der Skalar $p(t)$ und die Riccatische Matrixdifferentialgleichung (3.26) geht in eine klassische skalare Riccati-Gleichung über:

$$\dot{p} = \frac{b^2}{r} p^2 - 2ap - q \qquad (3.30)$$

oder

$$\frac{dp}{dt} = \frac{b^2}{r} \left(p^2 - 2 \frac{ar}{b^2} p - \frac{qr}{b^2} \right).$$

Wie man sieht, kann die Lösung durch Trennung der Veränderlichen erfolgen:

$$\frac{dp}{p^2 - 2\frac{ar}{b^2}p - \frac{qr}{b^2}} = \frac{b^2}{r}\,dt. \qquad (3.31)$$

Da auf der linken Seite eine rationale Funktion von p steht, liegt es nahe, zur Partialbruchzerlegung überzugehen. Dazu hat man zunächst die Nullstellen des Nennerpolynoms aufzusuchen:

$$p^2 - 2\frac{ar}{b^2}p - \frac{qr}{b^2} = 0,$$

$$p_{1,2} = \frac{ar}{b^2} \pm \sqrt{\left(\frac{ar}{b^2}\right)^2 + \frac{qr}{b^2}}. \qquad (3.32)$$

Beide Nullstellen sind also reell, und es ist $p_1 - p_2 > 0$, wenn p_1 durch das positive, p_2 durch das negative Wurzelvorzeichen bestimmt wird.

Damit wird aus (3.31)

$$\frac{1}{(p-p_1)(p-p_2)}\,dp = \frac{b^2}{r}\,dt,$$

woraus durch Partialbruchzerlegung folgt:

$$\left[\frac{1}{p-p_1} - \frac{1}{p-p_2}\right]\frac{1}{p_1-p_2}\,dp = \frac{b^2}{r}\,dt \quad \text{oder}$$

$$\frac{dp}{p-p_1} - \frac{dp}{p-p_2} = \frac{b^2}{r}(p_1-p_2)dt.$$

Die Integration liefert nun

$$\ln\left|\frac{p-p_1}{p-p_2}\right| = \frac{b^2}{r}(p_1-p_2)t + \text{const},$$

also

$$\frac{p(t)-p_1}{p(t)-p_2} = c e^{\frac{b^2}{r}(p_1-p_2)t} \tag{3.33}$$

mit dem Integrationsparameter c.

Er wird aus der Endbedingung (3.27) bestimmt:

$$p(t_e) = S. \tag{3.34}$$

Dazu setzt man in (3.33) $t = t_e$ und erhält so wegen (3.34):

$$\frac{S-p_1}{S-p_2} = c e^{\frac{b^2}{r}(p_1-p_2)t_e},$$

also

$$c = \frac{S-p_1}{S-p_2} e^{-\frac{b^2}{r}(p_1-p_2)t_e}.$$

Das gibt, in (3.33) eingesetzt

$$\frac{p(t)-p_1}{p(t)-p_2} = \frac{S-p_1}{S-p_2} e^{-\frac{b^2}{r}(p_1-p_2)(t_e-t)}.$$

Löst man diese Gleichung nach p(t) auf, so hat man die gewünschte Lösung der Riccati-Gleichung:

$$p(t) = \frac{p_1(S-p_2)-p_2(S-p_1)e^{-\frac{b^2}{r}(p_1-p_2)(t_e-t)}}{(S-p_2)-(S-p_1)e^{-\frac{b^2}{r}(p_1-p_2)(t_e-t)}}. \tag{3.35}$$

Das optimale Regelungsgesetz folgt daraus sofort nach (3.28):

$$u = -\frac{b}{r}\,p(t)\cdot x\,. \qquad (3.36)$$

Betrachtet man die Lösung (3.35) der Riccati-Gleichung, so erinnert sie insofern an die wohlvertraute Lösung einer linearen Differentialgleichung mit konstanten Koeffizienten, als sie sich ebenfalls aus e-Funktionen aufbaut. Ein wesentlicher Unterschied besteht jedoch darin, daß sie keine Linearkombination von e-Funktionen ist, sondern nichtlinear von ihnen abhängt, und zwar in Form einer rationalen Funktion. Darin kommt zum Ausdruck, daß die Riccatische Differentialgleichung (3.30) durch das in ihr auftretende quadratische Glied bereits nichtlinear ist. Dieser grundsätzliche Aufbau der Lösung der Riccati-Gleichung bleibt auch dann erhalten, wenn die Strecke höhere Ordnung aufweist, sofern nur die Matrizen $\underline{A}$, $\underline{B}$, $\underline{Q}$ und $\underline{R}$ konstant sind.

Noch eine weitere Eigenschaft der Lösung (3.35) ist von Interesse. Läßt man $t_e \to +\infty$ streben, geht also zu einem unendlich langen Steuerintervall über, so strebt an jeder Stelle t die in (3.35) vorkommende e-Funktion $\to 0$, da ja $p_1 - p_2 > 0$ ist. Daher strebt

$$p(t) \to p_1 \quad \text{für} \quad t_e \to +\infty.$$

Das heißt: Für $t_e = +\infty$ geht der bisher zeitvariante Regler (3.36) in den zeit*in*varianten Regler

$$u = -\frac{b}{r}\,p_1\cdot x$$

über. Der Gedanke liegt nahe, daß dies nicht nur für eine Strecke 1. Ordnung, sondern für beliebige Streckenordnung gilt, sofern auch hier die Matrizen $\underline{A}$, $\underline{B}$, $\underline{Q}$ und $\underline{R}$ konstant sind. Tatsächlich werden wir im Abschnitt 3.5 sehen, und zwar auf ganz andere Weise als hier, daß unter diesen Voraussetzungen der optimale Regler zeitinvariant wird.

3.4.2 Numerische Lösung am Beispiel 2. Ordnung

Das im vorigen Abschnitt behandelte einfache Beispiel sollte einen Eindruck vom Aufbau der Riccati-Lösung vermitteln. Die tatsächliche Durchführung der Lösung im konkreten Fall wird numerisch erfolgen. Wie das geschehen kann, sei an einem Beispiel 2. Ordnung gezeigt.

Vorausgeschickt werde eine allgemeine Eigenschaft der Lösung $\underline{P}(t)$, welche den Rechenaufwand verringert:

Die Lösung $\underline{P}(t)$ der Riccati-Gleichung mit der Endbedingung $\underline{P}(t_e) = \underline{S}$ ist eine symmetrische Matrix. (3.37)

Um dies einzusehen, transponieren wir die Riccati-Gleichung (3.26):

$$(\underline{\dot{P}})^T = \underline{P}^T\underline{B}\,(\underline{R}^T)^{-1}\underline{B}^T\underline{P}^T - \underline{A}^T\underline{P}^T - \underline{P}^T\underline{A} - \underline{Q}^T .$$

Da Differentiation und Transposition vertauschbar sind und $\underline{R}$, $\underline{Q}$ symmetrische Matrizen darstellen, folgt daraus

$$(\underline{P}^T)^{\cdot} = \underline{P}^T\underline{B}\;\underline{R}^{-1}\underline{B}^T\underline{P}^T - \underline{P}^T\underline{A} - \underline{A}^T\underline{P}^T - \underline{Q} .$$

Überdies folgt aus (3.27) wegen der Symmetrie von $\underline{S}$:

$$\underline{P}^T(t_e) = \underline{S} .$$

D.h. aber: Die Matrix $\underline{P}^T(t)$ genügt ebenfalls der Riccati-Differentialgleichung und erfüllt die gleiche Endbedingung wie $\underline{P}(t)$. Da die Lösung der Riccati-Differentialgleichung durch die Endbedingung eindeutig bestimmt ist, muß somit $\underline{P}^T(t) \equiv \underline{P}(t)$ sein.

Da also $\underline{P}(t)$ symmetrisch ist, braucht man von den n^2 Elementen nur die in und oberhalb der Hauptdiagonale stehenden zu kennen. Ihre Anzahl ist

$$n + \frac{1}{2}(n^2 - n) = \frac{1}{2}n(n+1).$$

Betrachten wir nun die Regelstrecke im Bild 3/2, die beispielsweise zu einer Lageregelung gehören kann.

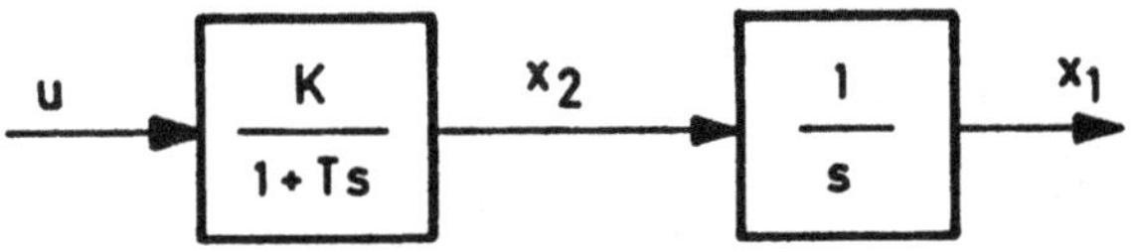

Bild 3/2 Regelstrecke 2. Ordnung

Ihre Zustandsdifferentialgleichungen lauten

$$\dot{x}_1 = x_2,$$

$$\dot{x}_2 = -\frac{1}{T}x_2 + \frac{K}{T}u,$$

so daß also

$$\underline{A} = \begin{bmatrix} 0 & 1 \\ 0 & -\frac{1}{T} \end{bmatrix}, \quad \underline{b} = \begin{bmatrix} 0 \\ \frac{K}{T} \end{bmatrix}.$$

Das Gütemaß sei

$$J = \frac{1}{2}\int_0^{t_e}(\underline{x}^T\underline{Q}\,\underline{x} + \underline{u}^T\underline{R}\,\underline{u})dt$$

$$\text{mit}\quad \underline{Q} = \begin{bmatrix} q_{11} & 0 \\ 0 & q_{22} \end{bmatrix}^{1)}, \quad \underline{R} = [r] \quad \text{konstant.}$$

Wegen der Symmetrie ist

$$\underline{P} = \begin{bmatrix} p_{11} & p_{12} \\ p_{12} & p_{22} \end{bmatrix}.$$

Damit wird

$$\underline{P}\,\underline{B}\,\underline{R}^{-1}\underline{B}^T\underline{P} = \frac{K^2}{rT^2} \begin{bmatrix} p_{12}^2 & p_{12}p_{22} \\ p_{12}p_{22} & p_{22}^2 \end{bmatrix},$$

$$\underline{P}\,\underline{A} = \begin{bmatrix} 0 & p_{11} - \frac{1}{T}\,p_{12} \\ 0 & p_{12} - \frac{1}{T}\,p_{22} \end{bmatrix},$$

$$\underline{A}^T\underline{P} = \begin{bmatrix} 0 & 0 \\ p_{11} - \frac{1}{T}\,p_{12} & p_{12} - \frac{1}{T}\,p_{22} \end{bmatrix}.$$

Hieraus kann man die Riccati-Differentialgleichung (3.26) aufstellen. Schreibt man sie sogleich elementweise, wobei man sich wegen der Symmetrie auf die Elemente in und oberhalb der Hauptdiagonale beschränken darf, so ergibt sich:

1 Da im vorliegenden Fall der Endwert $\underline{x}(t_e)$ nicht gewichtet ist, hat man q_{11} *und* $q_{22} > 0$ zu wählen, damit beide Komponenten von $\underline{x}$ klein gemacht werden können.

$$\left.\begin{aligned}
\dot{p}_{11} &= \frac{K^2}{rT^2} p_{12}^2 - q_{11}, \\
\dot{p}_{12} &= \frac{K^2}{rT^2} p_{12}p_{22} - (p_{11} - \frac{1}{T} p_{12}), \\
\dot{p}_{22} &= \frac{K^2}{rT^2} p_{22}^2 - 2(p_{12} - \frac{1}{T} p_{22}) - q_{22}.
\end{aligned}\right\} \qquad (3.38)$$

Das ist ein System von drei gekoppelten nichtlinearen Differentialgleichungen für die drei gesuchten Funktionen $p_{11}(t)$, $p_{12}(t)$ und $p_{22}(t)$. Hinzu kommt wegen $\underline{S} = \underline{0}$ die Endbedingung

$$\underline{P}(t_e) = \underline{0},$$

also

$$p_{ik}(t_e) = 0. \qquad (3.39)$$

Nun ist es zweckmäßig, die Zeittransformation

$$\tau = t_e - t$$

vorzunehmen, also von t zur rückwärtslaufenden "Zeit" τ überzugehen. Damit wird

$$p_{ik(t)} = p_{ik}(t_e - \tau) = \tilde{p}_{ik}(\tau), \qquad (3.40)$$

also

$$\frac{d\tilde{p}_{ik}}{d\tau} = \frac{dp_{ik}}{dt} \cdot (-1).$$

Aus (3.38) wird so

$$\left.\begin{aligned}
\frac{d\tilde{p}_{11}}{d\tau} &= -\frac{K^2}{rT^2}\,\tilde{p}_{12}^2 + q_{11}, \\
\frac{d\tilde{p}_{12}}{d\tau} &= -\frac{K^2}{rT^2}\,\tilde{p}_{12}\tilde{p}_{22} + \tilde{p}_{11} - \frac{1}{T}\,\tilde{p}_{12}, \\
\frac{d\tilde{p}_{22}}{d\tau} &= -\frac{K^2}{rT^2}\,\tilde{p}_{22}^2 + 2\tilde{p}_{12} - \frac{2}{T}\,\tilde{p}_{22} + q_{22}.
\end{aligned}\right\} \qquad (3.41)$$

Schließlich ist

$$\tilde{p}_{ik}(0) = p_{ik}(t_e) = 0, \qquad (3.42)$$

so daß die Endbedingung, die ja mathematisch gesehen eine Anfangsbedingung ist, nun auch als *Anfangs*bedingung erscheint.

Die numerische Lösung des Differentialgleichungssystems (3.41) mit der Anfangsbedingung (3.42) ist problemlos. Es genügt hier, die Differentialquotienten durch die entsprechenden Differenzenquotienten zu ersetzen und als Schrittweite etwa

$$\Delta\tau = \frac{t_e}{100}$$

zu nehmen.

Als optimales Regelungsgesetz ergibt sich dann nach (3.28):

$$u = -\frac{1}{r}\begin{bmatrix} 0 & \frac{K}{T} \end{bmatrix} \begin{bmatrix} p_{11} & p_{12} \\ p_{12} & p_{22} \end{bmatrix} \begin{bmatrix} x_1 \\ x_2 \end{bmatrix},$$

$$u = -\underbrace{\frac{K}{rT}\begin{bmatrix}p_{12}, p_{22}\end{bmatrix}}_{\underline{k}^T}\begin{bmatrix}x_1\\ x_2\end{bmatrix},$$

$$u = -\frac{K}{rT}\,p_{12}(t)x_1 - \frac{K}{rT}\,p_{22}(t)x_2. \qquad (3.43)$$

Bild 3/3 zeigt die Struktur der so erhaltenen optimalen Regelung.

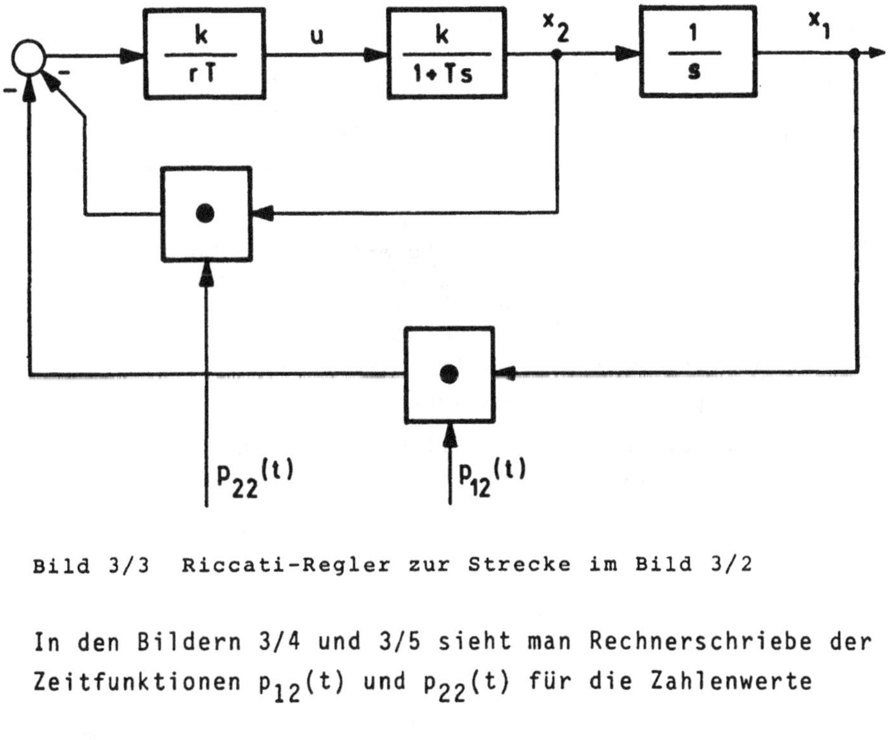

Bild 3/3 Riccati-Regler zur Strecke im Bild 3/2

In den Bildern 3/4 und 3/5 sieht man Rechnerschriebe der Zeitfunktionen $p_{12}(t)$ und $p_{22}(t)$ für die Zahlenwerte

$$K = 1,\quad T = 1;\quad q_{11} = q_{22} = 1;\quad r = 1,$$

und zwar einmal für $t_e = 2$, zum andern für $t_e = 10$.[1]

1 Hier wie auch im folgenden werden bei Benutzung von Zahlenwerten die Zustandsgleichungen als normiert vorausgesetzt.

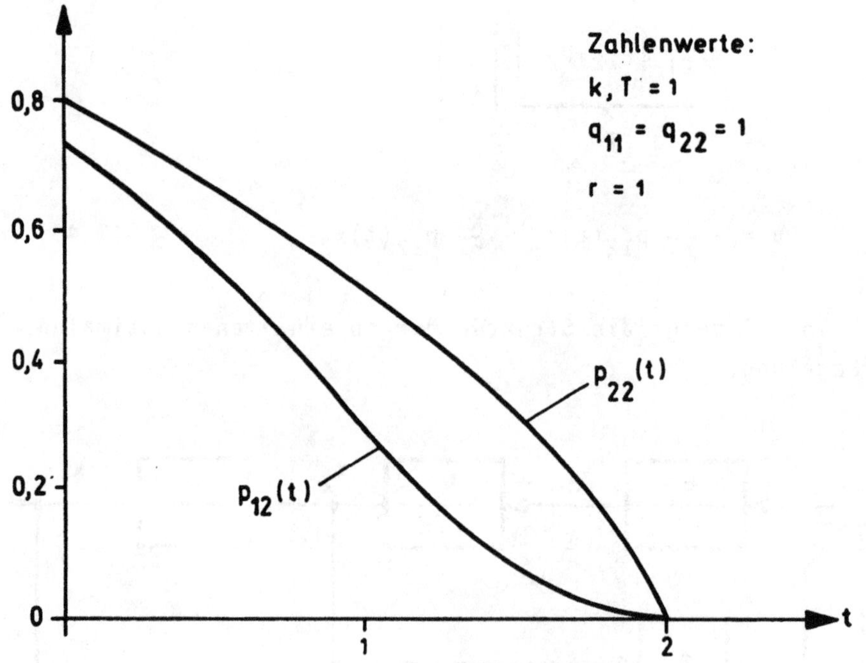

Bild 3/4 Koeffizienten des Riccati-Reglers aus Bild 3/3 für $t_e = 2$

Der Vergleich der beiden Bilder bringt ein interessantes Ergebnis: Wird t_e groß gegenüber den Zeitkonstanten der Strecke, so bleibt die Riccati-Lösung lange Zeit konstant und wird erst gegen Ende des Steuerungszeitraums zeitveränderlich. Dieses Verhalten weist wieder darauf hin, daß für $t_e \rightarrow +\infty$ die Riccati-Lösung $\underline{P}(t)$ in eine konstante Matrix übergeht und damit der optimale Regler zeitinvariant wird.

Die vorstehend beschriebene numerische Lösung der Riccati-Gleichung kann auch bei höherer Systemordnung durchgeführt werden. Im folgenden wird eine *allgemeine* Lösung angegeben, aus der im Fall konstanter Matrizen $\underline{A}$, $\underline{B}$, $\underline{Q}$, $\underline{R}$ ein besonders einfaches numerisches Lösungsverfahren entwikkelt werden kann.

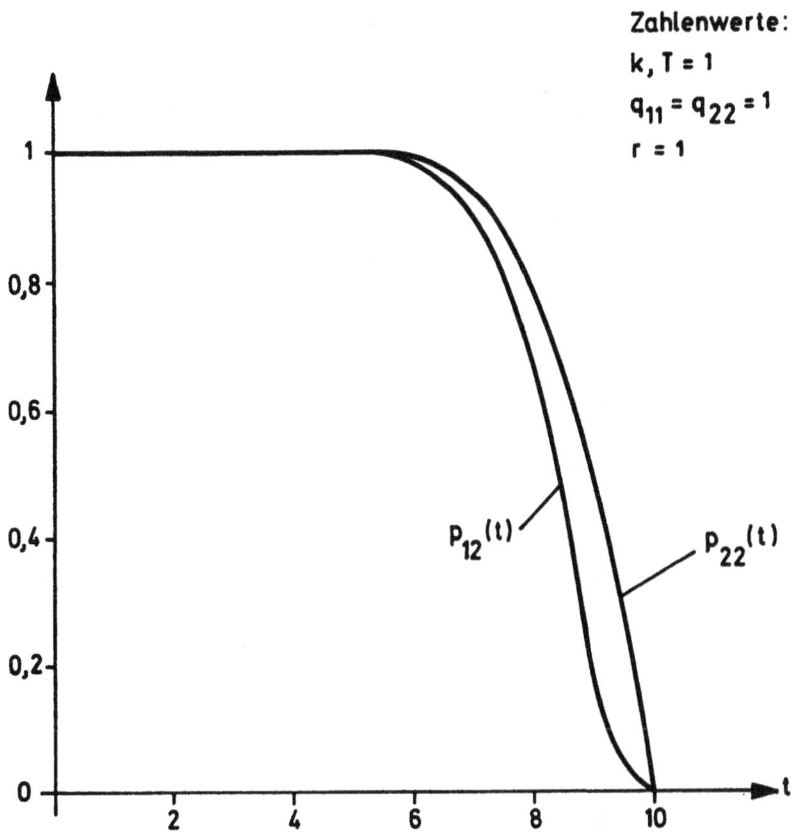

Bild 3/5 Koeffizienten des Riccati-Reglers aus Bild 3/3 für $t_e = 10$

3.4.3 Allgemeine Lösung der Riccati-Gleichung

Die Matrix $\underline{P}(t)$ wurde über den Lösungsansatz

$$\underline{\psi} = - \underline{P}\, \underline{x} \tag{3.44}$$

eingeführt. Man versucht nun, durch Lösen der Hamilton-Gleichungen (3.19/20) eine ebenso aufgebaute Matrixrelation

$$\underline{\psi} = \underline{M}\, \underline{x} \tag{3.45}$$

herzuleiten, wobei die Matrix $\underline{M}$ durch die Matrizen der Hamilton-Gleichungen bekannt ist. Aus dem Vergleich von (3.44) und (3.45) erhält man dann die gesuchte Matrix $\underline{P}(t)$.

Die Hamilton-Gleichungen (3.19/20) kann man als *eine* Vektordifferentialgleichung schreiben:

$$\begin{bmatrix} \underline{x}(t) \\ \underline{\psi}(t) \end{bmatrix}^{\bullet} = \underbrace{\begin{bmatrix} \underline{A} & \underline{B}\,\underline{R}^{-1}\underline{B}^T \\ \underline{Q} & -\underline{A}^T \end{bmatrix}}_{\underline{W}} \begin{bmatrix} \underline{x}(t) \\ \underline{\psi}(t) \end{bmatrix}, \qquad (3.46)$$

wobei die (2n,2n)-Matrix $\underline{W}$ im allgemeinen Fall zeitabhängig ist. (3.46) ist eine lineare homogene Differentialgleichung. Sie hat daher die allgemeine Lösung (siehe etwa [43], Abschnitt 12.2.2)

$$\begin{bmatrix} \underline{x}(t) \\ \underline{\psi}(t) \end{bmatrix} = \underline{\phi}(t,t_e) \begin{bmatrix} \underline{x}(t_e) \\ \underline{\psi}(t_e) \end{bmatrix}. \qquad (3.47)$$

Dabei ist t_e als Anfangszeitpunkt und demgemäß $\begin{bmatrix} \underline{x}(t_e) \\ \underline{\psi}(t_e) \end{bmatrix}$

als Anfangswert genommen, was sich für die folgende Rechnung als zweckmäßig erweist. $\underline{\phi}(t,t_e)$ ist die *Transitionsmatrix des Hamiltonsystems*. Sie kann durch Lösung der *linearen* Differentialgleichung

$$\frac{d\underline{\phi}}{dt} = \underline{W}\,\underline{\phi} \qquad (3.48)$$

mit der Anfangsbedingung

$$\underline{\phi}(t_e,t_e) = \underline{I}_{2n} \qquad (3.49)$$

ermittelt werden und wird nun als bekannt vorausgesetzt. Teilt man sie in (n,n)-Matrizen auf, so wird aus (3.47)

$$\begin{bmatrix} \underline{x}(t) \\ \underline{\psi}(t) \end{bmatrix} = \begin{bmatrix} \underline{\Phi}_{11}(t,t_e) & \underline{\Phi}_{12}(t,t_e) \\ \underline{\Phi}_{21}(t,t_e) & \underline{\Phi}_{22}(t,t_e) \end{bmatrix} \begin{bmatrix} \underline{x}(t_e) \\ \underline{\psi}(t_e) \end{bmatrix},$$

also

$$\underline{x}(t) = \underline{\Phi}_{11}(t,t_e)\underline{x}(t_e) + \underline{\Phi}_{12}(t,t_e)\underline{\psi}(t_e),$$

$$\underline{\psi}(t) = \underline{\Phi}_{21}(t,t_e)\underline{x}(t_e) + \underline{\Phi}_{22}(t,t_e)\underline{\psi}(t_e).$$

Wegen der Transversalitätsbedingung (3.13) folgt hieraus

$$\underline{x}(t) = (\underline{\Phi}_{11}-\underline{\Phi}_{12}\underline{S})\underline{x}(t_e), \tag{3.50}$$

$$\underline{\psi}(t) = (\underline{\Phi}_{21}-\underline{\Phi}_{22}\underline{S})\underline{x}(t_e), \tag{3.51}$$

wobei der Kürze halber das Argument der $\underline{\Phi}_{ik}$ nicht geschrieben ist. Löst man (3.50) nach $\underline{x}(t_e)$ auf und setzt dies in (3.51) ein, so erhält man

$$\underline{\psi}(t) = (\underline{\Phi}_{21}-\underline{\Phi}_{22}\underline{S})(\underline{\Phi}_{11}-\underline{\Phi}_{12}\underline{S})^{-1}\underline{x}(t).$$

Durch Vergleich mit (3.44) folgt die gesuchte *Lösung der Riccati-Gleichung:*

$$\underline{P}(t) = \left[\underline{\Phi}_{22}(t,t_e)\underline{S}-\underline{\Phi}_{21}(t,t_e)\right]\cdot\left[\underline{\Phi}_{11}(t,t_e)-\underline{\Phi}_{12}(t,t_e)\cdot\underline{S}\right]^{-1}. \tag{3.52}$$

Sie gilt auch für zeitabhängige Matrizen $\underline{A}$, $\underline{B}$, $\underline{Q}$, $\underline{R}$ und erfordert dann die numerische Lösung des Differentialgleichungssystems (3.48) von der Ordnung 2n.

Für konstante Matrizen $\underline{A}$, $\underline{B}$, $\underline{Q}$, $\underline{R}$ läßt sich die Lösung ganz erheblich vereinfachen, und zwar durch das Verfahren von R.E. KALMAN und T.S. ENGLAR.

3.4.4 Lösung der Riccati-Gleichung bei zeitinvariantem Problem und endlichem Steuerintervall: Verfahren nach Kalman und Englar

Wenn $\underline{A}$, $\underline{B}$, $\underline{Q}$ und $\underline{R}$ konstant sind, ist auch die Dynamikmatrix $\underline{W}$ der Hamilton-Gleichungen konstant und deren Transitionsmatrix lautet:

$$\underline{\phi}(t,t_e) = e^{\underline{W}(t-t_e)} .$$

Führt man, wie schon in Abschnitt 3.4.2, die Zeittransformation

$$\tau = t_e - t$$

durch, so wird

$$\underline{\phi}(t,t_e) = e^{-\underline{W}\tau} = \underline{\tilde{\phi}}(\tau).$$

Aus (3.52) folgt so für $\underline{P}(t) = \underline{P}(t_e-\tau) = \underline{\tilde{P}}(\tau)$:

$$\underline{\tilde{P}}(\tau) = \underbrace{[\underline{\tilde{\phi}}_{22}(\tau)\underline{S}-\underline{\tilde{\phi}}_{21}(\tau)]}_{\underline{X}} \cdot \underbrace{[\underline{\tilde{\phi}}_{11}(\tau)-\underline{\tilde{\phi}}_{12}(\tau)\underline{S}]}_{\underline{Y}}{}^{-1}, \tag{3.53}$$

wobei also die $\underline{\tilde{\phi}}_{ik}(\tau)$ durch die Beziehung

$$\begin{array}{c} n \\ n \end{array}\left[\begin{array}{c|c} \underline{\tilde{\phi}}_{11}(\tau) & \underline{\tilde{\phi}}_{12}(\tau) \\ \hline \underline{\tilde{\phi}}_{21}(\tau) & \underline{\tilde{\phi}}_{22}(\tau) \end{array}\right] = e^{\underline{W}\tau} \tag{3.54}$$
$$\qquad n \qquad\qquad n$$

gegeben sind.

Die Darstellung (3.53) läßt sich in eine gut handhabbare Rekursionsformel verwandeln. Um sie herzuleiten, gehen wir von der Beziehung

$$\underline{\tilde{\Phi}}(\tau+\Delta) = e^{-\underline{W}(\tau+\Delta)} = e^{-\underline{W}\tau}\cdot e^{-\underline{W}\Delta} = \underline{\tilde{\Phi}}(\tau)\cdot\underline{\tilde{\Phi}}(\Delta)$$

aus. Für sie kann man auch schreiben:

$$\begin{bmatrix}\underline{\tilde{\Phi}}_{11}(\tau+\Delta) & \underline{\tilde{\Phi}}_{12}(\tau+\Delta)\\ \underline{\tilde{\Phi}}_{21}(\tau+\Delta) & \underline{\tilde{\Phi}}_{22}(\tau+\Delta)\end{bmatrix} = \begin{bmatrix}\underline{\tilde{\Phi}}_{11}(\tau) & \underline{\tilde{\Phi}}_{12}(\tau)\\ \underline{\tilde{\Phi}}_{21}(\tau) & \underline{\tilde{\Phi}}_{22}(\tau)\end{bmatrix}\cdot\begin{bmatrix}\underline{\tilde{\Phi}}_{11}(\Delta) & \underline{\tilde{\Phi}}_{12}(\Delta)\\ \underline{\tilde{\Phi}}_{21}(\Delta) & \underline{\tilde{\Phi}}_{22}(\Delta)\end{bmatrix} =$$

$$= \begin{bmatrix}\underline{\tilde{\Phi}}_{11}(\Delta)\underline{\tilde{\Phi}}_{11}(\tau)+\underline{\tilde{\Phi}}_{12}(\Delta)\underline{\tilde{\Phi}}_{21}(\tau) & \underline{\tilde{\Phi}}_{11}(\Delta)\underline{\tilde{\Phi}}_{12}(\tau)+\underline{\tilde{\Phi}}_{12}(\Delta)\underline{\tilde{\Phi}}_{22}(\tau)\\ \underline{\tilde{\Phi}}_{21}(\Delta)\underline{\tilde{\Phi}}_{11}(\tau)+\underline{\tilde{\Phi}}_{22}(\Delta)\underline{\tilde{\Phi}}_{21}(\tau) & \underline{\tilde{\Phi}}_{21}(\Delta)\underline{\tilde{\Phi}}_{12}(\tau)+\underline{\tilde{\Phi}}_{22}(\Delta)\underline{\tilde{\Phi}}_{22}(\tau)\end{bmatrix}. \tag{3.55}$$

Aus (3.53) folgt nun unter Benutzung dieser Beziehung

$$\underline{\tilde{P}}(\tau+\Delta) = \left[\underline{\tilde{\Phi}}_{22}(\tau+\Delta)\underline{S}-\underline{\tilde{\Phi}}_{21}(\tau+\Delta)\right]\left[\underline{\tilde{\Phi}}_{11}(\tau+\Delta)-\underline{\tilde{\Phi}}_{12}(\tau+\Delta)\underline{S}\right]^{-1} =$$

$$= \left[\underline{\tilde{\Phi}}_{21}(\Delta)\underline{\tilde{\Phi}}_{12}(\tau)\underline{S}+\underline{\tilde{\Phi}}_{22}(\Delta)\underline{\tilde{\Phi}}_{22}(\tau)\underline{S}-\underline{\tilde{\Phi}}_{21}(\Delta)\underline{\tilde{\Phi}}_{11}(\tau)-\underline{\tilde{\Phi}}_{22}(\Delta)\underline{\tilde{\Phi}}_{21}(\tau)\right]$$

$$\cdot\left[\underline{\tilde{\Phi}}_{11}(\Delta)\underline{\tilde{\Phi}}_{11}(\tau)+\underline{\tilde{\Phi}}_{12}(\Delta)\underline{\tilde{\Phi}}_{21}(\tau)-\underline{\tilde{\Phi}}_{11}(\Delta)\underline{\tilde{\Phi}}_{12}(\tau)\underline{S}-\underline{\tilde{\Phi}}_{12}(\Delta)\underline{\tilde{\Phi}}_{22}(\tau)\underline{S}\right]^{-1} =$$

$$= \left[\underline{\tilde{\Phi}}_{22}(\Delta)\underline{X}-\underline{\tilde{\Phi}}_{21}(\Delta)\underline{Y}\right]\cdot\left[-\underline{\tilde{\Phi}}_{12}(\Delta)\underline{X}+\underline{\tilde{\Phi}}_{11}(\Delta)\underline{Y}\right]^{-1} =$$

$$= \left[\left\{\underline{\tilde{\Phi}}_{22}(\Delta)\underline{X}\,\underline{Y}^{-1}-\underline{\tilde{\Phi}}_{21}(\Delta)\right\}\underline{Y}\right]\cdot\left[\left\{-\underline{\tilde{\Phi}}_{12}(\Delta)\underline{X}\,\underline{Y}^{-1}+\underline{\tilde{\Phi}}_{11}(\Delta)\right\}\underline{Y}\right]^{-1},$$

also

$$\underline{\tilde{P}}(\tau+\Delta) = \left[\underline{\tilde{\Phi}}_{22}(\Delta)\underline{\tilde{P}}(\tau)-\underline{\tilde{\Phi}}_{21}(\Delta)\right]\cdot\left[\underline{\tilde{\Phi}}_{11}(\Delta)-\underline{\tilde{\Phi}}_{12}(\Delta)\underline{\tilde{P}}(\tau)\right]^{-1}. \tag{3.56}$$

Damit liegt die angekündigte Rekursionsformel vor.

Denkt man sich das Intervall $0 \leqq \tau \leqq t_e$ durch die Zwischenstellen $i \cdot \Delta$, $i = 0,1,\ldots,N$, mit $\Delta = \frac{t_e}{N}$ unterteilt, so folgt aus (3.56) für $\tau = i\Delta$:

$$\underline{\tilde{P}}\big((i+1)\Delta\big) = \left[\underline{\tilde{\Phi}}_{22}(\Delta)\underline{\tilde{P}}(i\Delta)-\underline{\tilde{\Phi}}_{21}(\Delta)\right]\cdot\left[\underline{\tilde{\Phi}}_{11}(\Delta)-\underline{\tilde{\Phi}}_{12}(\Delta)\underline{\tilde{P}}(i\Delta)\right]^{-1},$$

$$i = 0,1,\ldots,N-1, \qquad (3.57)$$

mit

$$\underline{\tilde{P}}(0) = \underline{P}(t_e) = \underline{S}\,.$$

Man hat jetzt nur noch die eine konstante Matrix

$$\underline{\tilde{\Phi}}(\Delta) = e^{-\underline{W}\Delta}$$

zu berechnen, was mittels des Anfangsstücks der diese e-Funktion definierenden Matrizenpotenzreihe oder auch über die Eigenwert-Eigenvektor-Berechnung von $\underline{W}$ geschehen kann. Gegenüber der allgemeinen Lösung (3.52) stellt (3.57) somit eine ganz beträchtliche Vereinfachung dar. Ausdrücklich sei darauf hingewiesen, daß (3.57) - wie aus der Herleitung hervorgeht - keine Näherungsformel ist, sondern an den Stellen $i \cdot \Delta$ die exakte Lösung der Riccati-Gleichung liefert. Aus der Herleitung geht auch hervor, daß diese Zwischenstellen keineswegs äquidistant sein müssen.

Ausführliche Angaben über die Lösung der Riccati-Gleichung findet man in [18], Kapitel 15, und [19], Abschnitt 3.5.

3.5 Bestimmung des optimalen Regelungsgesetzes bei zeitinvariantem Problem und unendlichem Steuerintervall mittels der Hamilton-Gleichungen

In der überwiegenden Mehrzahl der Anwendungsfälle wird man eine lineare Strecke auch als zeitinvariant annehmen dürfen. Sie ist dann durch die Zustandsdifferentialgleichung

$$\underline{\dot{x}} = \underline{A}\,\underline{x} + \underline{B}\,\underline{u} \tag{3.58}$$

gegeben, wobei die (n,n)-*Matrix* $\underline{A}$ *und die* (n,p)-*Matrix* $\underline{B}$ *konstant* sind. Auch im Gütemaß

$$J = \frac{1}{2}\,\underline{x}^T(t_e)\underline{S}\,\underline{x}(t_e) + \frac{1}{2}\int_0^{t_e}(\underline{x}^T\underline{Q}\,\underline{x} + \underline{u}^T\underline{R}\,\underline{u})dt \tag{3.59}$$

wird man meist $\underline{Q}$ *und* $\underline{R}$ als *konstante Matrizen* wählen, während $\underline{S}$ ja auf jeden Fall konstant ist. Wir wollen dann das Optimierungsproblem kurz als *zeitinvariant* bezeichnen.

Der optimale Regler

$$\underline{u} = -\underline{R}^{-1}\underline{B}^T\underline{P}(t)\underline{x},$$

der sich gemäß (3.28) durch die Lösung dieses Optimierungsproblems ergibt, ist jedoch keineswegs zeitinvariant, da die Riccati-Lösung $\underline{P}(t)$ von der Zeit abhängt. Das erkennt man aus der allgemeinen Lösungsformel (3.52) für $\underline{P}(t)$. Ist das Problem zeitinvariant, so ist die Matrix $\underline{W}$ des Hamiltonsystems (3.46) zwar konstant, doch dessen Transitionsmatrix

$$\underline{\Phi}(t,t_e) = e^{\underline{W}(t-t_e)} = \begin{bmatrix} \underline{\Phi}_{11}(t,t_e) & \underline{\Phi}_{12}(t,t_e) \\ \underline{\Phi}_{21}(t,t_e) & \underline{\Phi}_{22}(t,t_e) \end{bmatrix}$$

hängt von der Zeit ab, und mit den $\underline{\Phi}_{ik}(t,t_e)$ ist auch $\underline{P}(t)$ zeitabhängig. Die Beispiele in Abschnitt 3.4.1 und 3.4.2 illustrieren dieses Verhalten im konkreten Fall: Obgleich die Problemstellung zeitinvariant ist, ergibt sich dennoch ein zeitvarianter Regler

$$\underline{u} = -\underline{K}(t)\underline{x}.$$

Die Realisierung eines solchen Reglers ist sehr aufwendig, da die p·n zeitabhängigen Elemente von $\underline{K}(t)$ gespeichert oder on line berechnet werden müssen. Man wird sich daher fragen, ob es nicht möglich ist, mit einem zeit-*in*varianten Regler auszukommen, bei dem also $\underline{K}$ konstant ist. In welcher Richtung er zu suchen ist, wird durch die oben erwähnten Beispiele angedeutet: Läßt man $t_e \to +\infty$ streben, so wird der Regler zeitinvariant. Man darf erwarten, daß dies generell bei zeitinvarianter Problemstellung gilt.

Wir werden also nunmehr $t_e = +\infty$ zugrunde legen, so daß das Integral im Gütemaß über ein unendliches Intervall erstreckt wird. Damit kann aber die Tatsache, daß $\underline{Q}$ bisher lediglich als positiv *semi*definit vorausgesetzt wurde, zu Ungereimtheiten führen. Nehmen wir etwa an, daß $\underline{S} = \underline{0}$ ist und $\underline{Q}$ eine Diagonalmatrix mit $q_{11} = 0$ darstellt, so daß

$$\underline{x}^T\underline{Q}\,\underline{x} = 0\cdot x_1^2 + q_{22}x_2^2 + \ldots + q_{nn}x_n^2.$$

Dann hat das Verhalten von x_1 keinen Einfluß auf das Gütemaß, und es ist eine Regelung denkbar, welche dieses Gütemaß minimiert, also "optimal" ist, jedoch einen instabilen Verlauf von $x_1(t)$ zuläßt. Um dies zu verhindern, wollen wir *nunmehr auch* $\underline{Q}$ als *positiv definit* voraussetzen.[1)]

1 Will man bei der positiven Semidefinitheit von $\underline{Q}$ bleiben, so muß man andere Anforderungen an $\underline{Q}$ stellen: Siehe z.B. [18], Abschnitt 3.2.

Damit das Integral im Gütemaß (3.59) existiert, muß dann

$$\lim_{t \to +\infty} \underline{x}(t) = \underline{0}$$

sein. Man hat daher jetzt die Endbedingung

$$\underline{x}(t_e) = \underline{x}(+\infty) = \underline{0}. \qquad (3.60)$$

Infolgedessen entfällt der integralfreie Term in (3.59), und aus dem Gütemaß wird

$$J = \frac{1}{2} \int_0^{+\infty} [\underline{x}^T(t)\underline{Q}\ \underline{x}(t)+\underline{u}^T(t)\underline{R}\ \underline{u}(t)]dt\ , \qquad (3.61)$$

wobei also $\underline{Q}$ *und* $\underline{R}$ *konstant* und jetzt *beide positiv definit* seien.

Es liegt auf der Hand, daß der optimale Regler, welcher dieses Gütemaß minimal macht, einen stabilen Regelkreis erzeugt, dessen Eigenwerte also sämtlich links der j-Achse liegen.

Im übrigen liegt die schon im Abschnitt 3.2 beschriebene Situation vor. Zum Zeitpunkt $t_0 = 0$ befindet sich der Zustandspunkt $\underline{x}(t)$ des Systems, etwa aufgrund vorangegangener Störungen, nicht im gewünschten Betriebszustand (Arbeitspunkt) $\underline{x}_B = \underline{0}$. Er soll dorthin zurückbewegt werden, wobei J zum Minimum zu machen ist.

Man könnte sich vielleicht daran stören, daß jetzt mit $t_e = +\infty$ ein unendliches Optimierungsintervall zugrunde gelegt wird. Praktisch braucht dies aber keine gravierende Verschlechterung des Zeitverhaltens nach sich zu ziehen, weil man erwarten darf, daß der so entworfene Regler für endliche Übergangszeiten wenigstens ein *näherungsweise optimales* ("suboptimales") Verhalten sichern wird. In ähnlicher Weise geht man vielfach beim Entwurf von Regelungssystemen vor, beispielsweise dann, wenn man nur stationär entkoppelt, d.h. eigentlich auch nur für $t_e = +\infty$, dabei aber mit Recht annimmt, daß bereits nach relativ kurzer Zeit *praktisch* entkoppelt ist.[1] Kurz und gut: Verhältnisse, die nach der strengen Theorie erst für $t \to +\infty$ eintreten, können näherungsweise schon sehr bald verwirklicht sein.

Man erhält so einen nur suboptimalen Verlauf, der aber beim realen System wegen dessen ungenauer Kenntnis vom streng optimalen Verlauf meist kaum zu unterscheiden sein wird. Dafür tauscht man eine erheblich einfachere Realisierung ein: Der Regler wird zeitinvariant und geht damit in einen Proportionalregler über.

Wenn wir nun zur *Berechnung* des Reglers für das zeitinvariante Problem mit $t_e = +\infty$ übergehen, so liegt der Gedanke nahe, von der Riccatischen Matrixdifferentialgleichung (3.26) auszugehen, in ihr $\underline{P}$ als konstant und damit $\dot{\underline{P}} \equiv \underline{0}$ anzunehmen und so zu einer *algebraischen Gleichung für die konstante Matrix* $\underline{P}$ zu gelangen:

$$\underline{0} = \underline{P}\,\underline{B}\,\underline{R}^{-1}\underline{B}^T\underline{P} - \underline{P}\,\underline{A} - \underline{A}^T\underline{P} - \underline{Q}\,. \tag{3.62}$$

Damit hat man eine nichtlineare algebraische Matrizengleichung erhalten. Sie hat eine eindeutig bestimmte positiv definite Lösung, welche die gesuchte Matrix $\underline{P}$ darstellt, sofern die Strecke steuerbar ist. Zur Berechnung dieser Lösung wurden verschiedene numerische Methoden entwickelt.[2]

1 Siehe hierzu [43], Abschnitt 9.2.

2 Siehe etwa D.L. KLEINMAN: On the iterative technique for Riccati equation computations. IEEE Transactions on Automatic Control 13 (1968), Seite 114-115.
A.J. LAUB: A Schur method for solving algebraic Riccati equations. IEEE Transactions on Automatic Control 24 (1979), Seite 913-921.

Man kann den optimalen Regler für das zeitinvariante Problem mit $t_e = +\infty$ aber auch dadurch erhalten, daß man nicht von der Riccati-Gleichung, sondern vom Hamilton-System (3.46) ausgeht:

$$\begin{bmatrix} \underline{x}(t) \\ \underline{\psi}(t) \end{bmatrix}^{\bullet} = \begin{bmatrix} \underline{A} & \underline{B}\,\underline{R}^{-1}\underline{B}^T \\ \underline{Q} & -\underline{A}^T \end{bmatrix} \begin{bmatrix} \underline{x}(t) \\ \underline{\psi}(t) \end{bmatrix} \tag{3.63}$$

oder kürzer

$$\dot{\underline{v}}(t) = \underline{W}\,\underline{v}(t). \tag{3.64}$$

Darin ist $\underline{x}(t)$ der Zustandsvektor des über $\underline{K}$ geschlossenen Regelkreises, $\underline{\psi}(t)$ der zugehörige adjungierte Vektor.

Das charakteristische Polynom dieser Differentialgleichung ist

$$F(\lambda) = \det[\lambda\underline{I}_{2n} - \underline{W}] = \begin{vmatrix} \lambda\underline{I}_n - \underline{A} & -\underline{B}\,\underline{R}^{-1}\underline{B}^T \\ -\underline{Q} & \lambda\underline{I}_n + \underline{A}^T \end{vmatrix}. \tag{3.65}$$

Im Beispiel des Abschnitts 3.4.1 lautet es

$$\begin{vmatrix} \lambda - a & -\frac{b^2}{r} \\ -q & \lambda + a \end{vmatrix} = \lambda^2 - a^2 - \frac{b^2 q}{r}.$$

Das legt die Frage nahe, ob $F(\lambda)$ *stets* eine gerade Funktion, also $F(-\lambda) \equiv F(\lambda)$ ist. Um sie zu untersuchen, bilden wir

$$F(-\lambda) = \begin{vmatrix} -\lambda \underline{I}_n - \underline{A} & -\underline{B}\,\underline{R}^{-1}\underline{B}^T \\ -\underline{Q} & -\lambda \underline{I}_n + \underline{A}^T \end{vmatrix}.$$

Da sich eine Determinante bei Transposition nicht ändert, ist

$$F(-\lambda) = \begin{vmatrix} -\lambda \underline{I}_n - \underline{A}^T & -\underline{Q}^T \\ -(\underline{B}\,\underline{R}^{-1}\underline{B}^T)^T & -\lambda \underline{I}_n + \underline{A} \end{vmatrix}, \text{ also}$$

$$F(-\lambda) = \begin{vmatrix} -\lambda \underline{I}_n - \underline{A}^T & -\underline{Q} \\ -\underline{B}\,\underline{R}^{-1}\underline{B}^T & -\lambda \underline{I}_n + \underline{A} \end{vmatrix},$$

weil $\underline{R}$ und $\underline{Q}$ ja symmetrisch sind. Verlegt man nun die erste Spalte hinter die letzte, so nimmt sie den Faktor $(-1)^{2n-1} = -1$ an. Das gleiche geschieht, wenn man die nunmehr erste Spalte hinter die letzte verlegt. Hat man schließlich die n-te Spalte hinter die letzte verschoben, so ist

$$F(-\lambda) = \begin{vmatrix} -\underline{Q} & \lambda \underline{I}_n + \underline{A}^T \\ -\lambda \underline{I}_n + \underline{A} & \underline{B}\,\underline{R}^{-1}\underline{B}^T \end{vmatrix}.$$

Verlegt man nun ganz entsprechend die 2n-te Zeile vor die erste Zeile, dann die (2n-1)-te Zeile vor die nunmehr erste Zeile und fährt in dieser Weise bis zur (n+1)-ten Zeile fort, so wird

$$F(-\lambda) = \begin{vmatrix} \lambda \underline{I}_n - \underline{A} & -\underline{B}\ \underline{R}^{-1}\underline{B}^T \\ -\underline{Q} & \lambda \underline{I}_n + \underline{A}^T \end{vmatrix} = F(\lambda).$$

In der Tat ist also $F(\lambda)$ gerade:

$$F(\lambda) = \lambda^{2n} + a_{n-1}\lambda^{2n-2} + \ldots + a_1\lambda^2 + a_0 .$$

Ist λ eine Nullstelle dieses Polynoms, so gilt dies auch für $-\lambda$. Man hat somit das Resultat:

Das charakteristische Polynom des Hamilton-Systems

$$\begin{bmatrix} \underline{x}(t) \\ \underline{\psi}(t) \end{bmatrix}^{\bullet} = \begin{bmatrix} \underline{A} & \underline{B}\ \underline{R}^{-1}\underline{B}^T \\ \underline{Q} & -\underline{A}^T \end{bmatrix} \begin{bmatrix} \underline{x}(t) \\ \underline{\psi}(t) \end{bmatrix}$$

bzw. (3.66)

$$\underline{\dot{v}}(t) = \underline{W}\ \underline{v}(t)$$

ist eine gerade Funktion. Mit λ *ist daher auch* $-\lambda$ *Eigenwert von* $\underline{W}$.

Wir wollen nun annehmen, daß die *Eigenwerte* $\lambda_1,\ldots,\lambda_{2n}$ *des Hamilton-Systems einfach sind und nicht auf der j-Achse der komplexen Ebene* liegen.[1] Sollte diese Annahme einmal nicht erfüllt sein, läßt sie sich durch Abänderung von $\underline{Q}$ und $\underline{R}$ leicht herstellen. Dann kann man, wie in Bild 3/6 angedeutet, die Eigenwerte des Hamilton-Systems

1 Man kann zeigen, daß keine Eigenwerte von $\underline{W}$ auf der j-Achse liegen, wenn die Strecke steuerbar und das Matrizenpaar $(\underline{A},\underline{Q}_o)$ beobachtbar ist, wobei $\underline{Q}_o$ eine Matrix darstellt, für die $\underline{Q}_o^T\,\underline{Q}_o = \underline{Q}$ gilt. Siehe hierzu [18], Kapitel 3.

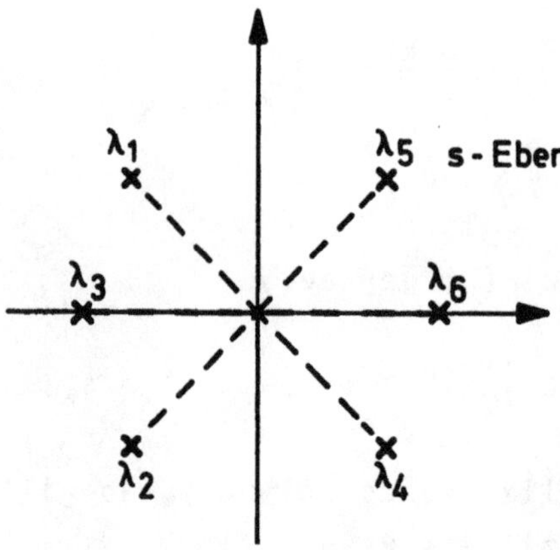

Bild 3/6 Eigenwerte des Hamilton-Systems

links der j-Achse mit $\lambda_1, \ldots, \lambda_n$,

rechts der j-Achse mit $\lambda_{n+1}, \ldots, \lambda_{2n}$

bezeichnen.

Um nun die Lösung der Differentialgleichung

$$\dot{\underline{v}}(t) = \underline{W}\, \underline{v}(t) \tag{3.67}$$

in geeigneter Form zu finden, machen wir den Ansatz

$$\underline{v}(t) = e^{\lambda_i t}\, \underline{v}_i ,$$

wobei λ_i ein Eigenwert von $\underline{W}$, $\underline{v}_i$ ein noch unbestimmter konstanter Vektor ist. Damit folgt aus (3.67)

$$\lambda_i e^{\lambda_i t}\, \underline{v}_i = \underline{W} e^{\lambda_i t}\, \underline{v}_i ,$$

also

$$(\lambda_i \underline{I}_{2n} - \underline{W})\underline{v}_i = \underline{0}. \tag{3.68}$$

D.h: $\underline{v}_i$ ist ein *Eigenvektor von* $\underline{W}$. Die allgemeine Lösung von (3.67) ist daher

$$\underline{v}(t) = \sum_{i=1}^{2n} c_i e^{\lambda_i t} \underline{v}_i, \tag{3.69}$$

wobei die c_i beliebige Parameter sind (reell bei reellem λ_i, konjugiert komplex bei konjugiert komplexen λ_i).

Wegen $\underline{v}(t) = \begin{bmatrix} \underline{x}(t) \\ \underline{\psi}(t) \end{bmatrix}$ und mit $\underline{v}_i = \begin{bmatrix} \underline{v}_{ix} \\ \underline{v}_{i\psi} \end{bmatrix}$,

wobei also $\underline{v}_{ix}$ die obere, $\underline{v}_{i\psi}$ die untere Hälfte des Eigenvektors $\underline{v}_i$ darstellt, wird aus (3.69):

$$\begin{bmatrix} \underline{x}(t) \\ \underline{\psi}(t) \end{bmatrix} = \sum_{i=1}^{2n} c_i e^{\lambda_i t} \begin{bmatrix} \underline{v}_{ix} \\ \underline{v}_{i\psi} \end{bmatrix}, \text{ also}$$

$$\underline{x}(t) = \sum_{i=1}^{2n} c_i e^{\lambda_i t} \underline{v}_{ix}, \tag{3.70}$$

$$\underline{\psi}(t) = \sum_{i=1}^{2n} c_i e^{\lambda_i t} \underline{v}_{i\psi}. \tag{3.71}$$

Gemäß (3.60) muß $\underline{x}(+\infty) = \underline{0}$ sein. Da die Eigenwerte $\lambda_{n+1},\ldots,\lambda_{2n}$ aber *rechts* der j-Achse liegen, also aufklingende Zeitvorgänge erzeugen, ist dies nur möglich, wenn

$$c_{n+1} = 0, \ldots, c_{2n} = 0$$

gilt. Die Summen in (3.70) und (3.71) sind deshalb nur bis i = n zu erstrecken:

$$\underline{x}(t) = \underline{v}_{1x}\cdot c_1 e^{\lambda_1 t} + \ldots + \underline{v}_{nx}\cdot c_n e^{\lambda_n t} = \underbrace{[\underline{v}_{1x}, \ldots, \underline{v}_{nx}]}_{(n,n)} \cdot \begin{bmatrix} c_1 e^{\lambda_1 t} \\ \vdots \\ c_n e^{\lambda_n t} \end{bmatrix}, \tag{3.72}$$

$$\underline{\psi}(t) = \underline{v}_{1\psi}\cdot c_1 e^{\lambda_1 t} + \ldots + \underline{v}_{n\psi}\cdot c_n e^{\lambda_n t} = [\underline{v}_{1\psi}, \ldots, \underline{v}_{n\psi}] \cdot \begin{bmatrix} c_1 e^{\lambda_1 t} \\ \vdots \\ c_n e^{\lambda_n t} \end{bmatrix}. \tag{3.73}$$

Aus (3.72) folgt

$$\begin{bmatrix} c_1 e^{\lambda_1 t} \\ \vdots \\ c_n e^{\lambda_n t} \end{bmatrix} = [\underline{v}_{1x}, \ldots, \underline{v}_{nx}]^{-1} \underline{x}(t).$$

Das gibt, in (3.73) eingesetzt:

$$\underline{\psi}(t) = [\underline{v}_{1\psi}, \ldots, \underline{v}_{n\psi}] \cdot [\underline{v}_{1x}, \ldots, \underline{v}_{nx}]^{-1} \underline{x}(t). \tag{3.74}$$

Damit hat man den adjungierten Vektor in Abhängigkeit vom Zustandsvektor der Regelung. Man braucht jetzt diese Beziehung nur noch in die unmittelbar aus der Steuerungsgleichung folgende Beziehung (3.18) einzusetzen und hat das *optimale Regelungsgesetz bei zeitinvariantem Problem und* $t_e = +\infty$:

$$\underline{u}(t) = \underline{R}^{-1}\underline{B}^T[\underline{v}_{1\psi},\ldots,\underline{v}_{n\psi}]\cdot[\underline{v}_{1x},\ldots,\underline{v}_{nx}]^{-1}\cdot\underline{x}(t). \quad (3.75)$$

Hierin sind $\underline{v}_i = \begin{bmatrix} \underline{v}_{ix} \\ \\ \underline{v}_{i\psi} \end{bmatrix} \begin{matrix} \}\, n \\ \\ \}\, n \end{matrix}$, $i = 1,\ldots,n,$

die zu den stabilen Eigenwerten $\lambda_1,\ldots,\lambda_n$ von

$\underline{W} = \begin{bmatrix} \underline{A} & \underline{B}\,\underline{R}^{-1}\underline{B}^T \\ \underline{Q} & -\underline{A}^T \end{bmatrix}$ gehörenden Eigenvektoren. Es läßt sich zeigen, daß (3.75) in der Tat den optimalen Regler darstellt, wenn man die Voraussetzungen in der Fußnote nach Satz (3.66) macht.

Durch (3.75) ist die Bestimmung des optimalen Reglers auf die Berechnung der stabilen Eigenwerte und der zugehörigen Eigenvektoren der Matrix $\underline{W}$ zurückgeführt. Hierfür stehen Standardprogramme zur Verfügung, die auch bei hoher Streckenordnung die Berechnung ohne Schwierigkeit ermöglichen.

Abschließend sei auf eine sehr bemerkenswerte Tatsache hingewiesen, die sich ohne Rechnung aus dem Bisherigen ergibt:

Die Eigenwerte der optimalen Regelung sind gerade die links der j-Achse gelegenen Eigenwerte des Hamilton-Systems (3.66). (3.76)

Das folgt unmittelbar aus (3.72). Hierin ist $\underline{x}(t)$ der Zustandsvektor des über den optimalen Regler geschlossenen Kreises, da das Hamilton-System (3.66) ja die Rückführung mitenthält. $\underline{x}(t)$ ist also die allgemeine Lösung der Zustandsdifferentialgleichung der geschlossenen Regelung. Aus dieser Darstellung folgt, daß $\lambda_1,\ldots,\lambda_n$ die Eigenwerte der Regelung sind. $\lambda_1,\ldots,\lambda_n$ waren aber gerade die links der j-Achse gelegenen Eigenwerte des Hamilton-Systems (3.66).

Ein Beispiel zu dem Entwurfsverfahren dieses Abschnitts wird in den Übungen gebracht.

4 Das Maximumprinzip von Pontrjagin

4.1 Plausibilität des Maximumprinzips

Im Abschnitt 2.6 wurde verständlich gemacht, daß die Methode zur Herleitung der Hamilton-Gleichungen versagt, wenn der Steuervektor $\underline{u}(t)$ beschränkt ist und seine Schranke auch tatsächlich annimmt. Es liegt auf der Hand, daß dann die Hamilton-Gleichungen (2.51) bis (2.53) im Bild 2/4 nicht mehr alle gelten werden. Da die Steuerungsgleichung

$$\frac{\partial H}{\partial \underline{u}} = \underline{0} \tag{4.1}$$

infolge der Differentiation nach $\underline{u}$ einen besonderen Bezug zum Steuervektor $\underline{u}$ hat, liegt die Vermutung nahe, daß diese Beziehung eine andere Form annehmen muß. Um zu erkennen, wie diese ausschauen kann, befassen wir uns etwas eingehender mit der Bedeutung von (4.1), noch unter der Voraussetzung, daß $\underline{u}$ unbeschränkt ist.

Die Gleichung (4.1) ist die notwendige Bedingung dafür, daß die Hamilton-Funktion $H(\underline{x},\underline{\psi},\underline{u},t)$ bezüglich $\underline{u}$ ein Extremum annimmt. Das heißt also: Wenn H ein Extremum bezüglich $\underline{u}$ aufweist, muß $\frac{\partial H}{\partial \underline{u}} = \underline{0}$ sein. Die Frage liegt nahe, ob es sich bei diesem Extrem um ein Maximum oder Minimum handelt - eine Frage, die wir nun beantworten wollen. Da es sich hierbei nur um eine Plausibilitätsbetrachtung handelt, beschränken wir uns zur Vermeidung jedes nicht unbedingt notwendigen Formalismus auf den Fall einer Strecke 1. Ordnung (und eines freien Endpunktes). Die Verallgemeinerung auf eine beliebige Strecke macht keine prinzipiellen Schwierigkeiten.

Wir betrachten also das folgende Optimierungsproblem:

$$J = \int_{t_0}^{t_e} f_0(x,u,t)dt, \tag{4.2}$$

$$\dot{x} = f(x,u,t), \tag{4.3}$$

mit

$$x(t_0) = x_0, \; x(t_e) \text{ beliebig.} \tag{4.4}$$

Zu ihm denken wir uns die Funktion $F(\varepsilon)$ aus Abschnitt 2.3.3 gebildet. Da sie für $\varepsilon = 0$ ein Minimum hat, gilt

$$\left(\frac{dF}{d\varepsilon}\right)_{\varepsilon=0} = 0 \tag{4.5}$$

und

$$\left(\frac{d^2F}{d\varepsilon^2}\right)_{\varepsilon=0} \geqq 0. \tag{4.6}$$

Durch Auswertung von (4.5) hatten wir im Abschnitt 2.3 die Hamilton-Gleichungen erhalten, unter ihnen auch die jetzt interessierende Gleichung (4.1). Die Ungleichung (4.6) hingegen haben wir bisher ignoriert. Jetzt, wo es um die Frage geht, ob H bezüglich u ein Maximum oder Minimum annimmt, ob also die zweite Ableitung von H nach u $\leqq 0$ oder $\geqq 0$ ist, liegt es nahe, die zweite Ableitung von $F(\varepsilon)$ zu bilden und damit (4.6) auszuwerten.

Dazu gehen wir von der Beziehung (2.35) für die erste Ableitung von $F(\varepsilon)$ aus, wobei wir berücksichtigen müssen, daß jetzt $h = 0$ ist und $\underline{x}$, $\underline{u}$ Skalare darstellen:

$$\frac{dF}{d\varepsilon} = \psi(t_e)\tilde{x}(t_e) - \int_{t_0}^{t_e} \left[\left\{\dot{\psi}(t) + \frac{\partial H}{\partial x}\right\}\tilde{x}(t) + \frac{\partial H}{\partial u}\,\tilde{u}(t)\right]dt. \tag{4.7}$$

Die Argumente der partiellen Ableitungen der Hamilton-Funktion sind hierin

$$x^*(t) + \varepsilon\tilde{x}(t), \psi(t), u^*(t) + \varepsilon\tilde{u}(t), t. \tag{4.8}$$

Durch Differentiation von (4.7) nach ε folgt somit

$$\frac{d^2F}{d\varepsilon^2} = - \int_{t_0}^{t_e} \left[\left\{ \frac{\partial^2 H}{\partial x^2}\tilde{x} + \frac{\partial^2 H}{\partial x \partial u}\tilde{u} \right\}\tilde{x} + \left\{ \frac{\partial^2 H}{\partial u \partial x}\tilde{x} + \frac{\partial^2 H}{\partial u^2}\tilde{u} \right\}\tilde{u} \right] dt, \tag{4.9}$$

also

$$\frac{d^2F}{d\varepsilon^2} = - \int_{t_0}^{t_e} \left[\frac{\partial^2 H}{\partial x^2}\tilde{x}^2 + 2\frac{\partial^2 H}{\partial x \partial u}\tilde{x}\tilde{u} + \frac{\partial^2 H}{\partial u^2}\tilde{u}^2 \right] dt. \tag{4.10}$$

Die Argumente der H-Ableitungen sind nach wie vor die in (4.8) angegebenen. Setzt man nun $\varepsilon = 0$, so gehen sie in

$$x^*(t), \psi(t), u^*(t), t \tag{4.11}$$

über. Aus (4.6) und (4.10) wird damit

$$\int_{t_0}^{t_e} \left[\frac{\partial^2 H}{\partial x^2}\tilde{x}^2 + 2\frac{\partial^2 H}{\partial x \partial u}\tilde{x}\tilde{u} + \frac{\partial^2 H}{\partial u^2}\tilde{u}^2 \right] dt \leqq 0, \tag{4.12}$$

mit den Argumenten (4.11) in den H-Ableitungen.

In (4.12) sind $\tilde{x}(t)$ und $\tilde{u}(t)$ nicht unabhängig voneinander. Nach (2.31) gilt nämlich

$$\dot{\tilde{x}}(t) = \frac{\partial f}{\partial x}\Big(x^*(t), u^*(t), t\Big)\tilde{x}(t) + \frac{\partial f}{\partial u}\Big(x^*(t), u^*(t), t\Big)\tilde{u}(t), \tag{4.13}$$

wobei die Koeffizienten von $\tilde{x}$ und $\tilde{u}$ als bekannte Funktionen der Zeit anzusehen sind. Gibt man $\tilde{u}(t)$ beliebig vor, so ist (4.13) eine lineare und zeitvariante Differentialgleichung für $\tilde{x}(t)$. Durch sie wird $\tilde{x}(t)$ eindeutig bestimmt, wenn man die Anfangsbedingung $\tilde{x}(t_0) = 0$ berücksichtigt. In (4.13) ist somit nur $\tilde{u}(t)$ frei wählbar.

Es sei nun t^* irgendein Zeitpunkt zwischen t_0 und t_e. Wir wählen $\tilde{u}(t)$ als sehr hohen und schmalen Impuls bei t^*:

$$\tilde{u}(t) = \delta(t-t^*) = \begin{cases} \frac{1}{\Delta} & \text{für } t^* - \frac{\Delta}{2} < t < t^* + \frac{\Delta}{2}, \\ 0 & \text{sonst,} \end{cases} \tag{4.14}$$

wobei also Δ sehr klein gegenüber der Dauer zeitlicher Veränderungen in (4.13) ist. Dann folgt aus (4.13) die in $t_0 \leqq t \leqq t_e$ beschränkte Funktion

$$\tilde{x}(t) = g(t,t^*). \tag{4.15}$$

Es handelt sich dabei um die Impulsantwort der linearen zeitvarianten Differentialgleichung (4.13) an der Stelle t^*. Setzt man $\tilde{u}(t)$ und $\tilde{x}(t)$ gemäß (4.14) und (4.15) in (4.12) ein und denkt sich das Integral in Summanden zerlegt, so wird der letzte Summand stark überwiegen, da dort $\tilde{u}(t)$ im Quadrat vorkommt. Soll die Ungleichung (4.12) gelten, so muß dieser Summand $\leqq 0$ sein. Da er nahezu gleich

$$\left(\frac{\partial^2 H}{\partial u^2}\right)_{t=t^*} \cdot \frac{1}{\Delta^2} \tag{4.16}$$

ist, folgt hieraus

$$\left(\frac{\partial^2 H}{\partial u^2}\right)_{t=t^*} \leqq 0. \tag{4.17}$$

Dies gilt für jede Stelle t^* aus (t_0, t_e). Daher ist im gesamten Intervall

$$\frac{\partial^2 H}{\partial u^2} \leqq 0, \tag{4.18}$$

wobei als Argument die optimale Lösung zu nehmen ist.

Auf unseren Ausgangspunkt zurückkommend, können wir die Gleichung (4.1) nunmehr so interpretieren:

$$\frac{\partial H}{\partial \underline{u}} = \underline{0} \tag{4.19}$$

ist die notwendige Bedingung dafür, daß die Hamilton-Funktion ein *Maximum* annimmt.

Bei dieser Überlegung war $\underline{u}$ als unbeschränkt vorausgesetzt worden. Läßt man nun zu, daß $\underline{u}$ beschränkt ist, so stellt (4.19) keine notwendige Bedingung für ein Maximum mehr dar. Bild 4/1 zeigt dies anschaulich, wobei einfachheitshalber eine skalare Steuerfunktion u angenommen wurde. Dabei ist u auf das Intervall $m \leqq u \leqq M$ beschränkt. Wird das Maximum von H am linken oder rechten Randpunkt des Steuerintervalls angenommen, so braucht keineswegs mehr $\frac{\partial H}{\partial u} = 0$ zu sein, vielmehr folgt dann nur noch $\frac{\partial H}{\partial u} \leqq 0$ oder $\frac{\partial H}{\partial u} \geqq 0$, je nachdem, ob das Maximum am linken oder rechten Rand erreicht wird.

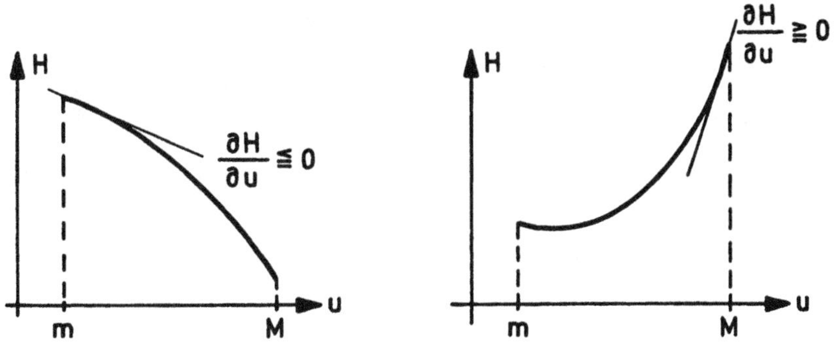

Bild 4/1 Randmaximum

Da also (4.19) bei unbeschränktem $\underline{u}$ *die notwendige Bedingung für ein Maximum von* H *bezüglich* $\underline{u}$ darstellt, diese Bedeutung jedoch verliert, wenn $\underline{u}$ Beschränkungen unterworfen ist, liegt die Vermutung nahe, daß in diesem Fall (4.19) durch die allgemeinere Forderung

$$H(\underline{x},\underline{\psi},\underline{u},t) \overset{!}{=} \max_{\underline{u}} \tag{4.20}$$

zu ersetzen ist - durch die Forderung also, H solle bezüglich $\underline{u}$ ein Maximum annehmen.

In der Tat läßt sich zeigen, daß bei Beschränkung von $\underline{u}$ die Gleichung (4.19) durch die allgemeinere Maximumsforderung (4.20) zu ersetzen ist, während die kanonischen Differentialgleichungen und die Transversalitätsbedingung unverändert bleiben:

Die Lösung $(\underline{x},\underline{u})$ *des Optimierungsproblems genügt auch bei beschränktem* $\underline{u}$ *den kanonischen Differentialgleichungen (und bei beweglichem Endpunkt der Transversalitätsbedingung), aber die Steuerungsgleichung* $\frac{\partial H}{\partial \underline{u}} = \underline{0}$ *ist durch die allgemeinere Forderung*

$$H(\underline{x},\underline{\psi},\underline{u},t) \overset{!}{=} \max_{\underline{u}}$$

zu ersetzen. (4.21)

Dies ist das Maximumprinzip, welches 1956 von L.S. PONTRJAGIN als Hypothese formuliert und in den folgenden Jahren von ihm und seinen Mitarbeitern W.G. BOLTJANSKI, R.W. GAMKRELIDSE und E.F. MISCHENKO für immer allgemeinere Systemklassen bewiesen wurde. Da eine exakte Herleitung erheblichen Aufwand erfordert, wollen wir uns mit der vorstehenden Betrachtung begnügen. In den Optimierungsbüchern für Anwender werden durchweg keine strengen Beweise des Maximumprinzips gebracht. Einen exakten Beweis, der auch für den Anwender noch lesbar ist, findet man in [26], während die Herleitung in [30] größere mathematische Anforderungen stellt. Im folgenden Abschnitt wollen wir die Voraussetzungen für die Gültigkeit des Maximumprinzips zusammenstellen und das Prinzip exakt formulieren.

4.2 Formulierung des Maximumprinzips

Es werde jetzt das Lagrangesche Gütemaß

$$J = \int_{t_0}^{t_e} f_0(\underline{x},\underline{u},t)dt \tag{4.22}$$

zugrunde gelegt, und es sei daran erinnert, daß sich das Mayersche und Bolzasche Gütemaß in das Lagrangesche umformen lassen. Die Aufgabe besteht darin, dieses Gütemaß unter der Nebenbedingung

$$\dot{\underline{x}} = \underline{f}(\underline{x},\underline{u},t) \tag{4.23}$$

und gewissen Randbedingungen (die hier nicht im einzelnen interessieren) zum Minimum zu machen.

Wir fixieren nunmehr die Voraussetzungen, denen die in (4.22) und (4.23) vorkommenden Variablen und Funktionen genügen sollen.

(I) Der Zustandspunkt $\underline{x}$ darf beliebig im Zustandsraum liegen. Es wird also im folgenden stets angenommen, daß die *Zustandsvariablen unbeschränkt* sind.[1)]

(II) Der *Steuervektor* $\underline{u}$ *liege in einer* durch die Problemstellung gegebenen *Menge S des Steuerungsraumes*. In der Mehrzahl der technischen Anwendungen sind die Komponenten $u_1,\ldots,u_p$ des Steuervektors $\underline{u}$ unabhängig voneinander beschränkt:

$$m_\nu \leqq u_\nu \leqq M_\nu, \quad \nu = 1,\ldots,p, \tag{4.24}$$

wobei die m_ν, M_ν gegebene Zahlen sind. Im Fall n = 2 erhält man so den im Bild 4/2 skizzierten Steuerungsbereich S. Falls $\underline{u}$ unbeschränkt ist, wie dies bisher ange-

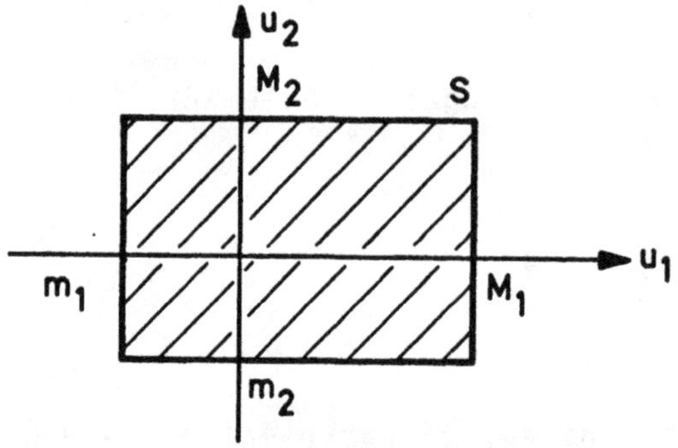

Bild 4/2 Typischer Steuerungsbereich

1 Das Maximumprinzip kann auf den Fall beschränkter Zustandsvariablen ausgedehnt werden, wird aber dann viel schwieriger: [30], Kapitel 6, und G. LEITMANN: Einführung in die Theorie optimaler Steuerung und der Differentialspiele. R. Oldenbourg Verlag, 1974, Kapitel 4. Für andere Behandlungsmöglichkeiten von Problemen mit beschränkten Zustandsvariablen siehe [11], Abschnitt 13.5. Spezielle Probleme findet man in geometrischer Weise behandelt bei A.J. LERNER - E.A. ROSENMAN: Optimale Steuerungen. Verlag Technik, 1973, Kapitel 6 und 7.

nommen wurde, umfaßt S den gesamten Steuerungsraum. Ist der Steuerungsbereich durch (4.24) gegeben, so kann man ihn durch eine einfache Koordinatentransformation in den Bereich

$$-1 \leqq u_\nu \leqq 1 \quad \text{bzw.} \quad |u_\nu| \leqq 1, \; \nu = 1,\ldots,p, \qquad (4.25)$$

überführen.

(III) In ihren Definitionsbereichen seien die Funktionen $f_0(\underline{x},\underline{u},t)$ und $\underline{f}(\underline{x},\underline{u},t)$ stetig. Überdies seien ihre partiellen Ableitungen nach den Zustandsvariablen $x_1,\ldots,x_n$ und der Zeit t dort vorhanden und stetig.

(IV) Die *Komponenten* $u_\nu(t)$, $\nu = 1,\ldots,p$, des Steuervektors seien *stückweise stetig*. Das heißt: Das Intervall $[t_0,t_e]$ kann durch endlich viele Zwischenpunkte $t_1,t_2,\ldots,t_{n-1}$ mit

$$t_0 < t_1 < \ldots < t_{n-1} < t_n = t_e$$

derart zerlegt werden, daß $u_\nu(t)$ in jedem Teilintervall $(t_\nu,t_{\nu+1})$ stetig ist und die Grenzwerte für $t \to t_\nu+0$ und $t \to t_{\nu+1}-0$ existieren und endlich sind. Bild 4/3 zeigt einen solchen stückweise stetigen Verlauf.

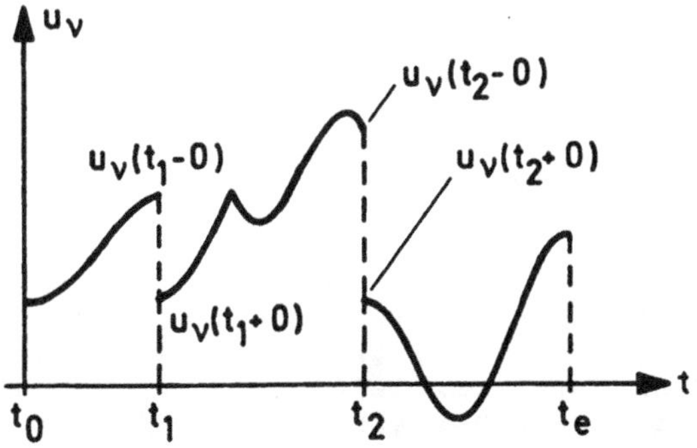

Bild 4/3 Stückweise stetige Steuerfunktion

Man bildet nun die Hamilton-Funktion

$$H(\underline{x},\underline{\psi},\underline{u},t) = -f_0(\underline{x},\underline{u},t) + \underline{\psi}^T \underline{f}(\underline{x},\underline{u},t) \quad \text{bzw.} \tag{4.26}$$

$$H(\underline{x},\underline{\psi},\underline{u},t) = -f_0(\underline{x},\underline{u},t) + \sum_{k=1}^{n} \psi_k f_k(\underline{x},\underline{u},t).$$ [1]

Dann gilt der <u>Satz</u>:[2]

Bilden $\underline{u}^*(t)$ und $\underline{x}^*(t)$ eine Lösung des Optimierungsproblems, so gibt es eine stetige Lösung $\underline{\psi}^*(t)$ der adjungierten Differentialgleichung

$$\dot{\underline{\psi}} = -\frac{\partial H}{\partial \underline{x}} \quad bzw. \tag{4.27}$$

1 In der Literatur wird die Hamilton-Funktion meist in der allgemeineren Form $H = \psi_0 f_0 + \sum_{k=1}^{n} \psi_k f_k$ angesetzt, wobei ψ_0 konstant und $\psi_1,...,\psi_n$ Zeitfunktionen sind. Bei einem praktischen Problem wird $\psi_0 \neq 0$ sein, da andernfalls H und damit die Lösung des Optimierungsproblems nicht von f_0 abhinge, das Problem also nicht sinnvoll gestellt wäre (abnormales oder anormales Optimierungsproblem, siehe [11], Abschnitt 16.1, auch [2], IV. Kapitel, § 6). Wie aus $\dot{\psi}_i = -\frac{\partial H}{\partial x_i}$ bzw. $\dot{\psi}_i = -\psi_0 \frac{\partial f_0}{\partial x_i} - \sum_{k=1}^{n} \psi_k \frac{\partial f_k}{\partial x_i}$ zu sehen, sind $\psi_0,\psi_1,...,\psi_n$ nur bis auf einen konstanten Faktor bestimmt. Man kann daher $\psi_0 = -1$ wählen, wie wir es von vornherein getan haben.

2 [30], vor allem § 3 und 7.
[26], Satz 4.4. Hinsichtlich der Voraussetzungen siehe auch den Abschnitt 4.2.1, bezüglich der Zeitvarianz von Zustandsdifferentialgleichungen und Gütemaß Abschnitt 4.3.1. Diese Betrachtungen gelten zunächst für freies t_e. Die Ergebnisse werden im Satz 4.9 auf festes t_e übertragen.

$$\left.\begin{array}{l} \dot{\underline{\psi}} = \frac{\partial f_0}{\partial \underline{x}}\left(\underline{x}^*(t),\underline{u}^*(t),t\right) - \\ \quad - \left[\frac{\partial \underline{f}}{\partial \underline{x}}\left(\underline{x}^*(t),\underline{u}^*(t),t\right)\right]^T \underline{\psi} \\ \textit{derart, daß für jedes } t \textit{ aus dem} \\ \textit{Intervall } [t_o,t_e] \\ \quad H\left(\underline{x}^*(t),\underline{\psi}^*(t),\underline{u}^*(t),t\right) \geqq \\ \quad H\left(\underline{x}^*(t),\underline{\psi}^*(t),\underline{u},t\right), \\ \textit{wobei } \underline{u} \textit{ beliebig aus } S. \end{array}\right\} \qquad (4.27)$$

Die Maximumseigenschaft ist in der Ungleichung für die Hamilton-Funktion enthalten, wobei diese Formulierung den Vorteil hat, daß man sich nicht mit der Frage herumschlagen muß, ob nun tatsächlich ein Maximum von H oder nur ein Supremum vorliegt.[1)]

Vielleicht wird es manchen befremden, daß die Funktion $\underline{\psi}^*(t)$ ausdrücklich als *stetig* hervorgehoben ist. Muß sie nicht als Lösung einer Differentialgleichung sowieso stetig sein? Hier ist aber zu bedenken, daß $\underline{u}^*(t)$ in die rechte Seite dieser Differentialgleichung eingehen und diese daher mit $\underline{u}^*(t)$ unstetig sein kann. Die adjungierte Differentialgleichung fällt dann intervallweise verschieden aus und hat in den einzelnen Teilintervallen verschiedene Lösungen. $\underline{\psi}^*(t)$ aber soll durch stetige Aneinanderreihung dieser Teillösungen entstehen, wie das für ein System 1. Ordnung im Bild 4/4 skizziert ist, wobei angenommen wurde, daß $u^*(t)$ und demgemäß die rechte Seite

1 Eine nach oben beschränkte reelle Funktion hat immer ein (endliches) Supremum (obere Grenze). Dies ist aber nur dann ein Maximum, wenn die Funktion es an mindestens einer Stelle ihres Definitionsbereiches annimmt. Unter recht allgemeinen Voraussetzungen ist dies allerdings der Fall.

der adjungierten Differentialgleichung zwei Sprungstellen t_1 und t_2 hat und $\psi^*(t_e) = 0$ durch die Transversalitätsbedingung gegeben ist.

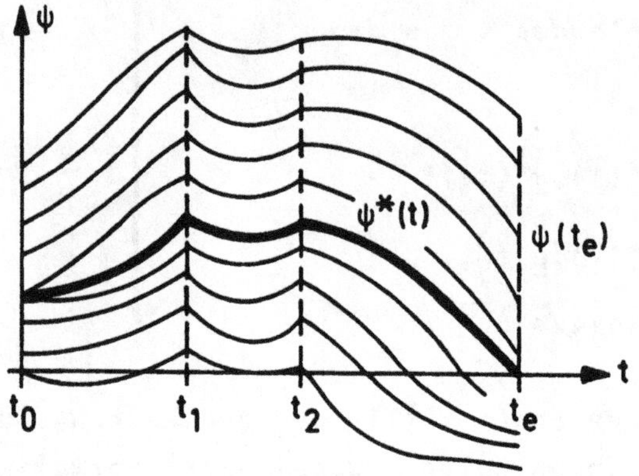

Bild 4/4 Zur Stetigkeit von $\underline{\psi}^*(t)$

Zusätzlich zu (4.27) gilt:

. *Im zeitoptimalen Fall ist* $\underline{\psi}(t) \neq \underline{0}$. (4.28)

. *Hängen* f_o *und* $\underline{f}$ *nicht explizit von t ab und ist* t_e *frei, so gilt*

$$H\left(\underline{x}^*(t), \underline{\psi}^*(t), \underline{u}^*(t)\right) = 0 \qquad (4.29)$$

für alle t aus $[t_o, t_e]$.

4.3 Anmerkungen zum Maximumprinzip

Man darf sich durch die umfangreichen Voraussetzungen und die vielleicht kompliziert erscheinende Formulierung des Maximumprinzips nicht abschrecken lassen. Die *Anwendung des Maximumprinzips* erfolgt geradlinig, wenn sie auch rechnerisch schwierig sein kann. Ausgangspunkt ist die Maximumsforderung

$$H(\underline{x},\underline{\psi},\underline{u},t) \overset{!}{=} \max_{\underline{u} \in S}.$$

D.h: Man hat für eine beliebige Kombination $(\underline{x},\underline{\psi},t)$ des Definitionsbereichs *den* Wert $\underline{u}$ zu finden, der unter allen $\underline{u}$ aus dem zulässigen Steuerungsbereich S den maximalen Wert von H liefert. Wie das geschehen kann, wird im Kapitel 5 und 6 an Beispielen gezeigt. Man erhält so eine Funktion

$$\underline{u} = \underline{U}(\underline{x},\underline{\psi},t).$$

Diese wird in die kanonischen Differentialgleichungen eingesetzt, die ja nach wie vor gültig sind. Der weitere grundsätzliche Lösungsweg verläuft wie im Abschnitt 2.4 beim Optimierungsproblem mit unbeschränkten Variablen, führt also über die Anpassung der allgemeinen Lösung der kanonischen Differentialgleichungen an die Randbedingungen und eventuell die Transversalitätsbedingung (die ebenfalls gültig bleibt) zur optimalen Steuerung und optimalen Trajektorie und daraus schließlich zum optimalen Regelungsgesetz.

Die konkrete Begehung dieses Weges ist allerdings schwieriger als im unbeschränkten Fall. Das liegt vor allem daran, daß der Steuervektor $\underline{u}(t)$ vielfach Sprungstellen aufweist und die zugehörige Lösung $\underline{x}(t)$ der Zustandsdifferentialgleichung dadurch eine intervallweise verschiedene Struktur bekommt. Infolgedessen werden die Eliminationsprozesse, welche zur optimalen Steuerfunktion und zum optimalen Regelungsgesetz führen, komplizierter als im unbeschränkten Fall. Nur für spezielle Probleme ist eine formelmäßige Lösung möglich. Glücklicherweise gehören hierzu auch für die Anwendung wichtige Aufgabenstellungen. Einige Probleme dieser Art werden in den beiden folgenden Kapiteln behandelt.

Es ist noch auf einen Sonderfall des Maximumprinzips hinzuweisen, der auch bei Anwendungsproblemen vorkommt. Die optimale Lösung kann nämlich so beschaffen sein, daß in einem Zeitintervall I_S aus $[t_0, t_e]$ die Hamilton-Funktion nicht von u abhängt, wobei u einfachheitshalber als skalar angenommen sei. Ist H beispielsweise linear in u, also

$$H = h(\underline{x},\underline{\psi},t) + ug(\underline{x},\underline{\psi},t), \tag{4.30}$$

so tritt dieser Fall dann ein, wenn die optimale Lösung im Intervall I_S die Gleichung

$$g(\underline{x},\underline{\psi},t) = 0 \tag{4.31}$$

erfüllt. Dieses Stück der optimalen Lösung kann dann nicht aus der Maximumsforderung bestimmt werden. Denn für jede Kombination $(\underline{x},\underline{\psi},t)$, die der Gleichung (4.31) genügt, liefert ein beliebiger Wert u aus dem Steuerungsbereich $m \leq u \leq M$ den gleichen Wert von H, der damit trivialerweise maximal ist. Die Maximumsforderung ist zwar erfüllt, kann aber nicht zur Bestimmung der optimalen Lösung herangezogen werden. Ein solches *Stück der optimalen Lösung* bezeichnet man als *singulär*.

Gibt es eine Gleichung vom Typ (4.31), infolge deren die Hamilton-Funktion nicht von u abhängt, so besteht also die *Möglichkeit*, daß die optimale Lösung einen singulären Anteil enthält. Wir wollen dann vom *singulären Fall des Maximumprinzips* sprechen. Es ist dabei wesentlich, daß das Intervall I_S, in dem (4.31) gilt, nicht auf einen einzigen Punkt t_S zusammenschrumpft. Dies würde lediglich bedeuten, daß u im Zeitpunkt t_S jeden Wert zwischen m und M annehmen kann, was aber nichts weiter besagt, als daß u(t) in t_S eine Sprungstelle aufweist. Da der Funktionswert an einer Sprungstelle ohne Belang ist (es dort vielmehr nur auf den links- und rechtsseitigen Grenzwert ankommt), spielt eine solche Unbestimmtheit keine Rolle.

Liegt der singuläre Fall des Maximumprinzips vor, so tritt die Gleichung (4.31) an die Stelle der nutzlos gewordenen Maximumsforderung. Mit ihr und den nach wie vor gültigen kanonischen Differentialgleichungen hat man drei Beziehungen zur Ermittlung eines Funktionstripels $(u_S, \underline{x}_S, \underline{\psi}_S)$.

Falls ein solches in der optimalen Lösung enthalten ist, was aber keineswegs der Fall zu sein braucht, wird diese normalerweise die im Bild 4/5 skizzierte Struktur aufweisen. Der singuläre Anteil nimmt einen mittleren Bereich M ein, während die nichtsingulären Stücke den Anfangsbereich A und den Endbereich E besetzen. Dadurch werden die Randbedingungen erfüllt, wozu die singuläre Lösung allein nicht in der Lage wäre. Die Umschaltzeitpunkte t_1 und t_2 ergeben sich aus der Forderung, daß $\underline{x}(t)$ als Zustandsvektor und $\underline{\psi}(t)$ aufgrund des Maximumprinzips stetig sein müssen.[1]

Zum Abschluß dieses Kapitels sei darauf hingewiesen, daß das *Maximumprinzip nur eine notwendige Bedingung* darstellt: Liegt eine Lösung $\left(\underline{u}(t), \underline{x}(t)\right)$ des Optimierungsproblems vor, die also unter Berücksichtigung von Rand- und Nebenbedingung das Gütemaß zum Minimum macht, so genügt sie dem Maximumprinzip. Die Umkehrung braucht nicht unbedingt zu gelten. Ein Funktionenpaar $\left(u(t), \underline{x}(t)\right)$, welches eine Lösung des Maximumprinzips ist, also den kanonischen Differentialgleichungen sowie Rand- und Transver-

1 Mehr über den singulären Fall des Maximumprinzips in [7], Abschnitt 6-21 bis 6-23; [9], Kapitel 8; [11], Abschnitt 16.2 bis 16.7; [12], Abschnitt 5.6; [48], Abschnitt 16.5.

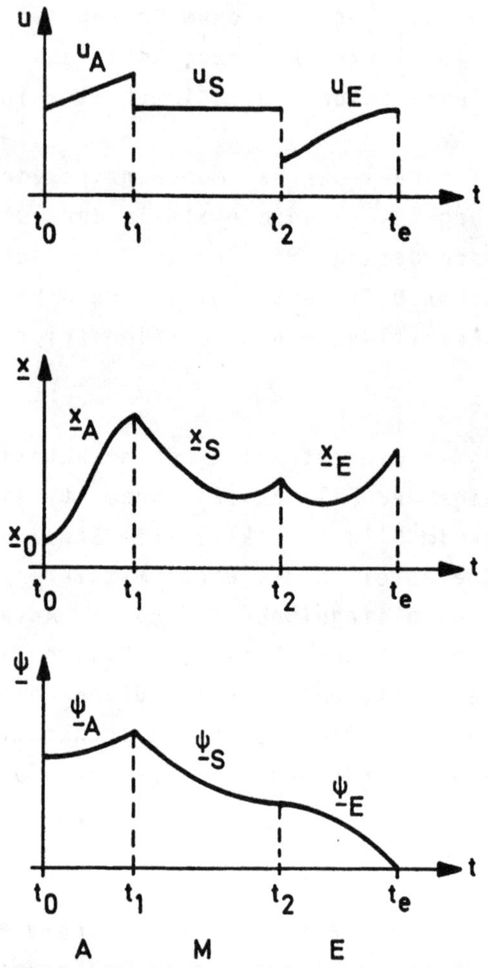

Bild 4/5 Grundsätzliche Struktur einer optimalen Lösung mit singulärem Anteil $(u_S, \underline{x}_S, \underline{\psi}_S)$

salitätsbedingung genügt und vor allem die Maximumsforderung

$$H(\underline{x}, \underline{\psi}, \underline{u}, t) \stackrel{!}{=} \max_{\underline{u} \in S}$$

erfüllt, braucht nicht in jedem Fall eine Lösung des Optimierungsproblems zu sein, d.h. das Gütemaß

$$J = \int_{t_0}^{t_e} f_0(\underline{x},\underline{u},t)dt$$

zum Minimum zu machen.

Damit das Maximumprinzip hinreichend wird, sind zusätzliche Voraussetzungen erforderlich, vor allem über Gütemaß und Zustandsdifferentialgleichung, aber auch über Steuerbarkeitsbereich und Randbedingungen. Auf diese Weise wird es möglich, das Maximumprinzip für bestimmte Aufgabenklassen als hinreichend zu erweisen, beispielsweise für die Klasse der zeitoptimalen Systeme mit linearer und zeitinvarianter Strecke (Kapitel 5). Wir wollen hier auf die Frage der Hinlänglichkeit des Maximumprinzips nicht weiter eingehen, uns vielmehr auf den Standpunkt des Anwenders stellen, wie er bereits in der Einführung und am Schluß von Abschnitt 2.3 formuliert wurde: Die Existenz (und meist auch die Eindeutigkeit) der optimalen Lösung steht fest, und *es kommt lediglich darauf an, die optimale Lösung zu finden. Dafür aber genügt es, das Maximumprinzip als notwendige Bedingung zu haben.*

Wer sich über hinreichende Bedingungen zum Maximumprinzip informieren will, kann z.B. in [29], Abschnitt 5.2, nachlesen, was aber für einen Ingenieur mit normaler mathematischer Ausbildung mit Schwierigkeiten verbunden sein dürfte. Was andererseits die Angaben über die Hinlänglichkeit des Maximumprinzips in Optimierungsbüchern für Anwender betrifft, so sind solche nur selten zu finden und dann mit Vorsicht zu genießen, da die Voraussetzungen möglicherweise nur unvollständig angegeben sind.
Eine Sonderstellung nimmt das Buch von W.G. BOLTJANSKI [26] ein, in dem hinreichende Bedingungen in exakter und dabei für den Anwender verständlicher Weise hergeleitet werden (Abschnitte 2.2.5, 3.3.2, 3.3.5, 4.2.4). Aber diese Herleitungen sind notwendigerweise umfangreich und die

erhaltenen Bedingungen außer für das zeitoptimale Problem bei linearer und zeitinvarianter Strecke nicht mehr einfach.

5 Entwurf zeitoptimaler Systeme

5.1 Die zeitoptimale Steuerfunktion

Im vorliegenden Kapitel soll das Maximumprinzip auf den Entwurf zeitoptimaler Regelungen angewandt werden, wobei die Strecke als linear und zeitinvariant vorausgesetzt wird.

Man hat also das *Gütemaß*

$$J = \int_0^{t_e} 1\,dt = t_e. \tag{5.1}$$

Dabei ist t_e frei, während $t_o = 0$ gesetzt wurde, was man bei einem zeitinvarianten System ohne Einschränkung der Allgemeinheit machen darf.

Die Zustandsdifferentialgleichung lautet

$$\dot{\underline{x}} = \underline{A}\,\underline{x} + \underline{B}\,\underline{u}, \quad \underline{A}, \underline{B} \text{ konstant.} \tag{5.2}$$

Hierin ist $\underline{A}$ eine (n,n)-Matrix und

$$\underline{B} = [\underline{b}_1, \underline{b}_2, \ldots, \underline{b}_p] \tag{5.3}$$

eine (n,p)-Matrix mit $p < n$.

Die Anfangsbedingung lautet wie stets

$$\underline{x}(0) = \underline{x}_0. \tag{5.4}$$

Der Endpunkt sei fest:

$$\underline{x}(t_e) = \underline{0},$$

wobei also der Koordinatenursprung so gewählt wurde, daß er mit dem festen Endpunkt zusammenfällt.

Die Beschränkungen der Komponenten des Steuervektors seien durch

$$m_k \leqq u_k(t) \leqq M_k, \quad k = 1,\ldots,p,$$

gegeben, wie dies in den Anwendungen meist der Fall ist.

Die zeitoptimale Steuerfunktion $\underline{u}(t)$ soll nunmehr mit Hilfe des Pontrjaginschen Maximumprinzips gefunden werden. Es sei sogleich bemerkt, daß *bei dem hier behandelten Aufgabentyp das Maximumprinzip nicht nur notwendig, sondern auch hinreichend für die Lösung des Optimierungsproblems* ist. Findet man also eine Lösung, die dem Maximumprinzip, d.h. der Maximumsforderung samt den kanonischen Differentialgleichungen und Randbedingungen, genügt, so ist diese tatsächlich zeitoptimal.[1)]

Um die Gestalt der optimalen Steuerfunktionen zu ermitteln, bilden wir zunächst die Hamilton-Funktion des Problems. Nach (5.1) und (5.2) ist

$$H = -1 + \underline{\psi}^T(\underline{A}\ \underline{x} + \underline{B}\ \underline{u}),$$

$$H = -1 + \underline{\psi}^T\underline{A}\ \underline{x} + \underline{\psi}^T\underline{B}\ \underline{u}. \tag{5.5}$$

Um das Maximum der Hamilton-Funktion bezüglich $\underline{u}$ zu ermitteln, genügt es, den von $\underline{u}$ abhängigen Summanden allein zu betrachten:

$$\tilde{H} = \underline{\psi}^T\underline{B}\ \underline{u}. \tag{5.6}$$

1 Beweis in [26], Abschnitt 2.2.5. Die Voraussetzung der "Steuerbarkeit von jedem Eingang aus" wird dort als "Bedingung der allgemeinen Lage" bezeichnet.

Da es sich um einen Skalar handelt, wird er durch Transposition nicht verändert:

$$\tilde{H} = \underline{u}^T \underline{B}^T \underline{\psi},$$

also wegen (5.3):

$$\tilde{H} = \underline{u}^T \begin{bmatrix} \underline{b}_1^T \\ \vdots \\ \underline{b}_p^T \end{bmatrix} \underline{\psi} = \underline{u}^T \begin{bmatrix} \underline{b}_1^T \underline{\psi} \\ \vdots \\ \underline{b}_p^T \underline{\psi} \end{bmatrix} = \sum_{k=1}^{p} u_k \cdot \underline{b}_k^T \underline{\psi}. \qquad (5.7)$$

$\tilde{H}$ ist gewiß dann am größten, wenn jeder Summand am größten ist. Der k-te Summand wird allein durch u_k bestimmt. Ist $\underline{b}_k^T \underline{\psi} \geqq 0$, so ist er maximal, wenn u_k möglichst groß wird, also $u_k^* = M_k$ gilt. Ist dagegen $\underline{b}_k^T \underline{\psi} < 0$, so wird der zugehörige Summand am größten, wenn u_k so klein wie möglich gemacht wird: $u_k^* = m_k$. Denn aus $u_k \geqq m_k$ folgt $u_k \underline{b}_k^T \underline{\psi} \leqq m_k \underline{b}_k^T \underline{\psi}$. Man erhält somit aus der Maximumsforderung

$$u_k^* = \begin{cases} m_k, & \text{falls } \underline{b}_k^T \underline{\psi} < 0, \\ M_k, & \text{falls } \underline{b}_k^T \underline{\psi} > 0, \quad k = 1,\dots,p. \end{cases} \qquad (5.8)$$

Die zeitoptimale Steuerfunktion $u_k^*(t)$ hat also den in Bild 5/1 skizzierten Verlauf: Sie *liegt abwechselnd am oberen und unteren Anschlag*. Umschaltung erfolgt dann, wenn die *Schaltfunktion*

$$s_k(t) = \underline{b}_k^T \underline{\psi}(t)$$

das Vorzeichen wechselt.[1)]

1 Die Aussage, daß eine Umschaltung dort erfolgt, wo die Schaltfunktion s(t) eine Nullstelle hat, ist nicht ganz zutreffend. Eine Umschaltung erfolgt ja nur dann, wenn s(t) in der Nullstelle das Vorzeichen wechselt. Sie findet hingegen nicht statt, wenn s(t) in der Nullstelle die t-Achse lediglich berührt, ohne das Vorzeichen zu ändern.

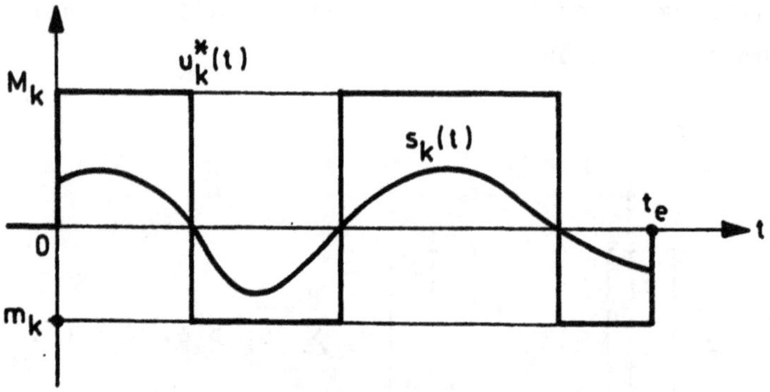

Bild 5/1 Zeitoptimale Steuerfunktion

Ein solches Verhalten zeitoptimaler Steuerfunktionen ist in der Tat plausibel. Stellen wir uns etwa einen Kraftwagen vor, der auf einer geraden, ebenen Strecke in kürzestmöglicher Zeit von einem gegebenen Anfangspunkt A in einen ebenfalls gegebenen Endpunkt E gefahren werden soll. Dann empfiehlt es sich, sogleich mit voller Kraft zu beschleunigen und diese Maximalbeschleunigung beizubehalten - allerdings nicht bis zum Endpunkt E, in dem man ja mit der Geschwindigkeit Null ankommen soll. Man muß also schon vorher bremsen, aber - damit die Fahrzeit minimal wird - so spät wie möglich, dafür aber auch so stark wie möglich. Trägt man die Beschleunigung und die Verzögerung beim Bremsen über der Zeitachse auf, so erhält man einen Verlauf, bei dem die Steuerfunktion zunächst maximal und dann minimal ist, also einen Verlauf nach Art von Bild 5/1. Vielleicht mag manchem dieses Autoexperiment etwas rauh erscheinen. In der Tat ist es stark "idealisiert", insofern der Kraftwagen lediglich als eine zu beschleunigende bzw. abzubremsende Masse angesehen wird. Dennoch gibt es den wesentlichen Charakter eines zeitoptimalen Vorganges wieder.

Manchmal ist es zweckmäßig, den Ausdruck (5.8) für die zeitoptimale Steuerfunktion noch etwas anders zu schreiben. Nach Bild 5/2 ist

$$m_k = \frac{1}{2}(M_k+m_k) - \frac{1}{2}(M_k-m_k),$$

$$M_k = \frac{1}{2}(M_k+m_k) + \frac{1}{2}(M_k-m_k).$$

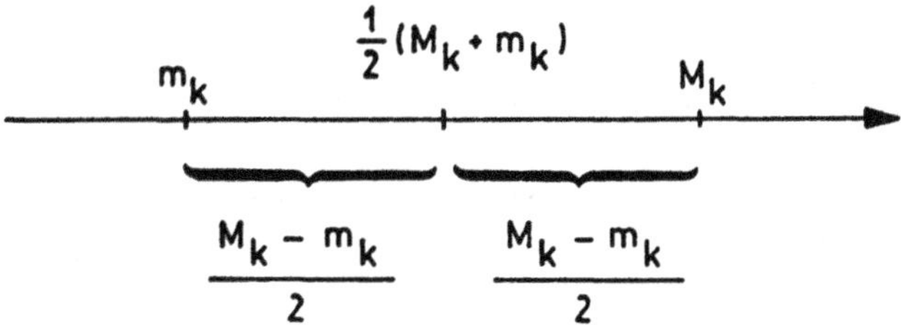

Bild 5/2 Zur Darstellung der zeitoptimalen Schaltfunktion

Damit folgt aus (5.8)

$$u_k^* = \begin{cases} \frac{1}{2}(M_k+m_k) - \frac{1}{2}(M_k-m_k), & \underline{b}_k^T\underline{\psi} < 0, \\ \frac{1}{2}(M_k+m_k) + \frac{1}{2}(M_k-m_k), & \underline{b}_k^T\underline{\psi} > 0. \end{cases} \tag{5.9}$$

Dieser Ausdruck läßt sich übersichtlicher schreiben, wenn man die *Signum- oder Vorzeichenfunktion* einführt (Bild 5/3):

$$\operatorname{sgn} z = \begin{cases} -1 & \text{für} \quad z < 0, \\ 1 & \text{für} \quad z > 0. \end{cases} \tag{5.10}$$

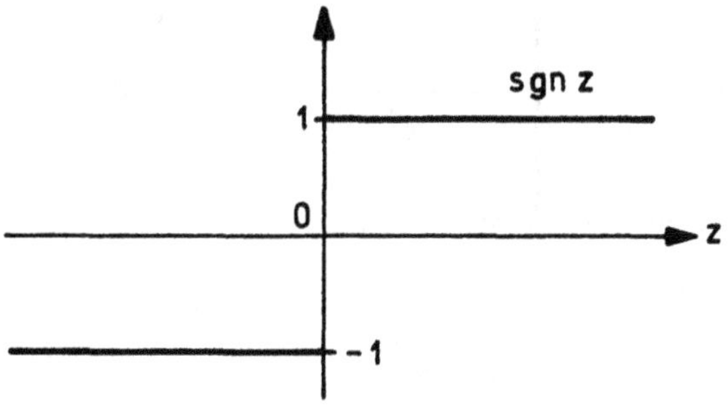

Bild 5/3 Die Signum-Funktion

sgn z gibt also das Vorzeichen von z an. Manchmal definiert man noch sgn 0 = 0. Für unsere Zwecke ist dies ohne Belang, da der Funktionswert von Zeitfunktionen an Sprungstellen bei der Untersuchung dynamischer Systeme keine Rolle spielt. Mit (5.10) wird aus (5.9)

$$u_k^*(t) = \frac{1}{2}(M_k + m_k) + \frac{1}{2}(M_k - m_k)\,\mathrm{sgn}\left(\underline{b}_k^T \underline{\psi}(t)\right), \quad k = 1,\dots,p. \qquad (5.11)$$

Vielfach ist die *Beschränkung von* u_k *symmetrisch:*

$$m_k = -M_k.$$

Wenn nicht, kann dies durch eine Parallelverschiebung im Steuerungsraum erreicht werden. Dann vereinfacht sich (5.11) zu

$$u_k^*(t) = M_k \,\mathrm{sgn}\left(\underline{b}_k^T \underline{\psi}(t)\right), \quad k = 1,\dots,p. \qquad (5.12)$$

Da in diesem Fall die Formelausdrücke etwas übersichtlicher sind, aber alle wesentlichen Effekte auch hier auftreten, wollen wir im folgenden ausschließlich den Fall der symmetrischen Beschränkung betrachten (Bild 5/4).

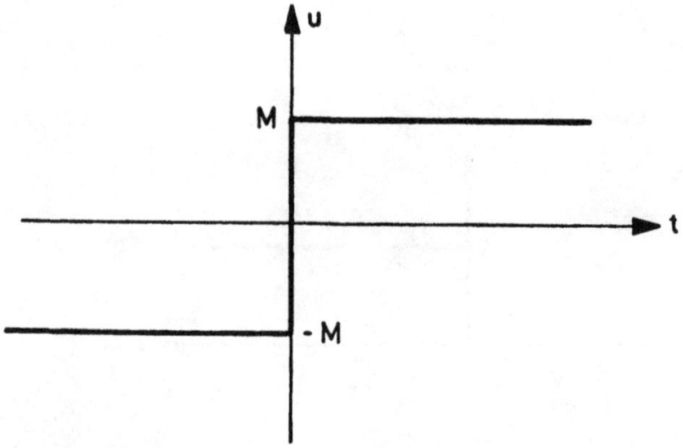

Bild 5/4 Symmetrische Beschränkung

Durch die bisherige Untersuchung ist die allgemeine Gestalt der zeitoptimalen Steuerfunktion als einer stückweise konstanten Funktion bekannt. Um sie vollständig zu erfassen, muß man gemäß (5.12) nunmehr $\underline{\psi}(t)$ bestimmen. Wegen (5.5) ist

$$\frac{\partial H}{\partial \underline{x}} = \underline{A}^T \underline{\psi}.$$

Daher lautet die adjungierte Differentialgleichung $\dot{\underline{\psi}} = -\frac{\partial H}{\partial \underline{x}}$:

$$\dot{\underline{\psi}} = -\underline{A}^T \underline{\psi}.$$

Sie hängt also bei diesem Problem nicht von $\underline{x}$ ab. Das ermöglicht ihre sofortige Lösung mittels der Transitionsmatrix (siehe etwa [43], Abschnitt 12.2.2):

$$\underline{\psi}(t) = e^{-\underline{A}^T t}\underline{\psi}(0). \tag{5.13}$$

Damit ergibt sich für die optimale Steuerfunktion (5.12):

$$u_k^*(t) = M_k \operatorname{sgn}\left[\underline{b}_k^T e^{-\underline{A}^T t}\underline{\psi}(0)\right]. \tag{5.14}$$

Sie ist jetzt bis auf $\underline{\psi}(0)$, also bis auf die n Parameter $\psi_1(0),\ldots,\psi_n(0)$, bestimmt. Ehe wir an die Frage nach der Ermittlung dieser Parameter herangehen, muß eine Voraussetzung erörtert werden, die bislang stillschweigend gemacht worden ist. Es wurde nämlich angenommen, daß

$$\underline{b}_k^T \underline{\psi}(t) \not\equiv 0$$

für jedes k. Das heißt: Die Schaltfunktion $s_k(t) = \underline{b}_k^T \underline{\psi}(t)$ darf zwar einzelne Nullstellen haben, aber nicht in einem ganzen Zeitintervall Null werden. Wäre dies nämlich für ein k der Fall, so hinge gemäß (5.7) $\tilde{H}$ und damit auch H in dem gesamten Zeitintervall nicht von diesem u_k ab. Damit läge der singuläre Fall des Maximumprinzips vor (Abschnitt 4.3).

Um zu erkennen, an welche Bedingung das singuläre Verhalten beim vorliegenden Problem geknüpft ist, gehen wir von der Annahme aus, daß der singuläre Fall vorliegt, also in einem t-Intervall

$$\underline{b}_k^T\underline{\psi}(t) \equiv 0 \tag{5.15}$$

gilt. Wegen (5.13) folgt daraus weiter

$$\underline{b}_k^T e^{-\underline{A}^T t}\underline{\psi}(0) \equiv 0$$

und nach Transposition:

$$\underline{\psi}^T(0)e^{-\underline{A}t}\underline{b}_k \equiv 0.$$

Durch Differentiation nach t ergibt sich daraus sukzessive

$$\underline{\psi}^T(0)e^{-\underline{A}t}\underline{A}\,\underline{b}_k \equiv 0,$$

$$\underline{\psi}^T(0)e^{-\underline{A}t}\underline{A}^2\underline{b}_k \equiv 0,$$

$$\vdots$$

$$\underline{\psi}^T(0)e^{-\underline{A}t}\underline{A}^{n-1}\underline{b}_k \equiv 0.$$

Diese Gleichungen kann man zusammenfassen:

$$\underline{\psi}^T(0)e^{-\underline{A}t}[\underline{b}_k, \underline{A}\,\underline{b}_k,\ldots,\underline{A}^{n-1}\underline{b}_k] \equiv \underline{0}^T. \tag{5.16}$$

Sind die n-dimensionalen Spaltenvektoren $\underline{b}_k$, $\underline{A}\,\underline{b}_k$, ..., $\underline{A}^{n-1}\underline{b}_k$ linear unabhängig, so ist die von ihnen gebildete Matrix

$$\underline{Q}_k = [\underline{b}_k, \underline{A}\,\underline{b}_k, \ldots, \underline{A}^{n-1}\underline{b}_k] \tag{5.17}$$

regulär. Dann folgt aus (5.16) durch Rechtsmultiplikation mit $\underline{Q}_k^{-1} e^{\underline{A}t}$

$$\underline{\psi}^T(0) = \underline{0}^T .$$

Das ist aber ein Widerspruch zum Zusatz (4.28) des Maximumprinzips. Macht man also die Voraussetzung, daß $\underline{Q}_k$ regulär ist, so kann der singuläre Fall beim vorliegenden Optimierungsproblem nicht eintreten. Die Regularität der Matrix bedeutet aber nichts anderes, als daß die Strecke vom Eingang u_k aus steuerbar ist (siehe etwa [43], Abschnitt 12.3). Man hat so das Resultat:

Ist die Strecke

$$\dot{\underline{x}} = \underline{A}\,\underline{x} + \underline{b}_1 u_1 + \ldots + \underline{b}_p u_p$$

von jedem Eingang u_k aus steuerbar, so wird das zeitoptimale Problem nicht singulär. Die optimale Steuerfunktion ist dann durch (5.14) gegeben. (5.18)

Um die in ihr noch unbekannten Parameter $\psi_1(0), \ldots, \psi_n(0)$ zu ermitteln, steht die bisher noch nicht benutzte Endbedingung $\underline{x}(t_e) = \underline{0}$ zur Verfügung. Nun ist allgemein die Lösung der Zustandsdifferentialgleichung (5.2) durch

$$\underline{x}(t) = e^{\underline{A}t}\underline{x}(0) + \int_0^t e^{\underline{A}(t-\tau)}\underline{B}\;\underline{u}(\tau)d\tau$$

oder

$$\underline{x}(t) = e^{\underline{A}t}\left[\underline{x}(0) + \int_0^t e^{-\underline{A}\tau}\underline{B}\;\underline{u}(\tau)d\tau\right]$$

gegeben [43], Abschnitt 12.2.2). Für die Endbedingung folgt daraus

$$e^{\underline{A}t_e}\left[\underline{x}(0) + \int_0^{t_e} e^{-\underline{A}\tau}\underline{B}\ \underline{u}(\tau)d\tau\right] = \underline{0},$$

$$\int_0^{t_e} e^{-\underline{A}\tau}\underline{B}\ \underline{u}(\tau)d\tau = -\underline{x}(0),$$

also wegen

$$\underline{B}\ \underline{u} = \underline{b}_1 u_1 + \ldots + \underline{b}_p u_p:$$

$$\int_0^{t_e} e^{-\underline{A}\tau} \sum_{k=1}^{p} \underline{b}_k u_k(\tau)d\tau = -\underline{x}(0).$$

Hierin hat man nun (5.14) einzusetzen:

$$\int_0^{t_e} e^{-\underline{A}\tau} \sum_{k=1}^{p} \underline{b}_k M_k \operatorname{sgn}\left[\underline{b}_k^T e^{-\underline{A}^T\tau}\underline{\psi}(0)\right]d\tau = -\underline{x}(0). \quad (5.19)$$

Damit liegt eine Vektorgleichung vor, die komponentenweise geschrieben n skalare Gleichungen liefert. In ihr treten die Unbekannten $\psi_1(0),\ldots,\psi_n(0)$ auf - und dazu die ja ebenfalls unbekannte Endzeit t_e. Anscheinend hat man also eine Unbekannte zu viel. Man muß jedoch beachten, daß $\underline{\psi}(t)$ Lösung einer *homogenen* Differentialgleichung und deshalb nur bis auf einen konstanten Faktor bestimmt ist, womit auch $\underline{\psi}(0)$ nur bis auf einen konstanten Faktor festgelegt ist. Da $\underline{\psi}(0)$ im Argument einer Signum-Funktion auftritt, spielt nur das Vorzeichen dieses Faktors eine Rolle, sein Betrag und damit auch der Betrag von $\underline{\psi}(0)$ jedoch nicht. Deshalb kann man zu (5.19) die zusätzliche Forderung

$$|\underline{\psi}(0)|^2 = 1 \quad \text{bzw.} \quad \sum_{k=1}^{n} \psi_k^2(0) = 1 \qquad (5.20)$$

hinzufügen, so daß (5.19) und (5.20) zusammen ein System von n+1 Gleichungen für die n+1 Unbekannten $t_e, \psi_1(0), \ldots, \psi_n(0)$ bilden.

Dieses Gleichungssystem ist wegen der in (5.19) enthaltenen Signum-Funktionen kraß nichtlinear. Eine analytische Lösung gelingt daher nur in einfachen Fällen. Da wir aber das zeitoptimale Regelungsgesetz, auf das es uns vor allem ankommt, in anderer, anschaulicher Weise herleiten, wollen wir auf diese Möglichkeit nicht näher eingehen. Aber auch eine numerische Lösung ist keineswegs einfach. Hierfür wurden besondere Verfahren ausgearbeitet, so von I.E. EATON und L.W. NEUSTADT. Ihre Begründung findet man in [26], Abschnitt 2.4, die Anwendung des Neustadtschen Verfahrens in [32], Kapitel 4.

Eine zeitoptimale Steuerfunktion ist vollständig bestimmt, wenn man die Umschaltzeitpunkte kennt. Nach dem Vorangegangenen wird man nicht annehmen, sie in allgemeiner Form bestimmen zu können. Unter einer zusätzlichen Voraussetzung ist es aber immerhin möglich, eine allgemeine Aussage über ihre Anzahl zu machen. Das soll jetzt gezeigt werden.

5.2 Der Satz von Feldbaum (Satz von den n Schaltintervallen)

Dazu gehen wir wieder von der Zustandsdifferentialgleichung

$$\dot{\underline{x}} = \underline{A}\,\underline{x} + \underline{B}\,\underline{u}$$

bzw.

$$\underline{\dot{x}} = \underline{A}\,\underline{x} + \sum_{k=1}^{p} \underline{b}_k u_k$$

aus, wobei nach (5.14) für u_k die optimale Steuerfunktion

$$u_k^* = M_k \operatorname{sgn}\left[\underline{b}_k^T e^{-\underline{A}^T t} \underline{\psi}(0)\right]$$

einzusetzen ist. Da es für das folgende belanglos ist, um welche dieser Steuerfunktionen es geht, können wir den Index k weglassen:

$$u^* = M \operatorname{sgn}\left[\underline{b}^T e^{-\underline{A}^T t} \underline{\psi}(0)\right]. \tag{5.21}$$

Da die Umschaltstellen von $u^*(t)$ mit den Vorzeichenwechseln der Schaltfunktion

$$s(t) = \underline{b}^T e^{-\underline{A}^T t} \underline{\psi}(0) = \underline{\psi}^T(0) e^{-\underline{A} t} \underline{b} \tag{5.22}$$

zusammenfallen, gilt es, deren Anzahl zu ermitteln.

Um hierüber eine Aussage machen zu können, nehmen wir *zusätzlich zu den bisherigen Voraussetzungen* an, daß die *Eigenwerte* $\lambda_1, \ldots, \lambda_n$ *von* $\underline{A}$[1] *reell* sind. Einfachheitshalber setzen wir für die folgende Argumentation außerdem noch die Einfachheit dieser Eigenwerte voraus (die aber entbehrlich ist). Dann kann man $\underline{A}$ durch eine geeignete Zustandstransformation $\underline{x} = \underline{V}\,\underline{z}$ auf Diagonalform bringen (siehe etwa [43], Abschnitt 12.1.1):

---

1 Bei steuer- und beobachtbaren Eingrößensystemen sind die Eigenwerte von $\underline{A}$ mit den Polen der Übertragungsfunktion identisch, weshalb man in diesem Fall statt von "Eigenwerten" auch von "Polen" spricht.

$$\underline{A} = \underline{V}\,\underline{\Lambda}\,\underline{V}^{-1}$$

mit

$$\underline{\Lambda} = \begin{bmatrix} \lambda_1 & & 0 \\ & \ddots & \\ 0 & & \lambda_n \end{bmatrix}.$$

Wegen

$$e^{-\underline{A}t} = e^{-\underline{V}\,\underline{\Lambda}\,\underline{V}^{-1}t} = \underline{V}e^{-\underline{\Lambda}t}\underline{V}^{-1} = \underline{V}\begin{bmatrix} e^{-\lambda_1 t} & & 0 \\ & \ddots & \\ 0 & & e^{-\lambda_n t} \end{bmatrix}\underline{V}^{-1}$$

wird so aus (5.22)

$$s(t) = \underline{\psi}^T(0)\underline{V}\begin{bmatrix} e^{-\lambda_1 t} & & 0 \\ & \ddots & \\ 0 & & e^{-\lambda_n t} \end{bmatrix}\underline{V}^{-1}\underline{b}\,, \quad \text{also}$$

$$s(t) = C_1 e^{-\lambda_1 t} + C_2 e^{-\lambda_2 t} + \ldots + C_n e^{-\lambda_n t}, \qquad (5.23)$$

wobei die Koeffizienten $C_1, \ldots, C_n$ nicht im einzelnen interessieren. Fest steht aber wegen (5.15), also letztlich wegen der für jedes u_k vorausgesetzten Steuerbarkeit des Systems, daß nicht alle C_ν Null werden können.

Im Bild 5/5 sind nun typische Verläufe von s(t) für $n = 1$ und $n = 2$ dargestellt. Man sieht, daß für $n = 1$ kein Vorzeichenwechsel stattfindet, während s(t) für $n = 2$ genau einmal das Vorzeichen wechselt, erkennt aber auch, daß im letzteren Fall kein Vorzeichenwechsel stattzufinden braucht (etwa für $C_1 > 0$, $C_2 > 0$). Man kann sich vorstellen, daß durch Hinzufügen einer weiteren e-Funktion ($n = 3$) ein zweiter Vorzeichenwechsel möglich wird, jedoch kein dritter, und gelangt so zu der Vermutung, daß für

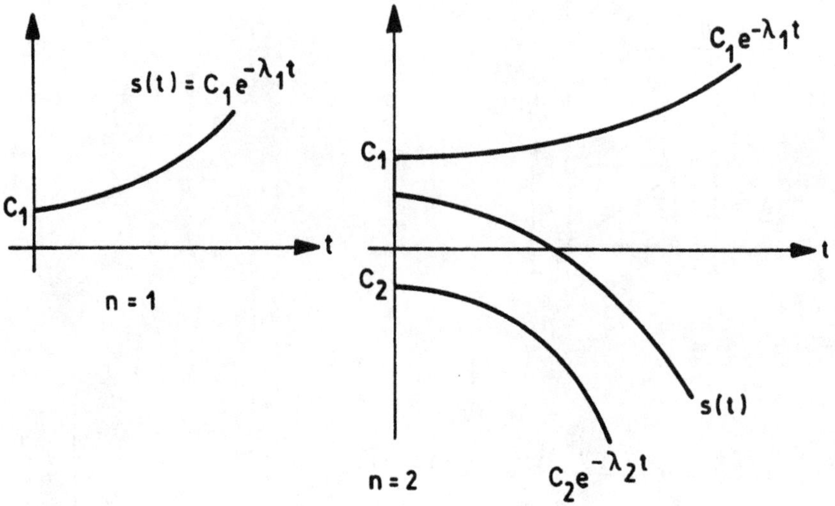

Bild 5/5 Zeitoptimale Schaltfunktionen

ein System der Ordnung n die Schaltfunktion s(t) höchstens n-1 Vorzeichenwechsel aufweist. Da die Vorzeichenwechsel in den Nullstellen enthalten sind, genügt es zu zeigen, daß eine Funktion vom Typ (5.23) mit reellen und voneinander verschiedenen λ_ν sowie nicht sämtlich verschwindenden C_ν höchstens n-1 Nullstellen besitzt.

Der Nachweis erfolgt unschwer durch vollständige Induktion nach n: Die Aussage ist richtig für n = 1, und man hat zu zeigen, daß aus ihrer Gültigkeit für n = i die Richtigkeit für n = i+1 folgt. Nun lautet die Schaltfunktion für n = i+1

$$s_{i+1}(t) = \sum_{\nu=1}^{i+1} C_\nu e^{\lambda_\nu t} = e^{\lambda_{i+1} t} \cdot \sum_{\nu=1}^{i+1} C_\nu e^{(\lambda_\nu - \lambda_{i+1})t} .$$

Angenommen, sie habe mehr als i Nullstellen. Dann muß auch

$$f_{i+1}(t) = \sum_{\nu=1}^{i+1} C_\nu e^{(\lambda_\nu - \lambda_{i+1})t} = C_1 e^{\beta_1 t} + \ldots + C_i e^{\beta_i t} + C_{i+1}$$

mit $\beta_\nu = \lambda_\nu - \lambda_{i+1} \neq 0$ mehr als i Nullstellen haben. Zwischen zwei benachbarten Nullstellen muß aber mindestens ein Extremum liegen. Also hat f_{i+1} mehr als i-1 Extreme. Die Ableitung

$$\dot{f}_{i+1}(t) = C_1\beta_1 e^{\beta_1 t} + \ldots + C_i\beta_i e^{\beta_i t}$$

muß daher mehr als i-1 Nullstellen aufweisen. Sie ist aber vom Typ von $s_i(t)$ und kann daher nach Induktionsvoraussetzung höchstens i-1 Nullstellen besitzen. Also ist die Annahme, daß $s_{i+1}(t)$ mehr als i Nullstellen hat, falsch und unsere Behauptung somit nachgewiesen.

Wir haben damit aus dem Maximumprinzip einen Satz hergeleitet, der für die Anwendungen von großer Bedeutung ist und erstmals 1953, also noch vor der Entdeckung des Maximumprinzips, von A.A. FELDBAUM bewiesen wurde:

Ist das System

$$\underline{\dot{x}} = \underline{A}\,\underline{x} + \underline{b}_1 u_1 + \ldots + \underline{b}_p u_p$$

mit der konstanten (n,n)-Matrix $\underline{A}$ *und konstanten Vektoren* $\underline{b}_1, \ldots, \underline{b}_p$ *von jedem Eingang aus steuerbar und hat* $\underline{A}$ *ausschließlich reelle Eigenwerte, so hat jede Komponente des zeitoptimalen Steuervektors* $\underline{u}(t)$ *höchstens n-1 Umschaltungen (Satz von Feldbaum, Satz von den n Schaltintervallen).* (5.24)

Bild 5/6 zeigt das Beispiel eines Systems 4. Ordnung mit nur einer Steuerfunktion. Die Umschaltpunkte sind t_1, t_2, t_3. Bei $t_4 = t_e$ ist der zeitoptimale Vorgang beendet. Der danach aufgeschaltete konstante Steuerwert u_e ist so zu wählen, daß er den stationären Betriebszustand aufrechterhält, in den das System durch die zeitoptimale Steue-

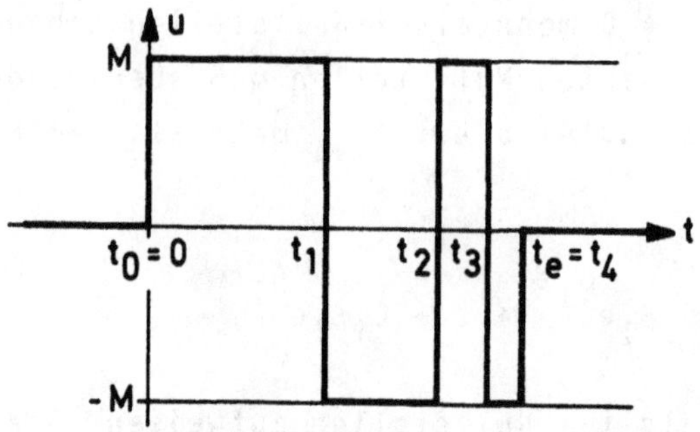

Bild 5/6 Zeitoptimale Steuerfunktion eines Systems

rung gebracht wurde und den wir zu $\underline{x}_e = \underline{0}$ angenommen hatten. Aus der Zustandsdifferentialgleichung

$$\underline{\dot{x}} = \underline{A}\,\underline{x} + \underline{b}\,u$$

folgt dann für den stationären Zustand

$$\underline{0} = \underline{b}u_e,$$

woraus wegen $\underline{b} \neq \underline{0}$ $u_e = 0$ folgt.

5.3 Berechnung der Schaltzeitpunkte

Mittels des Feldbaumschen Satzes kann man Gleichungen zur Berechnung der Schaltzeitpunkte aufstellen. Es genügt, ein System mit nur einer Steuerfunktion zu betrachten:

$$\underline{\dot{x}} = \underline{A}\,\underline{x} + \underline{b}\,u.$$

Dann gilt

$$\underline{x}(t) = \int_0^t \underline{\phi}(t-\tau)\underline{b}u(\tau)d\tau + \underline{\phi}(t)\underline{x}_0, \tag{5.25}$$

wobei wie üblich

$$\underline{\Phi}(t) = e^{\underline{A}t}$$

die Transitionsmatrix des Systems bezeichnet. Es seien

$$0 < t_1 < \ldots < t_{n-1} < t_n = t_e$$

die Schaltzeitpunkte, wobei angenommen ist, daß $\underline{x}_0$ keine spezielle Lage einnimmt und deshalb in der Tat n-1 Umschaltungen erforderlich werden. Ist im Schaltintervall $(0,t_1)$ $u = \varepsilon M$, wobei $\varepsilon = 1$ oder -1 sein kann, so ist im zweiten Schaltintervall (t_1,t_2) $u = -\varepsilon M$ usw. Damit wird aus (5.25)

$$\underline{x}(t_e) = \int_0^{t_1} \underline{\Phi}(t_e-\tau)\underline{b}\varepsilon M d\tau + \int_{t_1}^{t_2} \underline{\Phi}(t_e-\tau)\underline{b}(-\varepsilon M)d\tau + \ldots$$

$$\ldots + \int_{t_{n-1}}^{t_e} \underline{\Phi}(t_e-\tau)\underline{b}(-1)^{n-1}\varepsilon M d\tau + \underline{\Phi}(t_e)\underline{x}_0 .$$

Dies muß nach der Endbedingung gleich $\underline{0}$ sein. Berücksichtigt man, daß $\underline{\Phi}(t_e-\tau) = \underline{\Phi}(t_e)\cdot\underline{\Phi}(-\tau)$ ist und multipliziert dann von links mit $\underline{\Phi}^{-1}(t_e)$, so erhält man die Beziehung

$$\left[\int_0^{t_1} \underline{\Phi}(-\tau)d\tau - \int_{t_1}^{t_2} \underline{\Phi}(-\tau)d\tau + \ldots + (-1)^{n-1} \int_{t_{n-1}}^{t_n} \underline{\Phi}(-\tau)d\tau\right]\underline{b} = -\frac{\underline{x}_0}{\varepsilon M}. \tag{5.26}$$

Ist

$$\underline{F}(t) = \int \underline{\Phi}(-\tau)d\tau \tag{5.27}$$

eine Stammfunktion zu $\underline{\Phi}(-\tau)$, so kann man für (5.26) schreiben:

$$\Big[\underline{F}(t_1)-\underline{F}(0)-\big(\underline{F}(t_2)-\underline{F}(t_1)\big)+\big(\underline{F}(t_3)-\underline{F}(t_2)\big)-+\ldots$$

$$\ldots+(-1)^{n-1}\big(\underline{F}(t_n)-\underline{F}(t_{n-1})\big)\Big]\underline{b} = -\frac{\underline{x}_0}{\varepsilon M}$$

oder nach Multiplikation mit $\frac{1}{2}$:

$$\underline{F}(t_1)\underline{b} - \underline{F}(t_2)\underline{b} +-\ldots+(-1)^n\underline{F}(t_{n-1})\underline{b} + \frac{(-1)^{n+1}}{2}\underline{F}(t_n)\underline{b} =$$

$$= \frac{1}{2}\underline{F}(0)\underline{b} - \frac{\underline{x}_0}{2\varepsilon M}\,. \qquad (5.28)$$

Ist $\underline{A}$ regulär, so wird

$$\underline{F}(t) = \int e^{-\underline{A}\tau}d\tau = -\underline{A}^{-1}e^{-\underline{A}t}\,.$$

Aus (5.28) wird so, wenn man noch von links mit $-\underline{A}$ multipliziert:

$$e^{-\underline{A}t_1}\underline{b} - e^{-\underline{A}t_2}\underline{b} +\ldots+(-1)^n e^{-\underline{A}t_{n-1}}\underline{b} + \frac{(-1)^{n+1}}{2}e^{-\underline{A}t_n}\underline{b} =$$

$$= \frac{1}{2}\underline{b} + \frac{1}{2\varepsilon M}\underline{A}\,\underline{x}_0\,. \qquad (5.29)$$

In (5.28) bzw. (5.29) hat man eine n-dimensionale Vektorgleichung, also ein System von n Gleichungen, für die Unbekannten $t_1,\ldots,t_n$. Dabei ist ε, also das Vorzeichen von u(t) im ersten Schaltintervall, nicht ohne weiteres bekannt. Manchmal läßt sich ε aufgrund der physikalischen Voraussetzungen bestimmen, indem man beispielsweise bei einem bestimmten Anfangszustand $\underline{x}_0$ weiß, ob zunächst beschleunigt ($\varepsilon = 1$) oder gebremst ($\varepsilon = -1$) werden muß. Andernfalls kann man die Lösung der Gleichung mit einem der beiden ε-Werte versuchen. Gelingt sie nicht, muß es für den anderen ε-Wert eine Lösung geben.

Für Systeme 2. Ordnung ist eine formelmäßige Lösung möglich (Übungsaufgabe), für Systeme höherer Ordnung im allgemeinen nicht mehr. Man ist dann auf die numerische Lösung des transzendenten Gleichungssystems angewiesen.

5.4 Ermittlung des zeitoptimalen Regelungsgesetzes für Systeme 2. Ordnung mit reellen Eigenwerten

Hatten wir bisher ausschließlich die Berechnung der zeitoptimalen *Steuer*funktionen im Auge, so wollen wir nunmehr zur Bestimmung des zeitoptimalen *Regelungs*gesetzes übergehen. Für Systeme 2. Ordnung gelingt dies in anschaulicher Weise durch Betrachtung in der Zustandsebene (Phasenebene).

Das sei am Beispiel der Regelung im Bild 5/7 gezeigt, wobei man sich unter der Strecke etwa eine ungedämpfte Lageregelstrecke vorstellen kann. Die Vorgehensweise ist auf andere Strecken 2. Ordnung übertragbar, sofern sie linear, zeitinvariant, steuerbar sind und reelle Eigenwerte haben (Übungsaufgabe). Die Führungsgröße w

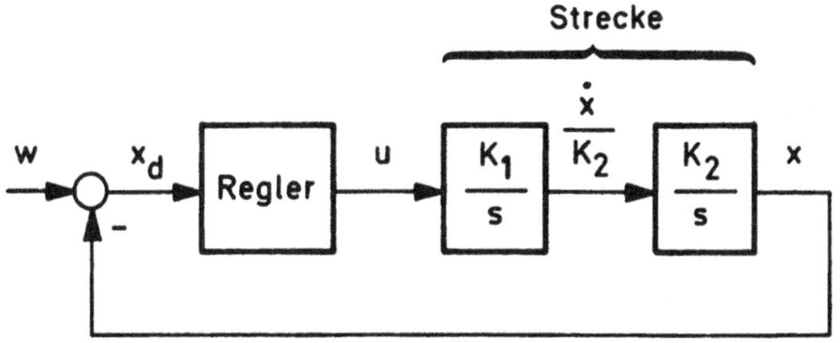

Bild 5/7 Beispiel zum Entwurf einer zeitoptimalen Regelung

sei stückweise konstant, wird also von Zeit zu Zeit sprungartig verstellt, wie dies in der Tat häufig der Fall ist. Zum Zeitpunkt $t = 0$ finde eine solche Verstellung statt: Während für $t < 0$ $w = W_0$ gilt, ist für $t > 0$ $w = W_0 + W_\Delta$ (Bild 5/8). Die Regelgröße x soll den neuen

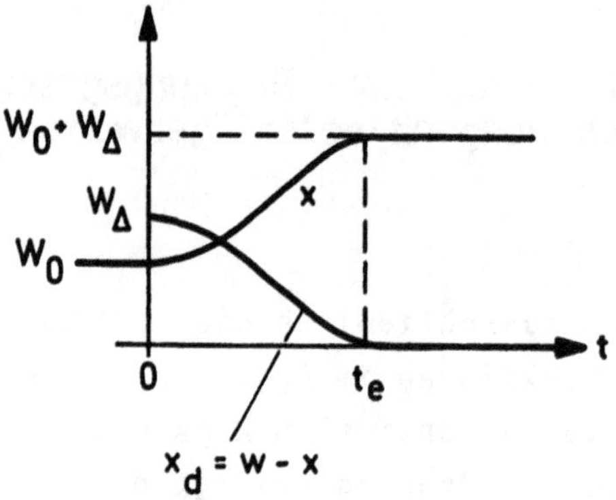

Bild 5/8 Führungsgrößenverstellung

Sollwert möglichst rasch annehmen, t_e soll also minimal sein. Dabei muß berücksichtigt werden, daß die Steuerfunktion u beschränkt ist:

$$|u(t)| \leqq M. \tag{5.30}$$

Die Strecke wird durch die komplexe Übertragungsgleichung

$$X(s) = \frac{V}{s^2} U(s), \quad V = K_1 K_2,$$

also durch die Differentialgleichung

$$\ddot{x}(t) = V u(t) \tag{5.31}$$

beschrieben. Beim Übergang zur Zustandsdarstellung ist es zweckmäßig, die Regeldifferenz und ihre Ableitung als Zustandsvariable einzuführen. Da im Zeitintervall $t > 0$, das wir hier betrachten, w konstant ist, folgt aus $x_d = w - x$:

$$\dot{x}_d = -\dot{x}, \text{ also auch } \ddot{x}_d = -\ddot{x}.$$

Damit wird aus (5.31)

$$\ddot{x}_d(t) = -Vu(t). \tag{5.32}$$

Der Anfangszustand ist nach Bild 5/8 durch

$$x_d(+0) = W_\Delta, \quad \dot{x}_d(+0) = 0 \tag{5.33}$$

gegeben, da unmittelbar nach dem Zeitpunkt $t = 0$ die Änderung von w noch keine Einwirkung auf x haben kann, also $x(+0)$ und $\dot{x}(+0)$ Null sind. Ab dem Endzeitpunkt t_e soll die Regeldifferenz Null bleiben. Daher muß

$$x_d(t_e) = 0, \quad \dot{x}_d(t_e) = 0$$

gelten.

Wir führen nun die Regeldifferenz und ihre Ableitung als Zustandsvariable ein:

$$x_1 = x_d, \quad x_2 = \dot{x}_d. \tag{5.34}$$

Dann lauten Anfangs- und Endzustand:

$$\underline{x}_0 = \begin{bmatrix} W_\Delta \\ 0 \end{bmatrix}, \quad \underline{x}_e = \underline{0}. \tag{5.35}$$

Der Zustandspunkt startet also auf der x_1-Achse und soll in der kürzestmöglichen Zeit t_e in den Ursprung der Zustandsebene überführt werden.

Für die Zustandsdifferentialgleichungen folgt aus der Definition (5.34) und der Differentialgleichung (5.32):

$$\dot{x}_1 = x_2,$$

$$\dot{x}_2 = -Vu.$$

Hierin kann u aufgrund der allgemeinen Gestalt der zeitoptimalen Steuerfunktion nur die Werte +M oder -M haben:

$$u = \varepsilon M \quad \text{mit} \quad \varepsilon = +1 \text{ oder } -1.$$

Aus den Zustandsdifferentialgleichungen wird so

$$\left.\begin{aligned} \dot{x}_1 &= x_2, \\ \dot{x}_2 &= -\varepsilon K \end{aligned}\right\} \qquad (5.36)$$

mit

$$K = VM = K_1 K_2 M. \qquad (5.37)$$

Um nun aus den Zustandsdifferentialgleichungen (5.36) die Trajektorien zu ermitteln, ist es am einfachsten, den Quotienten beider Differentialgleichungen zu bilden. Dann wird nämlich

$$\frac{\dot{x}_2}{\dot{x}_1} = \frac{\frac{dx_2}{dt}}{\frac{dx_1}{dt}} = \frac{dx_2}{dx_1}$$

und somit aus (5.36)

$$\frac{dx_2}{dx_1} = -\frac{\varepsilon K}{x_2}, \qquad (5.38)$$

also eine einzige Differentialgleichung 1. Ordnung. Eine solche Vereinfachung ist stets möglich, wenn die rechten Seiten der Zustandsdifferentialgleichungen nicht explizit von t abhängen, das Differentialgleichungssystem also "autonom" ist. Bei der Zeitoptimierung ist das der Fall, weil u nur die Werte M und -M annehmen darf.

Die Differentialgleichung (5.38) kann man ohne Schwierigkeit durch Trennung der Veränderlichen lösen:

$$x_2 dx_2 = -\varepsilon K dx_1,$$

$$\frac{1}{2} x_2^2 = -\varepsilon K x_1 + \text{const},$$

$$x_2^2 = -2\varepsilon K x_1 + C \qquad (5.39)$$

mit dem Integrationsparameter C. Somit ist für

$$u = -M, \text{ d.h. } \varepsilon = -1 : \quad x_2^2 = 2Kx_1 + C_1, \qquad (5.40)$$

$$u = +M, \text{ d.h. } \varepsilon = +1 : \quad x_2^2 = -2Kx_1 + C_2. \qquad (5.41)$$

In beiden Fällen handelt es sich um eine Schar von Parabeln, deren Achsen mit der x_1-Achse zusammenfallen und die durch Parallelverschiebung in Richtung der x_1-Achse auseinander hervorgehen. Bei der Schar (5.40) sind die Parabeln nach rechts geöffnet, bei der Schar (5.41) nach links. Man erkennt das sofort, wenn man C_1 bzw. $C_2 = 0$ setzt. Bild 5/9 zeigt die beiden Parabelscharen.

Die dort eingezeichnete Richtung, in welcher der Zustandspunkt die Kurven durchläuft, ergibt sich unmittelbar aus der Zustandsdifferentialgleichung $\dot{x}_1 = x_2$. Ist $x_2 < 0$, so ist auch $\dot{x}_1 < 0$, so daß $x_1(t)$ abnimmt. Daher muß in der unteren Halbebene der Zustandspunkt nach links wandern. Entsprechend läuft er in der oberen Halbebene nach rechts.

Durch jeden Punkt der Zustandsebene geht genau eine Trajektorie von jeder der beiden Scharen. Ist die Regelung

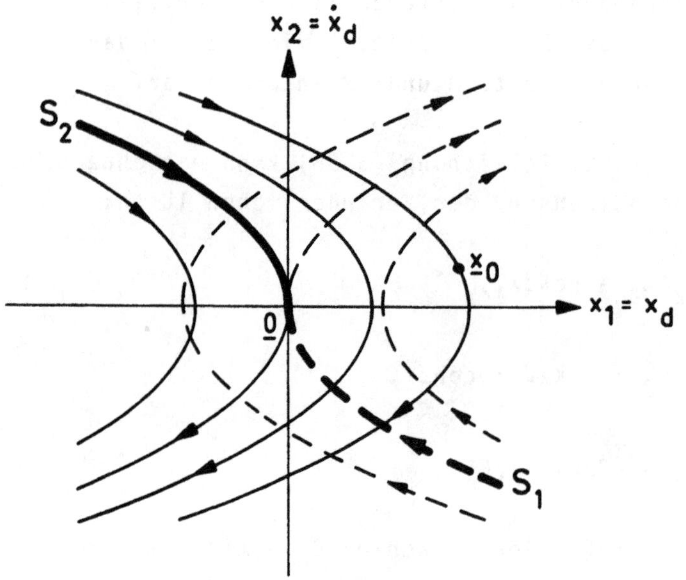

Bild 5/9 Trajektorien der Strecke im Bild 5/7

——— u = +M

- - - u = -M

zeitoptimal entworfen, so kann sich der Zustandspunkt nur auf Trajektorienstücken der beiden Scharen bewegen, da ja u lediglich M oder -M sein kann. Wird umgeschaltet, etwa von M auf -M, und befindet sich der Zustandspunkt zum Zeitpunkt der Umschaltung gerade im Punkt $\underline{x}_S$ der Zustandsebene, so steigt er von der Trajektorie zu M auf die durch $\underline{x}_S$ gehende Trajektorie zu -M um.

Da der Zustandspunkt nach $\underline{x}_e = \underline{0}$ streben soll, muß er sich zuletzt auf der Trajektorie S_1 bzw. S_2 im Bild 5/9 bewegen. Nach dem Feldbaumschen Satz ist nur eine Umschaltung erforderlich, um ihn aus einem beliebigen Anfangspunkt $\underline{x}_0$ in den gewünschten Endpunkt $\underline{x}_e = \underline{0}$ zu bringen. Diese Umschaltung muß deshalb auf S_1 oder S_2 liegen. Die gesamte aus S_1 und S_2 bestehende Kurve stellt somit die *optimale Schaltlinie* dar.

Ist beispielsweise der Anfangszustand durch den im Bild 5/9 eingezeichneten Punkt $\underline{x}_0$ gegeben, so läuft der Zustandspunkt zunächst auf der durch $\underline{x}_0$ gehenden Trajektorie zu $u = M$, und zwar so lange, bis er auf S_1 trifft. Dort erfolgt die Umschaltung auf $u = -M$, wodurch er nach $\underline{0}$ gelangt. Liegt $\underline{x}_0$ *links* von der optimalen Schaltlinie, so ist zuerst $u = -M$ aufzuschalten, und zwar so lange, bis der Zustandspunkt S_2 erreicht. Dann erfolgt die Umschaltung auf $u = +M$. Liegt $\underline{x}_0$ zufällig *auf* der optimalen Schaltlinie, so ist keine Umschaltung erforderlich. Allein mit $u = -M$ bzw. $u = +M$ gelangt der Zustandspunkt nach $\underline{0}$.

Das Ergebnis ist aufgrund des Trajektorienbildes geometrisch plausibel. Geht man von irgendeinem Anfangspunkt $\underline{x}_0$ aus und fragt, wie man am einfachsten nach $\underline{0}$ gelangt, so ist anschaulich klar, daß dies über (höchstens) eine Umschaltung an der aus S_1 und S_2 bestehenden Schaltlinie geschehen muß. Daß diese geometrisch naheliegende Lösung aber auch tatsächlich die *schnellste* ist, wird erst durch den Feldbaumschen Satz gesichert. Grundsätzlich wäre ja denkbar, daß ein aus mehr als zwei Trajektorienstücken zusammengesetzter Weg in noch kürzerer Zeit durchlaufen würde.

Das zeitoptimale Regelungsgesetz ist nun aus Bild 5/9 abzulesen: Liegt der Zustandspunkt $\underline{x}$ der Strecke rechts von der Schaltlinie, so muß $u = +M$ sein, damit er auf die Schaltlinie gelangt. Entsprechend muß $u = -M$ sein, wenn $\underline{x}$ links von der Schaltlinie gelegen ist. Kennzeichnen wir die optimale Schaltlinie durch die Funktion $S(x_2)$, die wir sogleich berechnen werden, so gilt also:

$$u = \begin{cases} +M, \text{ wenn } x_1 > S(x_2) \text{ bzw. } x_1 - S(x_2) > 0, \\ -M, \text{ wenn } x_1 < S(x_2) \text{ bzw. } x_1 - S(x_2) < 0. \end{cases}$$

Mittels der Signum-Funktion wird daraus

$$u = M\operatorname{sgn}\left[x_1 - S(x_2)\right] \quad \text{oder}$$

$$u = M\operatorname{sgn}\left[x_d - S(\dot{x}_d)\right]. \qquad (5.42)$$

Dies ist das *zeitoptimale Regelungsgesetz*.

Es bleibt noch $S(x_2)$ zu ermitteln. S_1 ergibt sich aus der Trajektorienschar (5.40) zu $u = -M$ als diejenige Kurve, die durch $\underline{0}$ geht:

$$x_2^2 = 2Kx_1 \quad \text{bzw.} \quad x_1 = \frac{x_2^2}{2K}, \quad x_2 < 0.$$

Entsprechend folgt für S_2 aus (5.41)

$$x_2^2 = -2Kx_1 \quad \text{bzw.} \quad x_1 = -\frac{x_2^2}{2K}, \quad x_2 > 0.$$

Insgesamt ist somit die optimale Schaltlinie durch

$$x_1 = \begin{Bmatrix} \frac{x_2^2}{2K}, & x_2 < 0 \\ -\frac{x_2^2}{2K}, & x_2 > 0 \end{Bmatrix} = -\frac{x_2^2}{2K}\operatorname{sgn} x_2 \qquad (5.43)$$

oder

$$x_d = -\frac{\dot{x}_d^2}{2K}\operatorname{sgn}\dot{x}_d = -\frac{\dot{x}_d|\dot{x}_d|}{2K} := S(\dot{x}_d) \qquad (5.44)$$

gegeben. Im Bild 5/10 ist $S(\dot{x}_d)$ skizziert.

Wie man sieht, ist das zeitoptimale Regelungsgesetz stark nichtlinear, einmal durch die Kennlinie $S(\dot{x}_d)$, vor allem

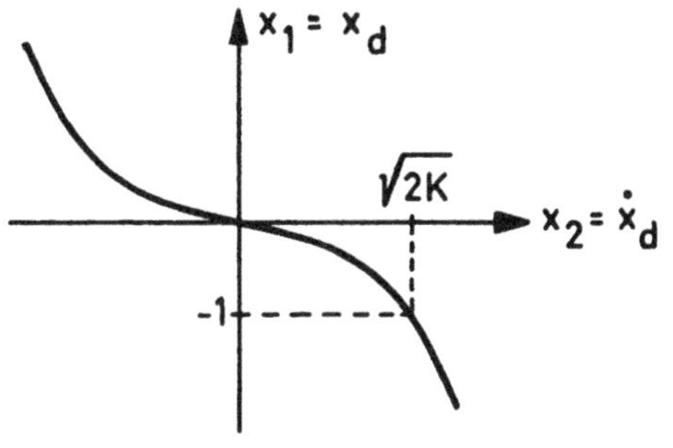

Bild 5/10 Die optimale Schaltlinie zur Regelung im Bild 5/7

aber durch die Signumfunktion. Bild 5/11 zeigt die Struktur der so erhaltenen zeitoptimalen Regelung. Dabei wird die Signum-Funktion u = Msgn[...] durch ein Zweipunktglied repräsentiert. Mißlich ist die Tatsache, daß man x_d differenzieren muß, um $\dot{x}_d$ zu erhalten, da man sich hier-

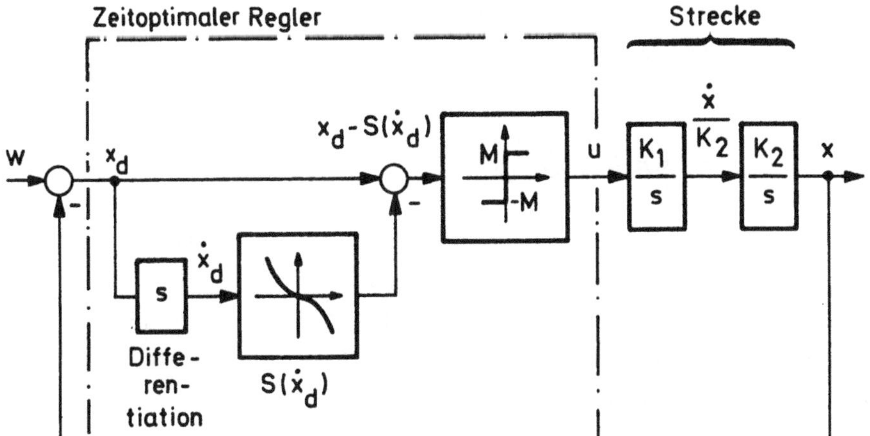

Bild 5/11 Zeitoptimaler Regler zum Bild 5/7, mittels Differentiation der Regeldifferenz gebildet

durch die bekannten Nachteile der Differentiation, wie z.B. Vergrößerung der Störwelligkeit, einhandelt.[1] Man kann dieses Problem vermeiden, wenn man berücksichtigt, daß $\dot{x}_d = -\dot{x}$ ist. Damit wird aus (5.42)

$$u = M\operatorname{sgn}[x_d - S(-\dot{x})].$$

Da S eine ungerade Funktion ist, also $S(-\dot{x}) = -S(\dot{x})$ gilt, folgt daraus weiter

$$u = M\operatorname{sgn}[x_d + S(\dot{x})]. \qquad (5.45)$$

Damit hat man eine zweite Form des zeitoptimalen Regelungsgesetzes erhalten (Bild 5/12), bei der die Differentiation der Regeldifferenz durch die Rückführung von $\dot{x}$ ersetzt ist. Voraussetzung dabei ist, daß $\dot{x}$ mit vertretbarem Aufwand gemessen werden kann. Das ist beispielsweise bei einer Lageregelung der Fall, bei der neben der Lage x, etwa einem Drehwinkel, noch die Winkelgeschwindigkeit $\dot{x}$ erfaßt und zurückgeführt wird. Die Realisierung des nichtlinearen Reglers wird zweckmäßigerweise mittels eines Mikrorechners erfolgen.

5.5 Suboptimale Regelungen

Wir wollen nun einen Gesichtspunkt erörtern, der nicht nur bei der Zeitoptimierung von Bedeutung ist, sondern ganz allgemein bei der Realisierung optimaler Regelungen eine Rolle spielt. Im Anschluß an die Betrachtungen des vorigen Abschnitts läßt er sich anschaulich belegen.

Eine optimale Regelung ist ihrer Definition nach nicht zu übertreffen, was die Erreichung des Optimierungszieles,

---

1 Siehe etwa [43], Abschnitt 7.4.

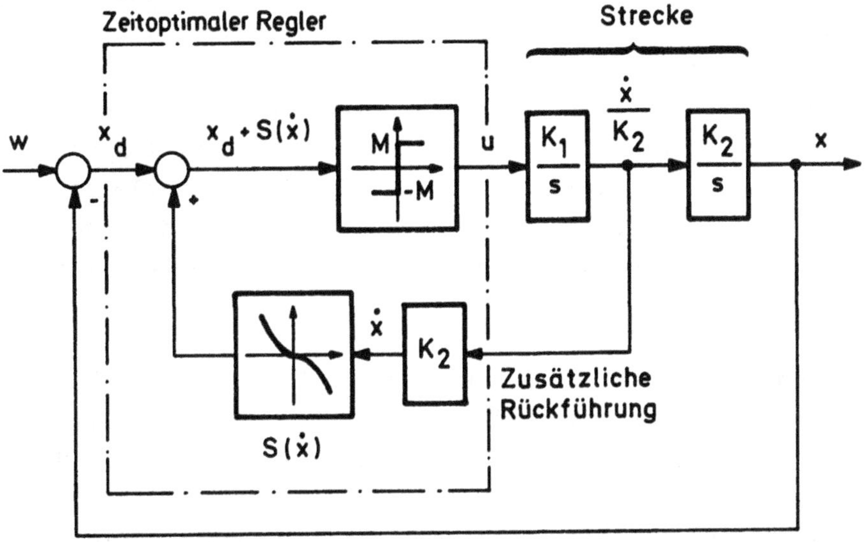

Bild 5/12 Zeitoptimaler Regler zum Bild 5/7, mittels zusätzlicher Rückführung gebildet

also die Minimierung des Gütemaßes, angeht. Es kann aber Gründe geben, von der streng optimalen Lösung abzugehen und eine nur näherungsweise Lösung zu bevorzugen, die man dann als *suboptimal* bezeichnet. Solche Gründe sind vor allem von zweierlei Art:

(I) Die streng optimale Lösung weist hinsichtlich anderer technischer Gesichtspunkte als der Optimierung schwerwiegende Nachteile auf.

(II) Es ist zu aufwendig, die streng optimale Lösung zu berechnen oder zu realisieren.

Der Verlust an Optimalität, den man beim Übergang zur suboptimalen Lösung in Kauf nehmen muß, braucht bei einer realen Aufgabe nicht allzusehr zu stören, da man die Strecke häufig doch nicht genau kennt und schon deshalb kein exaktes Minimum des Gütemaßes erreichen kann.

Als Beispiel zum Fall (I) können wir von der Regelung des vorigen Abschnitts (Bild 5/11 bzw. 5/12) ausgehen. Das im Regler enthaltene Zweipunktglied reagiert auf die geringste Abweichung seiner Eingangsgröße von Null mit dem Vollausschlag M oder -M. Die in jedem realen System vorhandene Störwelligkeit (Rauschen), führt so - obgleich ohne Belang - zu einer fortwährenden Tätigkeit des Reglers, die unnötig ist und nur die Stelleinrichtung strapaziert.

Das läßt sich verhindern, wenn man statt des Zweipunktgliedes eine Begrenzungskennlinie einführt, wie sie im Bild 5/13 dargestellt ist. Die halbe Breite a des linearen Mittelstücks wird dabei so gewählt, daß sie die in der Eingangsgröße normalerweise auftretenden Störungen abfängt.

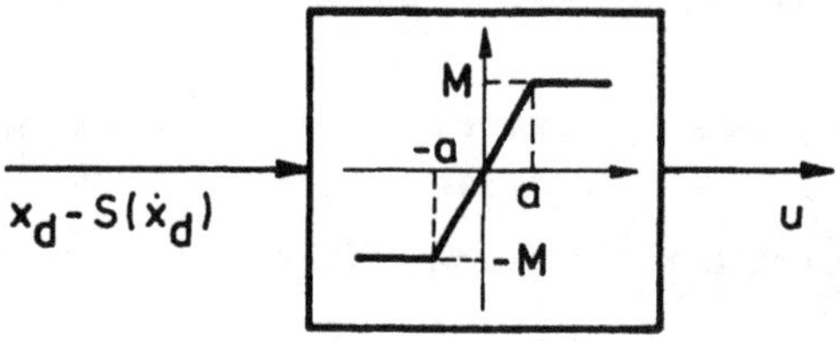

Bild 5/13 Begrenzungskennlinie

Eine weitere Forderung an den Regler in Bild 5/11 besteht darin, daß die nichtlineare Schaltlinie $S(\dot{x}_d)$ linearisiert wird, um den Realisierungsaufwand zu verringern (Argument II für eine suboptimale Regelung). Dann wird man die Kennlinie $x_d = S(\dot{x}_d)$ (Bild 5/10) in dem von der Regeldifferenz x_d überstrichenen Bereich durch eine *lineare* Kennlinie

$$x_d = -K_R \dot{x}_d$$

approximieren, wobei $K_R > 0$ geeignet zu wählen ist.

Durch diese beiden Maßnahmen erhält man die suboptimale Regelung im Bild 5/14. Aus ihm liest man ab:

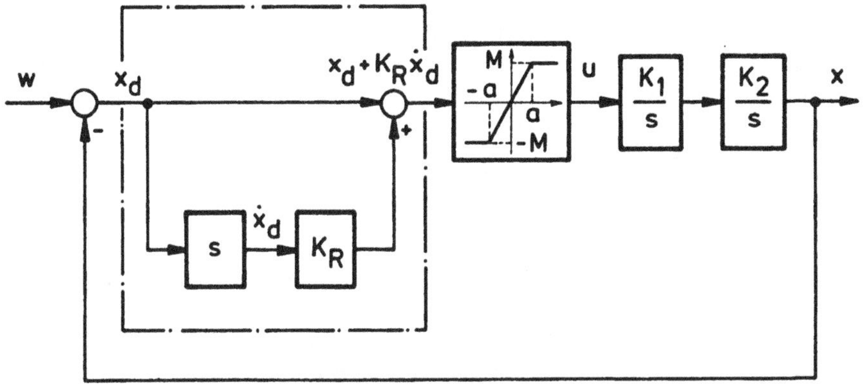

Bild 5/14 Suboptimale Regelung zum Bild 5/11

$$u = \begin{cases} -M & \text{für} \quad x_d + K_R\dot{x}_d \leq -a, \\ \frac{M}{a}(x_d+K_R\dot{x}_d) & \text{für} \quad -a \leqq x_d + K_R\dot{x}_d \leqq a, \\ M & \text{für} \quad x_d + K_R\dot{x}_d \geqq a. \end{cases}$$

Die Zustandsebene zerfällt jetzt in drei Bereiche, welche durch die beiden Schaltlinien

$$x_d = -K_R\dot{x}_d - a \quad (g_1), \quad x_d = -K_R\dot{x}_d + a \quad (g_2)$$

getrennt werden (Bild 5/15). In den beiden Außenbereichen, die zu $u = -M$ und $u = M$ gehören, sind die Trajektorien bekannt: Es sind die beiden Parabelscharen aus Bild 5/9.

Unbekannt sind jedoch zunächst die Trajektorien im mittleren Bereich. Für ihn gilt nach (5.32) die Differentialgleichung

$$\ddot{x}_d = -Vu = -\frac{K}{a}(x_d+K_R\dot{x}_d), \quad K = VM,$$

oder

$$\ddot{x}_d + a_1\dot{x}_d + a_0 x_d = 0 \quad \text{mit} \quad a_1 = \frac{KK_R}{a}, \quad a_0 = \frac{K}{a}.$$

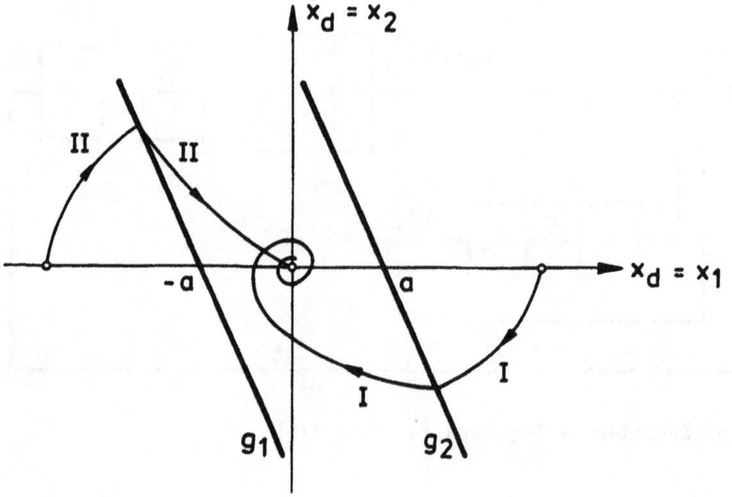

Bild 5/15 Zeitsuboptimaler Vorgang zur Regelung aus Bild 5/14

Die geometrische Gestalt der Trajektorien zu bestimmen, erfordert einige Rechnungen, die hier nicht durchgeführt werden sollen, da sie in keinem besonderen Zusammenhang mit der Optimierung stehen. Hierfür sei etwa auf [45], Band I, Abschnitt 2.2.3 verwiesen. Da a_1 und $a_0 > 0$ sind, ist die Ruhelage $\underline{x} = \underline{0}$ entweder ein stabiler Strudelpunkt oder ein stabiler Knotenpunkt. Im erstgenannten Fall sind die Trajektorien logarithmische Spiralen, die sich auf $\underline{0}$ zusammenziehen (Kurve I im Bild 5/15), im letztgenannten Fall Kurven, die gegen $\underline{0}$ streben, ohne den Ursprung zu umkreisen (Kurve II im Bild 5/15). Über der Zeitachse betrachtet, ist daher der Übergangsvorgang im ersten Fall eine abklingende Schwingung, im zweiten Fall ein abklingender "aperiodischer" Vorgang. Ein Strudelpunkt tritt auf, wenn

$$a_1^2 - 4a_0 = \frac{K}{a^2}\,(KK_R^2 - 4a) < 0$$

ist, während für $a_1^2 - 4a_0 \geq 0$ ein Knotenpunkt vorliegt. In jedem Fall ist die Ruhelage global asymptotisch stabil.

Eng mit dem Übergang von der streng optimalen zur suboptimalen Lösung hängt die Frage zusammen, wie *der zeitoptimale Regler für eine Strecke höherer als 2. Ordnung* zu gewinnen ist. Grundsätzlich läßt er sich auf die gleiche Weise konstruieren wie im Fall 2. Ordnung, nur werden die Behandlung des Problems und der sich ergebende Regler erheblich komplizierter ([7], Abschnitt 7.5). An die Stelle der optimalen Schaltlinie tritt im allgemeinen Fall eine (n-1)-dimensionale Hyperfläche, wenn n die Streckenordnung ist. Man kann versuchen, sie in dem in Frage kommenden Umschaltbereich durch eine Hyperebene zu approximieren.[1)] Man gelangt so zu einem beträchtlich einfacheren Regler, erkauft dies aber durch *sub*optimales Verhalten.

Eine ganz andere *Möglichkeit*, für eine Strecke n-ter Ordnung *zu einem einfachen suboptimalen Regler* zu gelangen, besteht in der *Einführung unterlagerter Regelkreise* (innerer Schleifen). Diese Maßnahme, die ja mit zu den stärksten regelungstechnischen Hilfsmitteln überhaupt zählt,[2)] ermöglicht unter Umständen die Reduktion der Systemordnung auf 2 und erlaubt so den Entwurf in der Zustandsebene.

Das sei am klassischen Beispiel der *Lageregelung eines Gleichstromantriebs mit unterlagerter Drehzahl- und Ankerstromregelung* skizziert. Das Bild 5/16 zeigt die Struktur einer solchen Lageregelung. Block 1 charakterisiert das Zeitverhalten der Stelleinrichtung, einer Thyristorschaltung. Durch Block 2 bis 7 wird die Dynamik des Gleichstrommotors mit der starr angekoppelten Last

1 L. BORSI: Zur Synthese annähernd zeitoptimaler Regelungen bei Systemen mit beschränkter Stellgeschwindigkeit. Regelungstechnik 21 (1973), Seite 281-289 und 332-335.

2 Siehe etwa [43], Abschnitt 7.10.1.

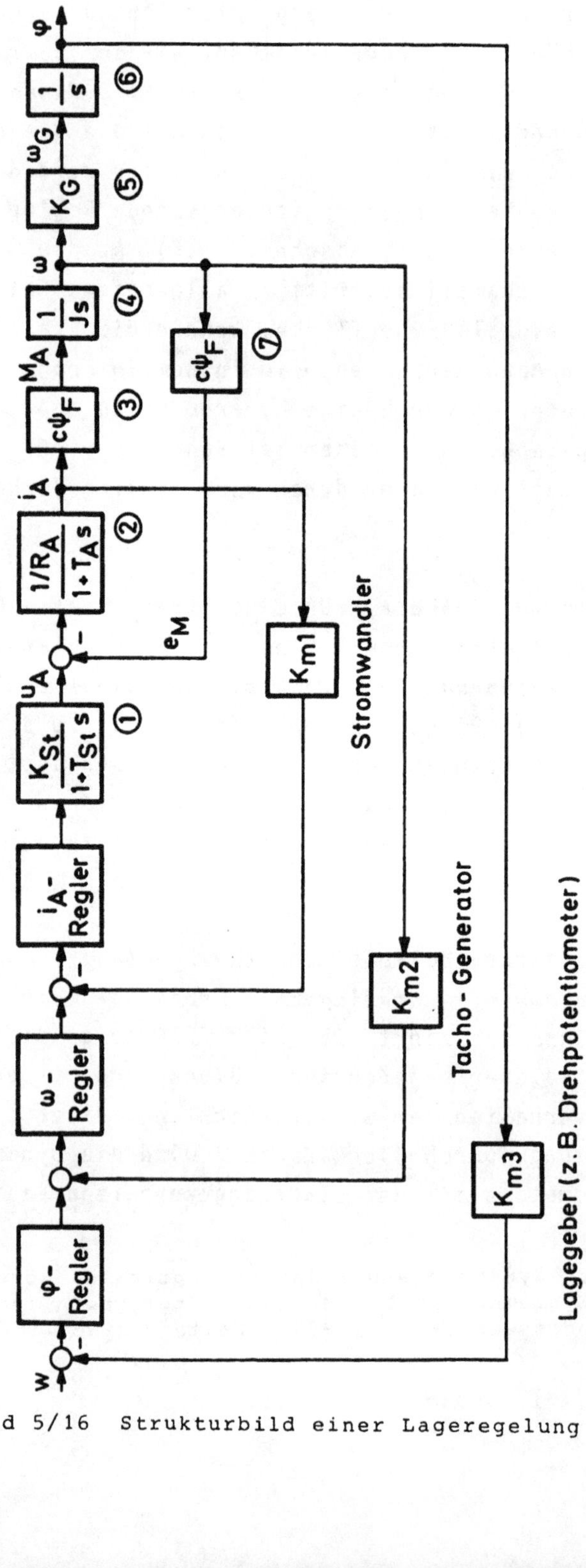

Bild 5/16 Strukturbild einer Lageregelung

beschrieben. Block 2 gibt das Verhalten des Ankerkreises wieder, Block 3 die Erzeugung des Antriebsmomentes M_A aus dem Ankerstrom i_A, das Integrierglied Block 4 den Übergang vom Antriebsmoment zur Winkelgeschwindigkeit ω des Motors, die dessen Drehzahl proportional ist. Das Proportionalglied Block 5 beschreibt ein Getriebe zur Heruntersetzung der Drehzahl von ω nach ω_G und Block 6 die Integration, durch die aus der Winkelgeschwindigkeit ω_G der Drehwinkel φ des angetriebenen Objekts erzeugt wird. Das Proportionalglied Block 7 schließlich stellt die Erzeugung der Gegen-EMK e_M aus der Winkelgeschwindigkeit ω dar.

Drei Rückführungen sind vorgesehen: Die Lage φ wird durch einen Lagegeber erfaßt, die Drehzahl bzw. die zu ihr proportionale Winkelgeschwindigkeit ω durch eine Drehzahlmeßeinrichtung, etwa einen Tacho-Generator, und der Ankerstrom i_A durch einen Stromwandler. Jeder dieser drei Rückführungen ist ein Regler zugeordnet, so daß man innerhalb der eigentlichen Lageregelung noch zwei unterlagerte Regelkreise hat, die Drehzahlregelung und die Ankerstromregelung.

Da die Änderungen der Gegen-EMK e_M proportional zur Drehzahl und damit gegenüber den Vorgängen im Ankerstromkreis relativ langsam erfolgen, kann man e_M als äußere Störgröße auffassen, die durch den i_A-Regler ausgeregelt wird. Für die folgende Betrachtung kann daher die Rückführung über Block 7 und die Einspeisung von e_M zwischen Block 1 und 2 vernachlässigt werden. Wenn man dann den i_A-Regler geeignet auslegt, und zwar als konventionellen Regler, etwa als PI-, PID- oder PD-Regler, so wird die geschlossene Ankerstromregelung (innerste Schleife) so schnell, daß ihr Zeitverhalten gegenüber dem Zeitverhalten der nachfolgenden I-Glieder vernachlässigt werden kann. Die geschlossene Ankerstromregelung kann daher mit genügender Näherung als Proportionalglied angesehen werden, das etwa den Verstärkungsfaktor K_A hat. Man gelangt so zum Bild 5/17a. Darin wurden φ - und ω-Regler zu *einem* gemeinsam zu entwerfenden Regler zusammengefaßt. Verlegt man nun die in den Rückführungen liegenden Blöcke vor die vorangehenden Verzweigungsstellen und faßt anschließend die in Reihe gelegenen Blöcke zusammen, so ergibt sich Bild 5/17b. Die so erhaltene resultierende Strecke besteht aus zwei I-Gliedern, deren Ausgänge zurückgeführt werden. Damit liegt die Streckenstruktur von Bild 5/12 vor, und der zeitoptimale Regler kann wie dort bestimmt werden.

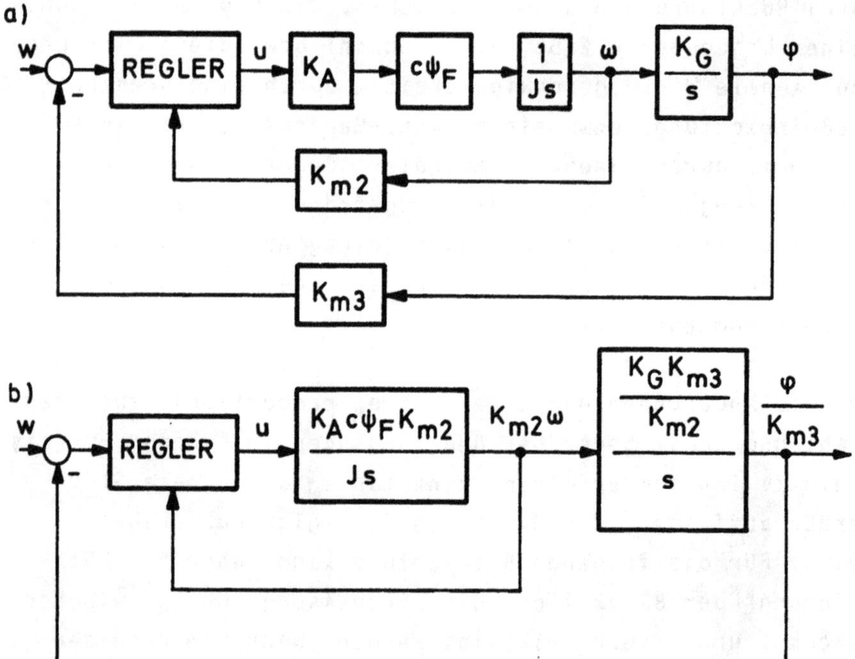

Bild 5/17 Umformung der Struktur aus Bild 5/16

Auf diese Weise ist es also möglich, für eine Strecke 4. Ordnung (einschließlich Stelleinrichtung) einen zeitsuboptimalen Entwurf in der Zustandsebene durchzuführen.

Nach dem vorstehend beschriebenen Prinzip wurden zahlreiche Lageregelungen zeitsuboptimal entworfen. Die Reduktion des Systems höherer Ordnung durch Einführung unterlagerter Regelkreise muß dabei nicht immer auf die Reihenschaltung zweier I-Glieder führen. Vielmehr kann sich auch die Reihenschaltung eines I-Gliedes und eines Verzögerungsgliedes 1. Ordnung ($P\text{-}T_1$-Gliedes) ergeben, oder es kann zu diesen noch eine Totzeit hinzutreten. Entscheidend ist nur, daß die resultierende Strecke in der Zustandsebene behandelt werden kann, also nur die Ordnung 2 hat (wozu noch eine Totzeit treten darf[1)]). Ein zeitsuboptimaler Lageregelungsentwurf, der komplizierter ist als der vorstehend umrissene, wird im Abschnitt 2.5 des unten zitierten Buches behandelt.

1 Die Berücksichtigung einer Streckentotzeit beim zeitsuboptimalen Entwurf kann in der gleichen Weise erfolgen wie generell die Berücksichtigung von Totzeit in der Zustandsebene. Siehe hierzu [45], Band I, Abschnitt 2.3.4.

5.6 Entwurf zeitoptimaler Regelungen mit nichtreellen Eigenwerten

Hat ein System auch nichtreelle Eigenwerte, so verliert der Satz von Feldbaum seine Gültigkeit, und es läßt sich keine allgemeine Angabe über die Zahl der Umschaltungen machen. Erhalten bleibt jedoch die Tatsache, daß die Komponenten des zeitoptimalen Steuervektors stückweise konstant sind, nämlich abwechselnd am oberen und unteren Anschlag liegen.

Auch hier läßt sich der Entwurf zeitoptimaler Regelungen für Strecken 2. Ordnung sehr anschaulich in der Zustandsebene durchführen. Das sei jetzt am Beispiel der Strecke von Bild 5/19 gezeigt, die ein ungedämpftes Schwingungsglied darstellt. Das Verfahren läßt sich auch auf ein gedämpftes Schwingungsglied übertragen, wobei allerdings die Trajektorien der Strecke kompliziertere Gestalt haben ([26], Abschnitt 2.5; [30], § 21). Es sei wieder $|u| \leq M$.

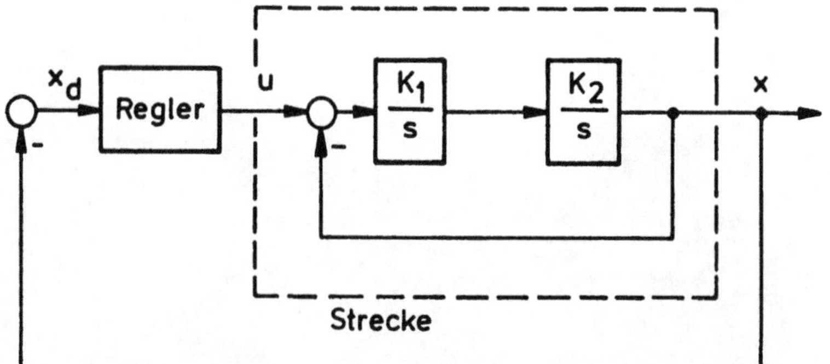

Bild 5/19 Regelung einer Strecke mit nichtreellen Eigenwerten

Es gilt nun

$$X(s) = \frac{\frac{V}{s^2}}{1+\frac{V}{s^2}} U(s) = \frac{V}{s^2+V} U(s), \; V = K_1K_2. \qquad (5.46)$$

Die Strecke hat also das imaginäre Eigenwertpaar

$$\lambda_{1,2} = \pm\sqrt{-V} = \pm j\sqrt{V}\,.$$

Aus (5.46) erhält man

$$s^2X(s) + VX(s) = VU(s), \text{ also}$$

$$\ddot{x}(t) + Vx(t) = Vu(t). \qquad (5.47)$$

Wegen $x_d = -x$ ist

$$\dot{x}_d = -\dot{x}, \text{ also } \ddot{x}_d = -\ddot{x},$$

und damit folgt aus (5.47):

$$\ddot{x}_d + Vx_d = -Vu. \qquad (5.48)$$

Um weiterhin möglichst übersichtliche geometrische Verhältnisse zu erhalten, wählen wir als Zustandsvariable

$$x_1 = x_d, \quad x_2 = \frac{1}{\sqrt{V}}\dot{x}_d. \qquad (5.49)$$

Dann wird nämlich

$$\dot{x}_1 = \sqrt{V}x_2, \qquad (5.50)$$

$$\sqrt{V}\dot{x}_2 + Vx_1 = -Vu \quad \text{oder}$$

$$\dot{x}_2 = -\sqrt{V}x_1 - \sqrt{V}u \tag{5.51}$$

und damit

$$\frac{dx_2}{dx_1} = \frac{-x_1-u}{x_2} . \tag{5.52}$$

Die resultierende Zustandsdifferentialgleichung ist auf diese Weise parameterfrei geworden, was die Betrachtung ihrer Lösungsschar und die daran anknüpfenden Untersuchungen erleichtert.

Der Anfangszustand

$$\underline{x}_0 = \begin{bmatrix} x_{10} \\ x_{20} \end{bmatrix}$$

sei beliebig, der Endzustand durch

$$\underline{x}_e = \begin{bmatrix} 0 \\ 0 \end{bmatrix} = \underline{0}$$

gegeben.

Aus (5.52) folgt durch Trennung der Veränderlichen

$$x_2 dx_2 = -x_1 dx_1 - u dx_1, \quad u = \pm M,$$

also durch Integration

$$\frac{1}{2}\, x_2^2 = -\frac{1}{2}\, x_1^2 - u x_1 + \text{const},$$

$$x_1^2 + 2ux_1 + x_2^2 = \text{const.}$$

Addiert man auf beiden Seiten die Konstante u^2, so wird daraus

$$(x_1+u)^2 + x_2^2 = C$$

mit dem Integrationsparameter C. Als Trajektorien erhält man somit zwei Kreisscharen (Bild 5/20):

$$u = -M: \quad (x_1-M)^2 + x_2^2 = C, \tag{5.53}$$

$$u = +M: \quad (x_1+M)^2 + x_2^2 = C. \tag{5.54}$$

Sie werden im Uhrzeigersinn umlaufen, wie aus (5.50) folgt. Die Umlaufzeit ergibt sich aus der Differentialgleichung (5.48). Diese ist vom Typ der ungedämpften Schwingungsdifferentialgleichung mit $\omega_0^2 = V$. Daher ist die Umlaufzeit

$$T_0 = \frac{2\pi}{\omega_0} = \frac{2\pi}{\sqrt{V}}. \tag{5.55}$$

Ein Halbkreis aus Bild 5/20 wird also in der Zeit $\pi/\sqrt{V}$ *durchlaufen.*

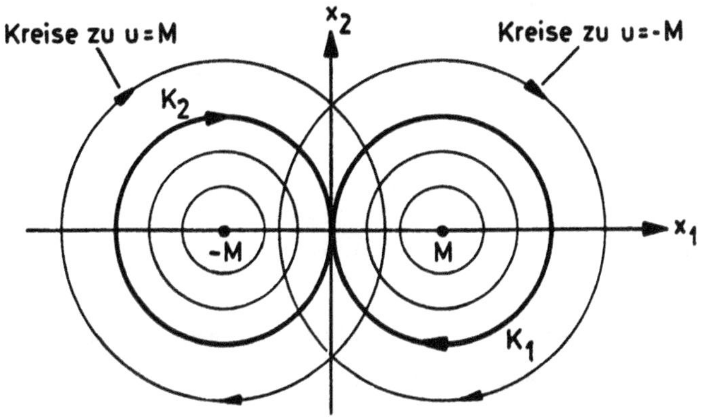

Bild 5/20 Trajektorien der Strecke aus Bild 5/19 für $u = \pm M$

Der Zustandspunkt der zu entwerfenden zeitoptimalen Regelung kann sich nur auf Kreisbögen aus Bild 5/20 bewegen. Um zu erkennen, wie er umgeschaltet wird, hat man die zeitoptimale Steuerfunktion u*(t) zu bestimmen. Da nach (5.50), (5.51)

$$\underline{A} = \begin{bmatrix} 0 & \sqrt{V} \\ -\sqrt{V} & 0 \end{bmatrix}, \quad \underline{b} = \begin{bmatrix} 0 \\ -\sqrt{V} \end{bmatrix}$$

ist, folgt zunächst aus (5.12)

$$u^*(t) = M\operatorname{sgn}\left(-\sqrt{V}\,\psi_2(t)\right).$$

Da die Signum-Funktion ungerade ist und $\sqrt{V}$ keinen Einfluß auf sie hat, kann man dafür auch schreiben:

$$u^*(t) = -M\operatorname{sgn}\psi_2(t). \tag{5.56}$$

Für die adjungierten Differentialgleichungen erhält man wegen $\underline{\dot{\psi}} = -\underline{A}^T\underline{\psi}$ im vorliegenden Fall:

$$\begin{bmatrix} \psi_1 \\ \psi_2 \end{bmatrix}^{\bullet} = -\begin{bmatrix} 0 & -\sqrt{V} \\ \sqrt{V} & 0 \end{bmatrix}\begin{bmatrix} \psi_1 \\ \psi_2 \end{bmatrix},$$

also

$$\dot{\psi}_1 = \sqrt{V}\,\psi_2,$$

$$\dot{\psi}_2 = -\sqrt{V}\,\psi_1.$$

Durch Differentiation der zweiten Differentialgleichung und Einsetzen der ersten resultiert

$$\ddot{\psi}_2 + V\psi_2 = 0.$$

Da dies eine ungedämpfte Schwingungsdifferentialgleichung mit der Kreisfrequenz $\omega_0 = \sqrt{V}$ ist, kann man die allgemeine Lösung in der Form

$$\psi_2 = A\sin(\sqrt{V}t - \alpha) \tag{5.57}$$

schreiben, wobei $A > 0$ und α Integrationsparameter sind. Aus (5.56) folgt so, da $A > 0$ keinen Einfluß auf die Signum-Funktion hat:

$$u^*(t) = -M\operatorname{sgn}\left(\sin(\sqrt{V}t-\alpha)\right). \tag{5.58}$$

Die Umschaltungen finden somit zu den Zeitpunkten $\sqrt{V}t_\nu-\alpha = \nu\pi$ oder

$$t_\nu = \frac{\alpha}{\sqrt{V}} + \nu\frac{\pi}{\sqrt{V}}, \quad \nu \text{ ganz},$$

statt. Man hat damit den im Bild 5/21 wiedergegebenen Verlauf von $u^*(t)$. Dabei ist angenommen, daß unmittelbar nach $t = 0$ $u^* = -M$ ist. Ebenso könnte dort aber auch $u^* = +M$ sein. Wie man sieht, erfolgen die *Umschaltungen im konstanten Abstand* $\pi/\sqrt{V}$.

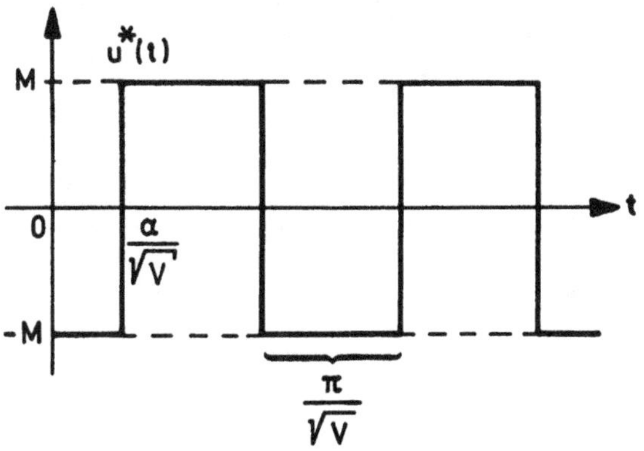

Bild 5/21 Zeitoptimale Steuerfunktion eines ungedämpften Schwingungsgliedes

Bei der Konstruktion der optimalen Trajektorien und der optimalen Schaltlinie gehen wir von der Tatsache aus, daß der Zustandspunkt der optimalen Regelung nur auf einem der beiden im Bild 5/20 stärker gezeichneten Kreise K_1 und K_2 in den Zielpunkt $\underline{x}_e = \underline{0}$ einlaufen kann. Nehmen wir etwa an, es sei K_1, so daß also zuletzt $u = -M$ ist. Da ein Halbkreis in der Zeit $\pi/\sqrt{V}$ durchlaufen, aber auch im Zeitabstand $\pi/\sqrt{V}$ umgeschaltet wird, muß der letzte Umschaltpunkt U auf dem unteren Halbkreis H_1 von K_1 liegen (Bild 5/22). Verfolgt man die optimale Trajektorie weiter rückwärts, so ist vor U $u = +M$, so daß ein Kreisbogen um (-M,0) durchlaufen wird. Da der Schaltabstand $\pi/\sqrt{V}$ beträgt, wird genau ein Halbkreis durchlaufen, nämlich H_2, wodurch man zum vorletzten Umschaltpunkt U' gelangt. Usw.

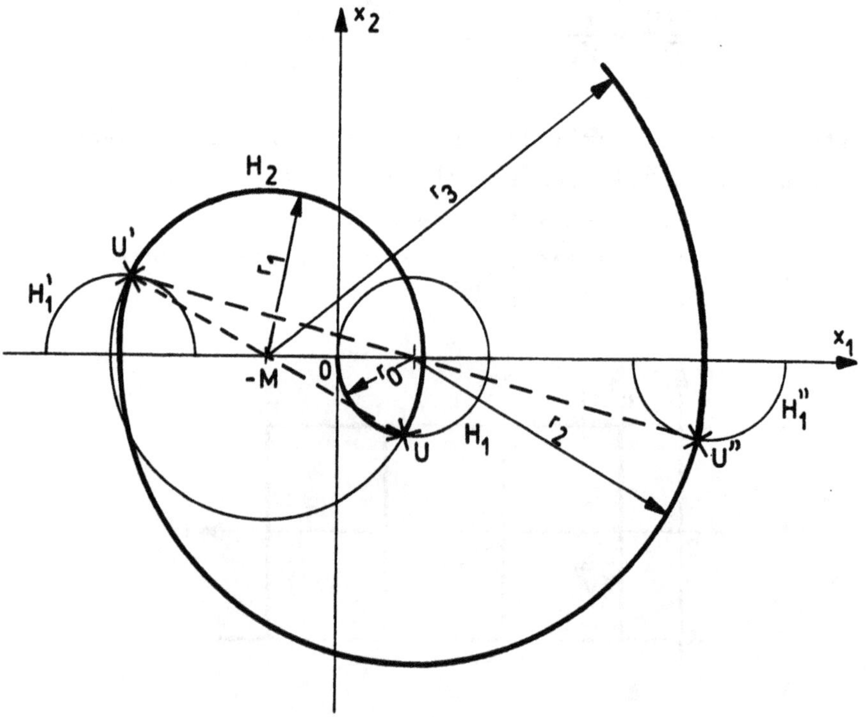

Bild 5/22 Konstruktion der optimalen Schaltlinie zum ungedämpften Schwingungsglied

Der letzte Umschaltpunkt U kann irgendwo auf dem Halbkreis H_1 liegen. Denkt man sich ihn über den gesamten Halbkreis verschoben, so wird der vorletzte Umschaltpunkt U' starr mitverschoben und durchläuft dabei einen zu H_1 kongruenten Halbkreis H_1' um den Mittelpunkt (-3M,0). Gleichzeitig beschreibt der drittletzte Umschaltpunkt U" einen ebenfalls zu H_1 kongruenten Halbkreis H_1'' um (+5M,0). So fortfahrend erhält man die eine Hälfte der optimalen Schaltlinie. Die andere Hälfte ergibt sich, wenn man die gleiche Betrachtung unter der Annahme durchführt, daß der Zustandspunkt auf dem Kreis K_2 aus Bild 5/20 in den Endpunkt $\underline{0}$ einläuft. Insgesamt erhält man so den im Bild 5/23 dargestellten girlandenförmigen Verlauf der optimalen Schaltlinie $x_2 = S(x_1)$.

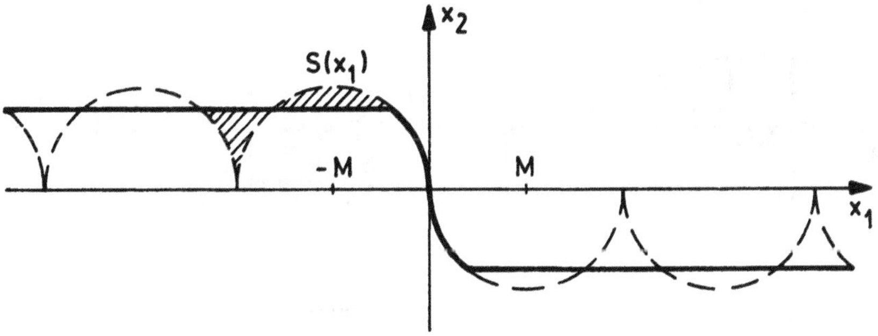

Bild 5/23 Optimale Schaltlinie $x_2 = S(x_1)$ - - -
Suboptimale Schaltlinie ———

Das optimale Regelungsgesetz kann man jetzt sofort aus Bild 5/22 ablesen: Ist $x_2 > S(x_1)$, so muß sich der Zustandspunkt auf einem Kreisbogen um (-M,0) bewegen, so daß u = +M sein muß. Da Entsprechendes für $x_2 < S(x_1)$ gilt, hat man das optimale Regelungsgesetz

$$u = \left\{\begin{array}{lll} -M & \text{für} & x_2 - S(x_1) < 0 \\ +M & \text{für} & x_2 - S(x_1) > 0 \end{array}\right\} = M\,\mathrm{sgn}\big(x_2 - S(x_1)\big). \quad (5.59)$$

Darin ist nach (5.49)

$$x_1 = x_d, \quad x_2 = \frac{1}{\sqrt{V}}\dot{x}_d = -\frac{1}{\sqrt{V}}\dot{x},$$

so daß

$$u = M\,\mathrm{sgn}\left[-\frac{\dot{x}}{\sqrt{V}} - S(x_d)\right]. \tag{5.60}$$

Im Bild 5/24 ist die Struktur der so erhaltenen zeitoptimalen Regelung wiedergegeben.

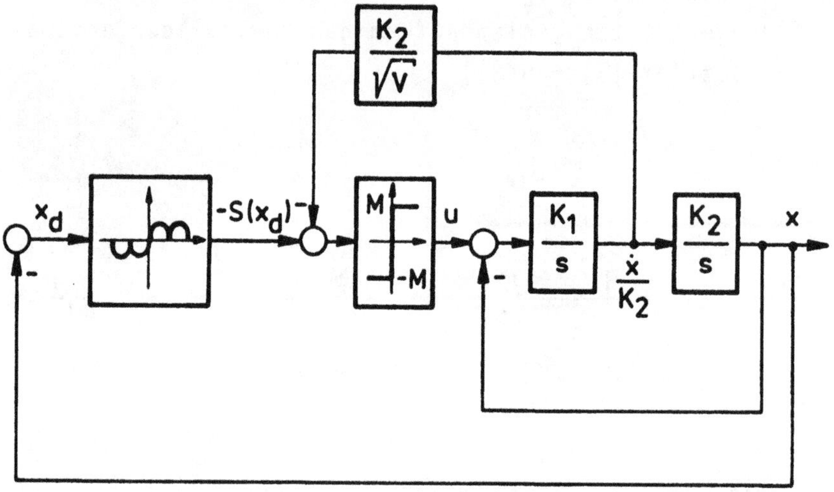

Bild 5/24 Zeitoptimale Regelung zum Bild 5/19

Um die aufwendige Realisierung der optimalen Schaltlinie zu vermeiden, kann man zu der im Bild 5/23 gezeichneten suboptimalen Schaltlinie übergehen, wobei die approximierende Gerade etwa so gewählt ist, daß die schraffierten Flächen gleich sind.

6 Weitere Anwendungen des Maximumprinzips

Zeitoptimale Fragestellungen gehören neben der Minimierung eines quadratischen Gütemaßes zu den häufigsten Optimierungsproblemen. Im Unterschied zum letztgenannten Problemtyp sind sie nur sinnvoll, wenn die Beschränkung der Steuergröße berücksichtigt wird. Gäbe es unbeschränkte Steuergrößen, so könnte man beliebig schnelles Übergangsverhalten dadurch erzielen, daß man zu Beginn des Steuervorgangs genügend hohe Impulse aufschaltet. Wegen der stets vorhandenen Beschränkung sind diese jedoch unwirksam. Alles, was man tun kann, besteht darin, mit der Steuergröße an die Begrenzung zu gehen - wie dies im vorigen Kapitel näher beschrieben wurde. Zeitoptimale Fragestellungen sind also nie mit den Mitteln der klassischen Variationsrechnung zu behandeln, sondern führen zwangsläufig auf das Maximumprinzip.

Im vorliegenden Kapitel soll an zwei Aufgabenstellungen aus verschiedenartigen Gebieten exemplarisch gezeigt werden, wie man das Maximumprinzip auf andere als zeitoptimale Probleme anwenden kann.

6.1 Treibstoffoptimales Problem

6.1.1 Problemstellung

Das Drehmanöver eines Raumfahrzeugs werde betrachtet (Bild 6/1). Zustandsvariable sind der Drehwinkel φ und die Winkelgeschwindigkeit $\dot{\varphi}$:

$$x_1 = \varphi, \quad x_2 = \dot{\varphi}. \tag{6.1}$$

Das Raumfahrzeug soll aus dem *Anfangszustand*

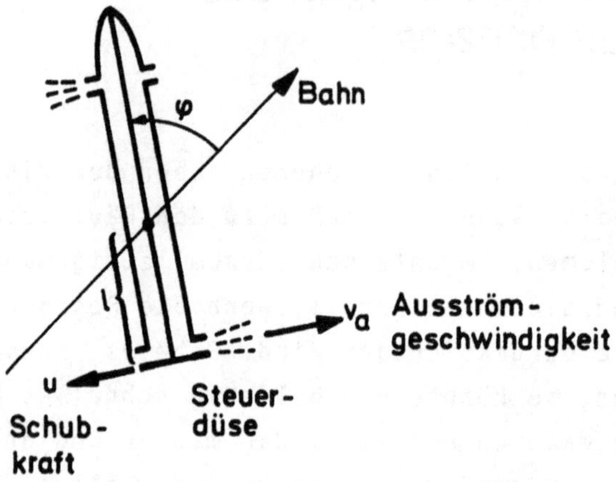

Bild 6/1 Drehmanöver eines Raumfahrzeugs

$$\underline{x}_0 = \begin{bmatrix} x_1(0) \\ x_2(0) \end{bmatrix} = \begin{bmatrix} \varphi_0 \\ 0 \end{bmatrix} \qquad (6.2)$$

in seine Bahn, also in den *Endzustand*

$$\underline{x}_e = \begin{bmatrix} x_1(t_e) \\ x_2(t_e) \end{bmatrix} = \begin{bmatrix} 0 \\ 0 \end{bmatrix}, \qquad (6.3)$$

zurückgedreht werden. Die Zeit t_e für dieses Drehmanöver ist vorgeschrieben.

Der Treibstoffverbrauch soll dabei möglichst klein gehalten werden. Nun gilt für die Schubkraft

$$u = -\frac{d}{dt}(m_a v_a) = -(\dot{m}_a v_a + m_a \dot{v}_a),$$

wobei $m_a(t)$ die seit Beginn des Manövers ausgeströmte Masse und v_a die Ausströmgeschwindigkeit ist. Nimmt man letztere als konstant an, so wird $\dot{v}_a = 0$ und damit

$$\dot{m}_a = -\frac{u}{v_a}.$$

Da u und v_a entgegengesetzt gerichtet sind, kann man dafür schreiben

$$\dot{m}_a = \frac{|u|}{|v_a|}.$$

Daraus folgt

$$m_a(t_e) = \frac{1}{|v_a|}\int_0^{t_e} |u|dt.$$

Man gelangt so zur Forderung, das *Gütemaß*

$$J = \int_0^{t_e} |u(t)|dt \tag{6.4}$$

zum Minimum zu machen. Dabei ist zu beachten, daß der Schub beschränkt ist:

$$|u(t)| \leqq M. \tag{6.5}$$

Die Bewegungsgleichung der Strecke lautet bei Abwesenheit von Dämpfungskräften

$$\Theta\ddot{\varphi} = -\ell u$$

oder

$$\ddot{\varphi} = -Vu, \quad V = \frac{\ell}{\Theta}, \tag{6.6}$$

wobei Θ das Trägheitsmoment des Raumfahrzeugs und ℓ der Kraftarm des Schubs u ist. Mit (6·1) folgen daraus die *Zustandsdifferentialgleichungen*

$$\dot{x}_1 = x_2, \tag{6.7}$$

$$\dot{x}_2 = -Vu. \tag{6.8}$$

6.1.2 Anwendung des Maximumprinzips

Um das Maximumprinzip anzuwenden, bilden wir die *Hamilton-Funktion*

$$H = -|u| + \psi_1 x_2 + \psi_2(-Vu). \tag{6.9}$$

Wegen

$$|u| = \begin{cases} -u, & u \leqq 0, \\ u, & u \geqq 0, \end{cases}$$

folgt daraus

$$H = \begin{cases} \psi_1 x_2 + (1-V\psi_2)u, & u \leqq 0, \\ \psi_1 x_2 - (1+V\psi_2)u, & u \geqq 0. \end{cases} \tag{6.10}$$

Bei der Maximierung kann man sich auf den Anteil

$$\tilde{H} = \begin{cases} -(V\psi_2-1)u, & u \leqq 0, \\ -(V\psi_2+1)u, & u \geqq 0 \end{cases} \tag{6.11}$$

beschränken.

Nun sind drei Fälle zu unterscheiden:

(I) $V\psi_2 < -1$

Dann sind beide Koeffizienten von u in (6.11) positiv. Man erhält so für $\tilde{H}$ den Verlauf im Bild 6/2, links. Daher ist $u^* = +M$.

(II) $V\psi_2 > 1$.

Jetzt sind die beiden Koeffizienten von u in (6.11) negativ. $\tilde{H}$ hat deshalb den Verlauf im Bild 6/2, Mitte, so daß $u^* = -M$.

(III) $-1 < V\psi_2 < 1$.

Daraus folgt einerseits
$V\psi_2 - 1 < 0$, also $-(V\psi_2 - 1) > 0$,
andererseits
$V\psi_2 + 1 > 0$, also $-(V\psi_2 + 1) < 0$.
Man erhält daher den $\tilde{H}$-Verlauf im Bild 6/2, rechts. Daher ist $u^* = 0$.
Dieser Fall ist insofern interessant, als kein Randmaximum vorliegt, das Maximum aber dennoch nicht mittels der Bedingung $\frac{\partial H}{\partial u} = 0$ erkannt werden kann, weil H an der Stelle u = 0 eine Ecke hat und deshalb an dieser Stelle nicht differenzierbar ist.

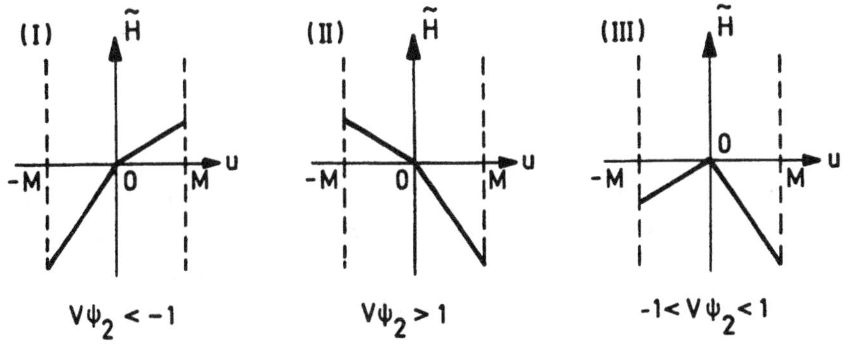

Bild 6/2 Zur Abhängigkeit der Hamilton-Funktion von u beim treibstoffoptimalen Problem

Zusammenfassend hat man

$$u^* = \begin{cases} M, & V\psi_2 < -1, \\ 0, & -1 < V\psi_2 < 1, \\ -M, & V\psi_2 > 1. \end{cases} \tag{6.12}$$

Um nunmehr $\psi_2(t)$ zu ermitteln, stellt man *die adjungierten Differentialgleichungen* gemäß

$$\dot{\psi}_i = -\frac{\partial H}{\partial x_i}, \quad i = 1,2,$$

auf. Aus (6.9) folgt so

$$\dot{\psi}_1 = 0, \tag{6.13}$$

$$\dot{\psi}_2 = -\psi_1. \tag{6.14}$$

Daraus erhält man zunächst

$$\psi_1(t) = C_1 \tag{6.15}$$

und damit wegen $\dot{\psi}_2 = -C_1$

$$\psi_2(t) = -C_1 t + C_2, \tag{6.16}$$

wobei C_1 und C_2 Integrationsparameter sind.

Über der t-Achse aufgetragen, ist somit $\psi_2(t)$, also auch $V\psi_2(t)$, eine Gerade. Bild 6/3 zeigt die Situation für irgendeine Lage der Geraden. Für $V\psi_2(t) = -1$ und für $V\psi_2(t) = 1$ wird umgeschaltet. Die Lage der Geraden kann verschieden sein, zwei *allgemeine* Eigenschaften lassen sich jedoch sofort aus Bild 6/3 ablesen:

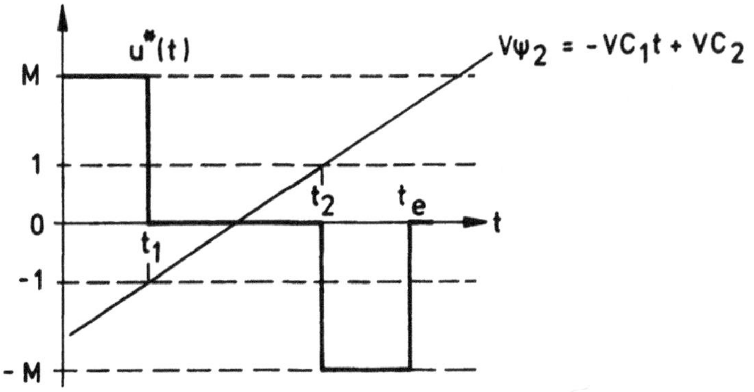

Bild 6/3 Treibstoffoptimale Steuerfunktion

- Es gibt höchstens 2 Umschaltungen.
- Eine Umschaltung von $u = -M$ auf $u = +M$ oder umgekehrt kann nur über $u = 0$ erfolgen.

Im Bild 6/3 sind t_1 und t_2 die beiden Umschaltzeitpunkte. t_1 trennt den Beschleunigungsvorgang von der Freiflugphase ($u = 0$), t_2 diese vom Bremsvorgang. *Charakteristischer Unterschied gegenüber der zeitoptimalen Steuerfunktion ist das Auftreten einer Phase mit* $u = 0$ - verständlicherweise, da hierbei Treibstoff gespart wird.

Damit ist die allgemeine Gestalt der treibstoffoptimalen Steuerfunktion gefunden. Ehe wir uns ihrer Berechnung im einzelnen zuwenden, ist die Frage zu erörtern, wie es mit dem *singulären Fall des Maximumprinzips* steht.

6.1.3 Singulärer Fall

Er tritt ein, wenn in einem t-Intervall I_S aus $[0,t_e]$ entweder $1 - V\psi_2(t) = 0$ oder $1 + V\psi_2(t) = 0$ ist. Betrachten wir etwa den ersteren Fall. Dann ist in I_S

$$\psi_2(t) = \frac{1}{V}, \qquad (6.17)$$

also

$$\dot{\psi}_2(t) = 0. \tag{6.18}$$

Aus (6.14) folgt damit

$$\psi_1(t) = 0 \text{ in } I_S. \tag{6.19}$$

Nach (6.15) muß $\psi_1(t)$ konstant sein, ganz gleich, ob der singuläre oder nichtsinguläre Fall vorliegt. Weiterhin muß die zur optimalen Lösung gehörende Funktion $\psi_1(t)$ nach dem Maximumprinzip stetig sein. Ist sie daher in einem Intervall I_S gleich Null, so muß sie dies im ganzen Intervall $[0,t_e]$ sein. Andernfalls nämlich müßte sie, da sie ja nur konstante Werte annehmen kann, Sprünge aufweisen. Also gilt:

$$\psi_1(t) = 0 \quad \text{für } \textit{alle } t \text{ aus } [0,t_e]. \tag{6.20}$$

Aus (6.14) folgt dann weiter, daß $\psi_2(t)$ in $[0,t_e]$ konstant sein muß. Nach (6.17) gilt daher, wenn man auch hier die Stetigkeit von $\psi_2(t)$ beachtet:

$$\psi_2(t) = \frac{1}{V} \quad \text{für } \textit{alle } t \text{ aus } [0,t_e]. \tag{6.21}$$

Aus (6.10) folgt damit für alle diese t

$$H = \begin{cases} 0 & u \leqq 0, \\ -2u, & u \geqq 0. \end{cases} \tag{6.22}$$

Das Bild 6/4 zeigt diesen Verlauf. Die Forderung, daß u ein Maximum von H erzeugen soll, liefert jetzt lediglich die unendlich vieldeutige Aussage, daß in $[0,t_e]$ $u(t) \leqq 0$ sein muß.

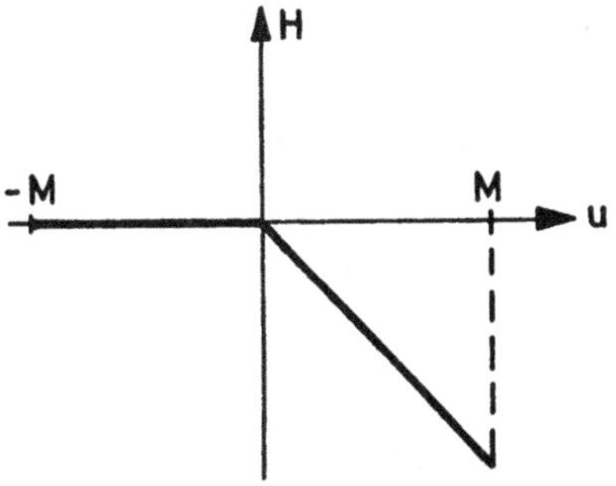

Bild 6/4 Singulärer Fall des Maximumprinzips

Um weiterzukommen, greifen wir auf die Zustandsdifferentialgleichung (6.8) zurück. Aus ihr folgt durch Integration

$$x_2(t) = -V \int_0^t u(\tau)d\tau + x_2(0),$$

also wegen der Anfangsbedingung (6.2)

$$x_2(t) = -V \int_0^t u(\tau)d\tau. \qquad (6.23)$$

Aufgrund der Endbedingung (6.3) muß gelten:

$$\int_0^{t_e} u(\tau)d\tau = 0.$$

Da in $[0,t_e]$ $u(t) \leqq 0$ ist, kann diese Gleichung nur erfüllt sein, wenn

$$u(t) = 0 \quad \text{für alle } t \text{ aus } [0,t_e].$$

Wegen (6.23) führt dies zu

$$x_2(t) = 0 \quad \text{für } \textit{alle } t \text{ aus } [0,t_e].$$

Nach (6.7) muß dann in $0 \leqq t \leqq t_e$

$$\dot{x}_1(t) = 0, \text{ also } x_1(t) \text{ konstant}$$

sein. D.h. aber: $x_1(t)$ kann nicht die Anfangsbedingung $x_1(0) = \varphi_0 \neq 0$ *und* die Endbedingung $x_1(t_e) = 0$ erfüllen.

Man hat so das Resultat, daß *der singuläre Fall des Maximumprinzips keine Lösung des Optimierungsproblems* liefert.

6.1.4 Optimale Steuerfunktion

Wenn wir nun zur Bestimmung der treibstoffoptimalen Steuerfunktion $u^*(t)$ zurückkehren, so sind noch die Umschaltzeitpunkte zu berechnen, um u^* genau zu kennen. Wir bedienen uns dabei der gleichen Methode, die wir schon zur Berechnung der Schaltzeitpunkte im zeitoptimalen Fall entwickelt haben (Abschnitt 5.3). Gehen wir etwa von einer Anfangslage $\varphi_0 > 0$ aus, so muß nach Bild 6/1 zunächst $u = M$ aufgeschaltet, also nach (6.8) mit $\dot{x}_2 = -VM = -K$ beschleunigt werden, um die Anfangslage schließlich auf Null zurückzusetzen. Damit hat man die Steuerfunktion

$$u^*(t) = \begin{cases} M, & 0 < t < t_1, \\ 0, & t_1 < t < t_2, \\ -M, & t_2 < t < t_e, \end{cases} \tag{6.24}$$

worin nunmehr t_1 und t_2 zu berechnen sind.

Ist (entsprechend Abschnitt 5.3)

$$\underline{x}(t) = \int_0^t \underline{\phi}(t-\tau)\underline{b}u(\tau)d\tau + \underline{\phi}(t)\underline{x}_0$$

die allgemeine Lösung der Zustandsdifferentialgleichung

$$\dot{\underline{x}} = \underline{A}\,\underline{x} + \underline{b}\,u$$

der Strecke, so muß also für $t = t_e$ gelten:

$$\int_0^{t_e} \underline{\phi}(t_e-\tau)\underline{b}u(\tau)d\tau + \underline{\phi}(t_e)\underline{x}_0 = \underline{0}.$$

Durch Linksmultiplikation mit $\underline{\phi}^{-1}(t_e)$ folgt

$$\int_0^{t_e} \underline{\phi}(-\tau)\underline{b}u(\tau)d\tau = -\underline{x}_0.$$

Mit (6.24) wird daraus

$$\int_0^{t_1} \underline{\phi}(-\tau)\underline{b}Md\tau + \int_{t_2}^{t_e} \underline{\phi}(-\tau)\underline{b}(-M)d\tau = -\underline{x}_0$$

oder

$$\int_0^{t_1} \underline{\phi}(-\tau)\underline{b}d\tau - \int_{t_2}^{t_e} \underline{\phi}(-\tau)\underline{b}d\tau = -\frac{\underline{x}_0}{M}. \qquad (6.25)$$

Hierin ist $\underline{\phi}(t)$ die Transitionsmatrix der Zustandsdifferentialgleichungen (6.7), (6.8), die man z.B. durch Laplace-Transformation der homogenen Zustandsdifferentialgleichungen bestimmen kann (siehe etwa [43], Abschnitt 12.2.4). Man erhält hier

$$\underline{\phi}(t) = \begin{bmatrix} 1 & t \\ 0 & 1 \end{bmatrix}.$$

Wegen $\underline{b} = \begin{bmatrix} 0 \\ -V \end{bmatrix}$ wird so aus (6.25)

$$\int_0^{t_1} \begin{bmatrix} V\tau \\ -V \end{bmatrix} d\tau - \int_{t_2}^{t_e} \begin{bmatrix} V\tau \\ -V \end{bmatrix} d\tau = -\frac{1}{M} \begin{bmatrix} \varphi_0 \\ 0 \end{bmatrix},$$

$$\begin{bmatrix} \frac{1}{2} Vt_1^2 \\ -Vt_1 \end{bmatrix} - \begin{bmatrix} \frac{1}{2} Vt_e^2 - \frac{1}{2} Vt_2^2 \\ -Vt_e + Vt_2 \end{bmatrix} = - \begin{bmatrix} \frac{\varphi_0}{M} \\ 0 \end{bmatrix},$$

also

$$t_1 + t_2 = t_e, \tag{6.26}$$

$$t_1^2 + t_2^2 = -\frac{2\varphi_0}{VM} + t_e^2. \tag{6.27}$$

Löst man (6.26) etwa nach t_2 auf und setzt dies in (6.27) ein, erhält man eine quadratische Gleichung für t_1. Ihre Lösung ist

$$t_1 = \frac{1}{2} t_e \pm \sqrt{\frac{1}{4} t_e^2 - \frac{\varphi_0}{K}}, \quad K = VM.$$

Damit bekommt man aus (6.26) für t_2 denselben Ausdruck. Mithin ist

$$t_1 = \frac{1}{2} t_e - \sqrt{\frac{1}{4} t_e^2 - \frac{\varphi_0}{K}}, \tag{6.28}$$

$$t_2 = \frac{1}{2} t_e + \sqrt{\frac{1}{4} t_e^2 - \frac{\varphi_0}{K}}, \quad K = VM. \tag{6.29}$$

Hiermit ist die treibstoffoptimale Steuerfunktion (6.24) vollständig bekannt.

Wie nicht anders zu erwarten, hängt sie von der Anfangsauslenkung φ_0 ab. Reelle Werte $t_{1,2}$ ergeben sich nur für

$$\frac{1}{4} t_e^2 \geq \frac{\varphi_0}{K},$$

also

$$t_e \geqq 2\sqrt{\frac{\varphi_0}{K}} .$$

Wird die für das Drehmanöver vorgeschriebene Zeitspanne t_e noch kleiner als

$$t_{min} = 2\sqrt{\frac{\varphi_0}{K}} \qquad (6.30)$$

gewählt, ist der Übergang bei den gegebenen Systemparametern in so kurzer Zeit nicht möglich. Im Grenzfall $t_e = t_{min}$ ist $t_1 = t_2$. Die Freiflugphase ($u = 0$) fehlt dann, und es wird direkt von $u = M$ auf $u = -M$ umgeschaltet. D.h. aber: Es liegt ein *zeit*optimaler Übergang vor. *Damit eine Treibstoffoptimierung überhaupt möglich ist, muß also $t_e > t_{min}$ sein.*

6.1.5 Optimales Regelungsgesetz

Um nun das optimale Regelungsgesetz zu ermitteln, ist es als erstes erforderlich, die Streckentrajektorien zu bestimmen. Aus (6.7) und (6.8) folgt

$$\frac{dx_2}{dx_1} = - \frac{Vu}{x_2} ,$$

wobei u lediglich die Werte 0, M und $-M$ annehmen kann. Für $u = 0$ ist

$$\frac{dx_2}{dx_1} = 0, \text{ also } x_2 \text{ konstant.}$$

Die Trajektorien sind also *Parallelen zur x_1-Achse*. Für $u = \pm M$ liegt die schon im Abschnitt 5.4 behandelte Trajektoriendifferentialgleichung vor. Als Lösung erhält man

$$x_2^2 = -2Vux_1 + C, \qquad (6.31)$$

also Parabeln, deren Achse in der x_1-Achse liegt. Ist α die Abszisse ihres Scheitelpunktes, so folgt aus (6.31)

$$0 = -2Vu\alpha + C,$$

also

$$C = 2Vu\alpha$$

und damit

$$x_2^2 = 2Vu(\alpha - x_1).$$

Daraus folgt für

$$u = -M: \quad x_2^2 = 2K(x_1 - \alpha), \qquad (6.32)$$

nach rechts geöffnete Parabeln,

$$u = +M: \quad x_2^2 = 2K(\alpha - x_1), \qquad (6.33)$$

nach links geöffnete Parabeln,

wobei $K = VM$ ist.

Bild 6/5 zeigt die beiden Parabelscharen. Scharparameter ist in beiden die Scheitelpunktabszisse α.

Nunmehr kann man die zur optimalen Steuerfunktion $u^*(t)$ aus (6.24) gehörende optimale Trajektorie in die Zustandsebene einzeichnen: Bild 6/6. Den Umschalt*zeit*punkten t_1 und t_2 entsprechen dabei die Umschaltpunkte $\underline{x}_S$ und $\underline{x}_T$. Der zeitoptimale Grenzfall ist durch die gestrichelte Kurve im Bild 6/6 gekennzeichnet.

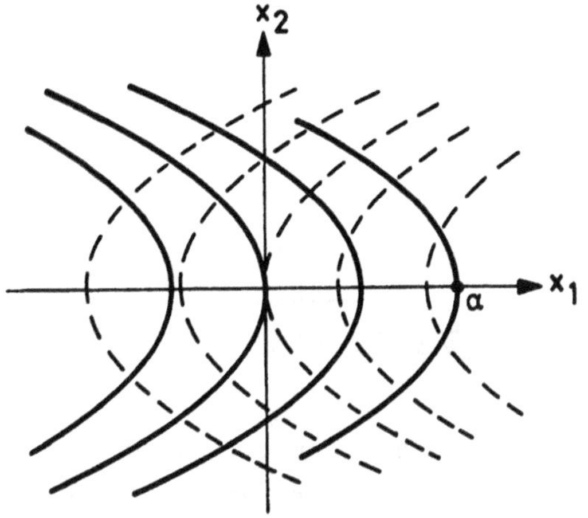

Bild 6/5 Trajektorien der Strecke zu u = ±M
- - - u = -M ——— u = +M

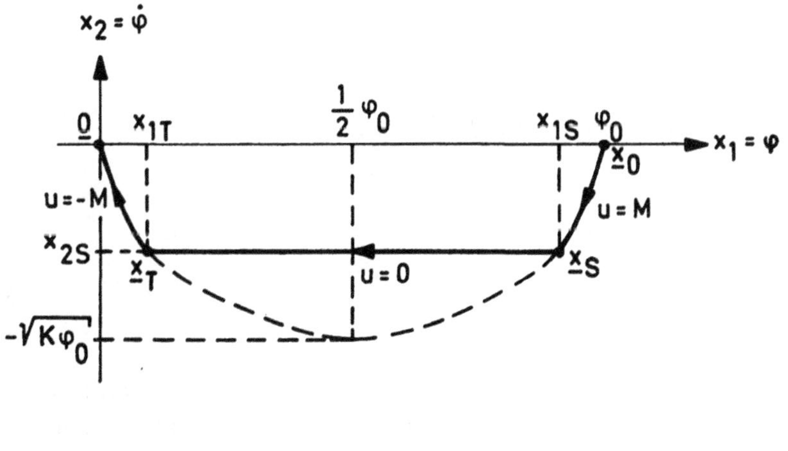

Bild 6/6 Treibstoffoptimale Trajektorie

Um die Koordinaten des Umschaltpunktes $\underline{x}_S$ zu erhalten, gehen wir von der Zustandsdifferentialgleichung (6.8) aus. Mit u = M folgt aus ihr $\dot{x}_2 = -VM = -K$ und daraus durch Integration

$$x_2 = -Kt + x_2(0),$$

also wegen der Anfangsbedingung (6.2)

$$x_2 = -Kt.$$

Speziell für $t = t_1$ ergibt sich daraus die Ordinate x_{2S} des Umschaltpunktes $\underline{x}_S$. Wegen (6.28) ist also

$$x_{2S} = -\frac{1}{2}Kt_e + \sqrt{\frac{1}{4}K^2t_e^2 - K\varphi_0}. \qquad (6.34)$$

Weiterhin muß $\underline{x}_S$ der Gleichung der durch $\underline{x}_0$ gehenden Parabel zu $u = M$ genügen. Diese lautet nach (6.33) wegen $\alpha = \varphi_0$:

$$x_2^2 = 2K(\varphi_0 - x_1).$$

Daher gilt

$$x_{2S}^2 = 2K(\varphi_0 - x_{1S})$$

oder

$$x_{1S} = \varphi_0 - \frac{x_{2S}^2}{2K}. \qquad (6.35)$$

Durch (6.34) und (6.35) ist *die optimale Schaltlinie für die Umschaltung von $u = M$ auf $u = 0$* bereits gegeben, und zwar mit der (beliebigen) Anfangslage φ_0 als Parameter. Durch Elimination von φ_0 kann man sie durch *eine* Gleichung darstellen. Aus (6.34) folgt durch Quadrieren, wenn man den jetzt überflüssigen Index wegläßt,

$$\left(x_2 + \frac{1}{2}Kt_e\right)^2 = \frac{1}{4}K^2t_e^2 - K\varphi_0.$$

Setzt man hierin φ_0 aus (6.35) ein, so erhält man

$$x_1 = -t_e x_2 - \frac{3}{2K} x_2^2. \qquad (6.36)$$

Dies ist wiederum eine Parabel, und zwar die Kurve C_1 im Bild 6/7.

Die *zweite Schaltlinie* C_2, *auf der die Umschaltung von* $u = 0$ *auf* $u = -M$ *erfolgt,* läßt sich sofort aus Bild 6/6 ablesen. Es ist die zu $u = -M$ gehörende Parabel durch den Ursprung:

$$x_2^2 = 2Kx_1. \qquad (6.37)$$

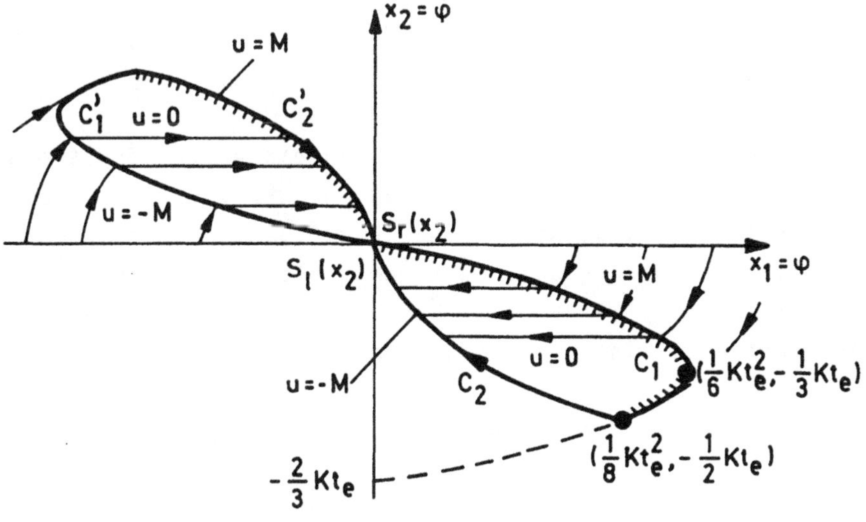

Bild 6/7 Treibstoffoptimale Schaltlinien

Bisher wurde vorausgesetzt, daß die Anfangsauslenkung $\varphi_0 > 0$ ist. Für $\varphi_0 < 0$ gilt ganz Entsprechendes. Die zugehörigen Schaltlinien C_1' und C_2' erhält man aus C_1 und C_2 durch Spiegelung am Ursprung der Zustandsebene, wie dies im Bild 6/7 bereits eingezeichnet ist.

Man erhält auf diese Weise eine geschlossene, brezelartige Kurve. Deren rechte, aus C_1 und C_2' bestehende Kontur (schraffiert im Bild 6/7) ist eindeutig über der x_2-Achse und kann daher durch eine Funktion $S_r(x_2)$ beschrieben werden, die sich unmittelbar aus (6.36) und (6.37) ergibt. Entsprechend ist die linke, aus C_2 und C_1' bestehende Kontur durch eine Funktion $S_\ell(x_2)$ gegeben. Wie man aus dem Bild 6/7 erkennt, lautet damit das *optimale Regelungsgesetz:*

$$u = \begin{cases} -M, \text{ wenn } x_1 < S_\ell(x_2), \\ 0, \text{ wenn } S_\ell(x_2) < x_1 < S_r(x_2), \\ M, \text{ wenn } x_1 > S_r(x_2). \end{cases} \qquad (6.38)$$

In der ersten und dritten dieser Ungleichungen könnte man auch das Gleichheitszeichen zulassen, was aber praktisch ohne Belang ist. Ob der Zustandspunkt genau auf einer Schaltlinie entlangläuft oder unmittelbar neben ihr, spielt keine Rolle. Bereits bei der zeitoptimalen Regelung wurde stillschweigend so verfahren.

Für (6.38) kann man wegen $S_\ell(x_2) \leqq S_r(x_2)$ auch schreiben:

$$u = \begin{cases} -M, \text{ falls } x_1 - S_\ell(x_2) < 0,\ x_1 - S_r(x_2) < 0, \\ 0, \text{ falls } x_1 - S_\ell(x_2) > 0,\ x_2 - S_r(x_2) < 0, \\ M, \text{ falls } x_1 - S_\ell(x_2) > 0,\ x_1 - S_r(x_2) > 0. \end{cases} \qquad (6.39)$$

Daraus folgt

$$u = \frac{M}{2}\left\{\operatorname{sgn}\left[x_1 - S_\ell(x_2)\right] + \operatorname{sgn}\left[x_1 - S_r(x_2)\right]\right\}. \qquad (6.40)$$

Durch Einsetzen der drei Fälle aus (6.39) kann man sich von der Richtigkeit dieser Formel überzeugen. Beispielsweise ist im zweiten Fall

$$\operatorname{sgn}\left[x_1 - S_\ell(x_2)\right] = 1, \quad \operatorname{sgn}\left[x_1 - S_r(x_2)\right] = -1,$$

also in der Tat u = 0.

Im Bild 6/8 sieht man die Struktur der so erhaltenen treibstoffoptimalen Regelung. Im Unterschied zur zeitoptimalen Regelung enthält sie *zwei* Zweipunktkennlinien. Bei der Realisierung des optimalen Regelungsgesetzes im Mikrorechner wird man (6.39) durch eine logische Schaltung wiedergeben.

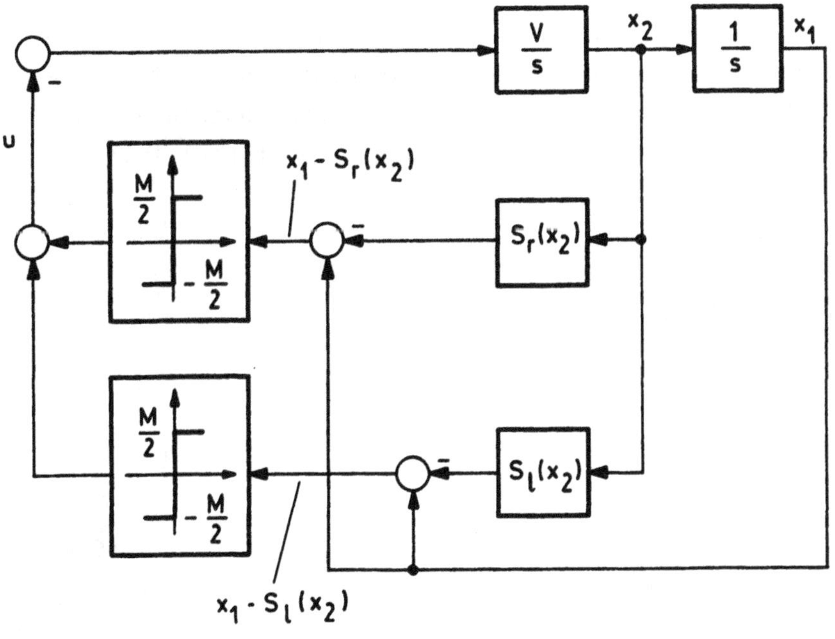

Bild 6/8 Struktur der treibstoffoptimalen Regelung

6.2 Steuerungsproblem mit nichtlinearer Strecke: Optimierung einer Werbestrategie

6.2.1 Problemstellung [1]

Bezeichnet $x(t)$ die Absatzmenge eines Produktes pro Zeiteinheit und wird nichts zur Förderung des Absatzes getan, so wird man in vielen Fällen annehmen dürfen, daß der Absatz gemäß

$$dx_a = -\alpha x dt, \ \alpha > 0 \text{ konstant,}$$

abnimmt. Wird Werbung getrieben, so wird der Absatz steigen, aber nur bis zu einer Sättigungsgrenze M. Bezeichnet man die Werbungsausgaben pro Zeiteinheit mit $u(t)$, so wird der Absatzzuwachs durch Werbung einerseits zu den Werbungskosten $u(t)$, andererseits zum Abstand des Absatzes von der Sättigungsgrenze proportional sein:

$$dx_z = r \frac{M-x}{M} u dt, \ r > 0.$$

Insgesamt ist so

$$dx = dx_a + dx_z = -\alpha x dt + r(1 - \frac{x}{M}) u dt,$$

also

$$\dot{x} = -\alpha x + r(1 - \frac{x}{M}) u. \qquad (6.41)$$

Dies ist die *Zustandsdifferentialgleichung unseres öko-*

---

1) Die Aufgabenstellung ist dem Aufsatz "Bilineare Systeme zur Bestimmung optimaler Werbestrategien" von P. GROMBALL und C. BECKER [Zeitschrift für Operations Research 23 (1979), S. 117-126] entnommen, aus dem auch die Zahlenangaben stammen. Die Behandlung des Problems ist teilweise anders als dort.

nomischen Problems. Sie ist zwar nur von 1. Ordnung, aber wegen des Produktes xu nichtlinear.

Ist p der Preis des Produktes und sind q seine Herstellungskosten pro Mengeneinheit, so ist der Gewinn während dt

$$(px-qx)dt = axdt,$$

wobei $a = p-q > 0$ als konstant angenommen sei. Um den Nettogewinn zu erhalten, sind hiervon aber noch die Werbungskosten zu subtrahieren:

$$axdt - udt = (ax-u)dt. \tag{6.42}$$

Ist $0 \leqq t \leqq t_e$ mit gegebenem t_e der Verkaufszeitraum, so liegt es für einen Ingenieur an dieser Stelle vermutlich nahe, als Gütemaß

$$J = \int_0^{t_e} (ax-u)dt$$

zu nehmen. Dabei hätte er jedoch die Rechnung ohne die Zinsen gemacht! Ein Gewinn, der zum Zeitpunkt t anfällt, wird ja noch bis zum Endzeitpunkt t_e verzinst, und das muß im Gütemaß berücksichtigt werden.

Wird kontinuierliche Verzinsung angenommen und ist i der Zinsfuß, so ist der Zuwachs des Betrages z im Zeitraum dt

$$dz = izdt,$$

woraus

$$z(t) = Ce^{it}, \text{ C konstant,} \tag{6.43}$$

folgt. Speziell für $t = t_e$ ergibt sich

$$z(t_e) = Ce^{it_e},$$

also

$$C = z(t_e)e^{-it_e}$$

und damit aus (6.43)

$$z(t_e) = z(t)\cdot e^{i(t_e-t)}.$$

Setzt man hierin für z(t) den Ausdruck (6.42) ein, so erhält man als tatsächlichen Gewinn, den das Zeitintervall (t,t+dt) bis zum Zeitpunkt t_e erbringt:

$$(ax-u)dt\cdot e^{i(t_e-t)}.$$

Der durch geeignete Wahl der Steuerfunktion u(t) zu maximierende Gesamtgewinn ist also

$$G = \int_0^{t_e}(ax-u)e^{i(t_e-t)}dt.$$

Da wir stets das *Minimum* eines Gütemaßes berechnen, gehen wir zu -G über. Überdies können wir den konstanten Faktor e^{it_e} weglassen. Wir erhalten so das *Gütemaß*

$$J = \int_0^{t_e}(u-ax)e^{-it}dt, \qquad (6.44)$$

dessen Integrand durch den e-Faktor explizit von der Zeit abhängt.

Was die *Randbedingungen* betrifft, so wollen wir annehmen, daß das Produkt neu eingeführt wird, also

$$x(0) = 0$$

ist. Sein Endwert ist nicht festgelegt, sondern stellt sich durch den Optimierungsprozeß ein. Daher gilt die Transversalitätsbedingung

$$\psi(t_e) = 0. \qquad (6.45)$$

Der Werbungsaufwand ist beschränkt:

$$0 \leqq u \leqq u_m. \qquad (6.46)$$

Die Beschränkung M von x wird man ignorieren dürfen, da der Werbeaufwand wohl kaum so hoch getrieben wird, daß das Produkt die Sättigungsgrenze erreicht.

6.2.2 Anwendung des Maximumprinzips

Nach (6.44) und (6.41) ist

$$H = -(u-ax)e^{-it} + \psi\left[-\alpha x+r\left(1 - \frac{x}{M}\right)u\right].$$

Um den Faktor e^{-it} abzusondern, führt man anstelle von $\psi(t)$ die Funktion $p(t)$ mittels

$$\psi(t) = p(t)e^{-it} \qquad (6.47)$$

ein und erhält so

$$H = \left\{ax - u - \alpha px + rp\left(1 - \frac{x}{M}\right)u\right\}e^{-it}. \qquad (6.48)$$

Bei der Bestimmung des Maximums von H spielt der e-Faktor keine Rolle. Es genügt, hierfür

$$\tilde{H} = -u + rp\left(1 - \frac{x}{M}\right)u = \left[rp\left(1 - \frac{x}{M}\right) - 1\right]u \qquad (6.49)$$

zu betrachten. Daraus folgt

$$u^* = \begin{cases} u_m, & \text{sofern } rp\left(1 - \frac{x}{M}\right) > 1, \\ 0, & \text{sofern } rp\left(1 - \frac{x}{M}\right) < 1. \end{cases} \qquad (6.50)$$

$u^*(t)$ ist also bei diesem Problem wiederum stückweise konstant, wie schon bei den zeit- und treibstoffoptimalen Aufgaben. Die *Bedingung für die Umschaltung* von u_m auf 0 oder umgekehrt ist durch

$$rp\left(1 - \frac{x}{M}\right) = 1 \qquad (6.51)$$

oder

$$p = \frac{1}{r\left(1 - \frac{x}{M}\right)} \qquad (6.52)$$

gegeben. Dabei wird vorläufig vorausgesetzt, daß (6.51) nicht in einem ganzen t-Intervall gilt. Wie man aus (6.48) sieht, hängt dann H nicht von u ab, so daß der singuläre Fall des Maximumprinzips vorliegt. Auf ihn kommen wir später zurück.

Bild 6/9 zeigt die Schaltlinie (6.52), aber nicht in der Zustandsebene, sondern in der x-p-Ebene, die durch die Zustandsvariable x und die adjungierte Variable p bestimmt wird.

Für die adjungierte Differentialgleichung erhält man aus (6.48)

$$\dot{\psi} = -\frac{\partial H}{\partial x} = -\left[a - \alpha p - \frac{r}{M}\,pu\right]e^{-it} \qquad (6.53)$$

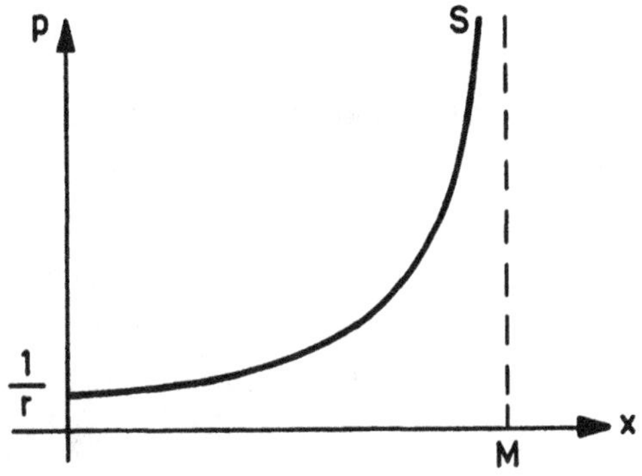

Bild 6/9 Schaltlinie $S: p = \dfrac{1}{r\left(1 - \frac{x}{M}\right)}$

Wegen (6.47) ist darin

$$\dot{\psi} = \dot{p}e^{-it} - ipe^{-it}.$$

Aus (6.53) folgt damit

$$\dot{p} = (i + \alpha + \frac{r}{M}u)p - a. \qquad (6.54)$$

Dies ist die *adjungierte Differentialgleichung* des Problems.

Sie unterscheidet sich von der adjungierten Differentialgleichung der bisher behandelten Aufgaben zum Maximumprinzip dadurch, daß ihre rechte Seite infolge der Nichtlinearität der Zustandsdifferentialgleichung von u abhängt. Da die optimale Steuerfunktion u* unstetig ist, erhält dadurch die adjungierte Differentialgleichung eine intervallweise verschiedene Struktur. Da weiterhin Anzahl und Lage der Sprungstellen von u*(t) zunächst unbekannt sind, kennt man auch die Lage und Abgrenzung dieser Intervalle nicht. Dadurch wird das Problem beträchtlich erschwert.

6.2.3 Anzahl der Umschaltungen

Um die Anzahl der Umschaltungen zu ermitteln, betrachten wir die Lösung der kanonischen Differentialgleichungen (6.41), (6.54) in der x-p-Ebene, wobei wir voraussetzen dürfen, daß u konstant ist. Um die Untersuchung übersichtlich zu gestalten, stellen wir zunächst die Ruhelage der kanonischen Differentialgleichungen fest und gehen dann zu den Abweichungen von der Ruhelage über.

Aus (6.41), (6.54) folgt für $\dot{x} = 0$, $\dot{p} = 0$

$$x_R = \frac{ru}{\alpha + \frac{ru}{M}}, \quad p_R = \frac{a}{i + \alpha + \frac{ru}{M}}. \tag{6.55}$$

Damit ist die Ruhelage bestimmt. Die Abweichungen von ihr seien

$$X = x - x_R, \quad P = p - p_R. \tag{6.56}$$

Damit wird aus (6.41), (6.54)

$$\dot{X} = -\left(\alpha + \frac{ru}{M}\right)X, \tag{6.57}$$

$$\dot{P} = \left(i + \alpha + \frac{ru}{M}\right)P. \tag{6.58}$$

Durch Division folgt daraus

$$\frac{dP}{dX} = -k\,\frac{P}{X} \tag{6.59}$$

mit

$$k = \frac{i + \alpha + \frac{ru}{M}}{\alpha + \frac{ru}{M}}. \tag{6.60}$$

Hierin kann u den Wert 0 oder u_m annehmen. Stets ist $k > 1$.

Die Differentialgleichung (6.59) läßt sich sofort durch Trennung der Veränderlichen lösen:

$$\frac{dP}{P} = -k \frac{dX}{X} .$$

Integration liefert

$$\ln|P| = -k \ln|X| + C_1,$$

$$\ln\left\{|P|\,|X|^k\right\} = C_1,$$

$$|P|\,|X|^k = e^{C_1} = C_2,$$

$$P = \pm \frac{C_2}{|X|^k}$$

oder schließlich

$$P = \frac{C}{|X|^k},$$

wobei C ein *beliebiger* Integrationsparameter ist.

Im Bild 6/10 sind die so erhaltenen Kurven für beliebiges festes k bzw. u skizziert. Es sind hyperbelartige Kurven, die symmetrisch zur P-Achse liegen und die X-Achse als Grenzfall enthalten. Für $X \to 0$ strebt $P \to \pm\infty$, für $X \to \pm\infty$ strebt $P \to 0$. Die eingezeichneten Durchlaufungsrichtungen ergeben sich aus den Differentialgleichungen (6.57), (6.58). Beispielsweise ist für $X < 0$, $P < 0$ (3. Quadrant) $\dot{X} > 0$, $\dot{P} < 0$. Das heißt: Im 3. Quadranten nimmt X(t) zu, P(t) ab, was zu den im Bild 6/10 angegebenen Trajektorienrichtungen führt. Das Zentrum Z der Kurvenschar ist der Koordinatenursprung des X-P-Systems.

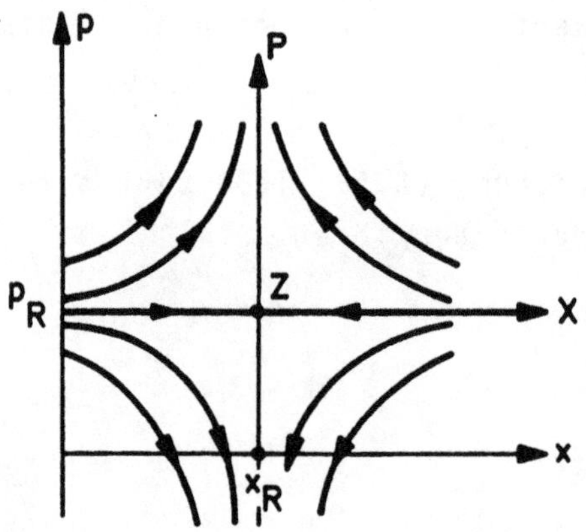

Bild 6/10 Lösungskurven der kanonischen Differentialgleichungen für konstantes u

Denkt man sich nun Umschaltungen zwischen $u = u_m$ und $u = 0$ vorgenommen, wobei es gleichgültig ist, in welcher Anzahl und zu welchen Zeitpunkten sie vorgenommen werden, so erhält man für jeden u-Wert eine Trajektorienschar. Die beiden Scharen haben die gleiche Gestalt, unterscheiden sich aber in zwei Dingen: dem Exponenten k und dem Zentrum Z der Kurvenschar. Der Exponent springt zwischen dem Wert

$$k_m = \frac{i+\alpha + \frac{ru_m}{M}}{\alpha + \frac{ru_m}{M}}$$

und dem größeren Wert

$$k_o = \frac{i+\alpha}{\alpha} .$$

Nach (6.55) liegt für $u = u_m$

$$Z_m = (x_{Rm}, p_{Rm}) = \left(\frac{ru_m}{\alpha + \frac{ru_m}{M}} , \frac{a}{1+\alpha + \frac{ru_m}{M}} \right)$$

im Innern des 1. Quadranten der x-p-Ebene, wogegen für $u = 0$

$$Z_0 = (x_{Ro}, p_{Ro}) = \left(0, \frac{a}{1+\alpha}\right) \text{ mit } p_{Ro} > p_{Rm}$$

auf der p-Achse gelegen ist. Bild 6/11 zeigt dies.

Nun liegt der Anfangspunkt A der optimalen Trajektorie wegen $x(0) = 0$ auf der p-Achse, während ihr Endpunkt E wegen $p(t_e) = 0$ auf der x-Achse liegen muß. Damit ein solcher Übergang möglich ist, muß A im 3. Quadranten des zu Z_m gehörigen Achsenkreuzes (gestrichelt im Bild 6/11) liegen. Dann ist etwa AU_1 das erste Stück der optimalen Trajektorie. Erfolgt in U_1 eine Umschaltung von $u = u_m$ auf $u = 0$, so liegt diese im 4. Quadranten des zu Z_0 gehörenden Achsenkreuzes (strichpunktiert im Bild 6/11). Daher ist das nächste Kurvenstück der optimalen Trajektorie vom Typ U_1U_2, mit stärkerem Gefälle als das Kurvenstück AU_1. So fortfahrend gelangt man zum grundsätzlichen Verlauf der optimalen Trajektorie, wie er im Bild 6/11 skizziert ist.

Alle Umschaltpunkte U_ν müssen auf der Schaltlinie S von Bild 6/9 liegen. Es ist anschaulich einleuchtend, daß dies nur für einen Punkt U_ν möglich ist. Allenfalls könnte man sich vorstellen, daß zwei solcher Punkte auf der Schaltlinie S liegen. Diese können jedoch nicht zu einer optimalen Trajektorie gehören. Sonst wäre nämlich gegen Ende des Steuervorgangs $u = u_m$, was ungereimt ist, da man zum Schluß, wenn der Verkauf des Produktes beendet werden soll, nicht mehr mit maximalem Aufwand werben wird. Sollte daher die optimale Trajektorie mehr als einen Um-

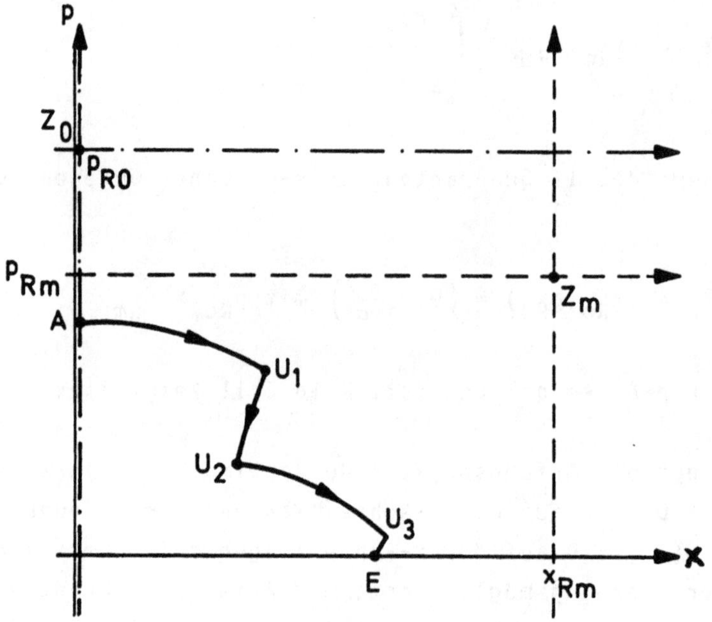

Bild 6/11 Grundsätzlicher Verlauf der optimalen Trajektorie

schaltpunkt enthalten, so müssen es (mindestens) drei sein. Es ist aber offensichtlich ausgeschlossen, daß *drei* Punkte U_ν auf einer Kurve von der Gestalt der Schaltlinie S liegen. *Die optimale Trajektorie kann somit nur eine Umschaltung aufweisen.* Bild 6/12 zeigt einen möglichen Verlauf.

6.2.4 Optimale Steuerfunktion

Die optimale Steuerfunktion ist jetzt vollständig bekannt, wenn der zum Umschaltpunkt (x_S, p_S) gehörende Umschalt*zeit*punkt t_S gefunden ist. Hierzu bestimmt man $x(t)$ aus (6.41), $p(t)$ aus (6.54) und setzt $x(t_S)$, $p(t_S)$ in die Schaltbedingung (6.52) ein, wodurch man eine Gleichung für die Unbekannte t_S bekommt. Dabei empfiehlt es sich, $x(t)$ aus dem *linken* Intervall $0 \leqq t \leqq t_S$ zu bestimmen,

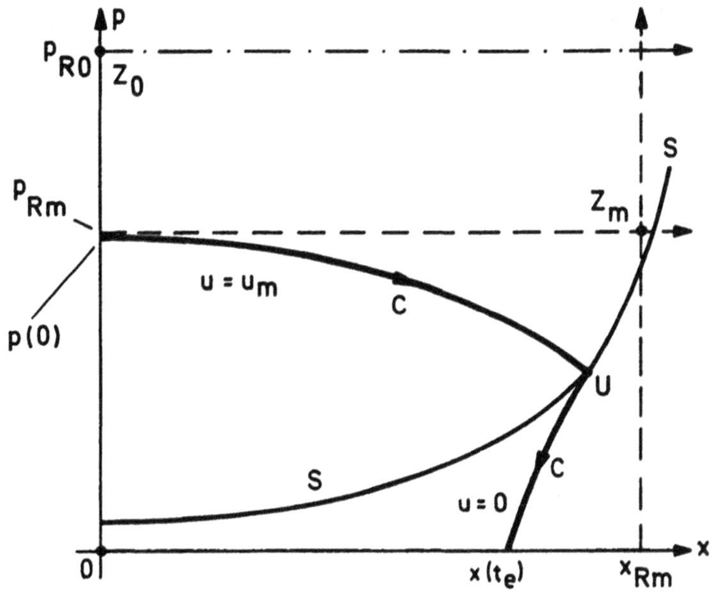

Bild 6/12 Tatsächlicher Verlauf der optimalen Trajektorie
S: optimale Schaltlinie
C: optimale Trajektorie
U: Umschaltpunkt

weil der Anfangswert x(0) bekannt ist. Hingegen ist p(t) aus dem *rechten* Intervall $t_S \leqq t \leqq t_e$ zu berechnen, weil man für p(t) den Endwert $p(t_e)$ kennt. Diese Vorgehensweise ist zulässig, da x(t) als Zustandsvariable und p(t) nach dem Maximumprinzip im gesamten Zeitintervall $0 \leqq t \leqq t_e$, insbesondere also auch in t_S, stetig sind.

Um dieses Programm durchzuführen, lösen wir zunächst (6.41) für $u = u_m$. Diese Differentialgleichung lautet

$$\dot{x} = -\left(\alpha + \frac{ru_m}{M}\right)x + ru_m$$

oder mit

$$T_1 = \frac{1}{\alpha + \frac{ru_m}{M}} : \qquad (6.61)$$

$$T_1\dot{x} + x = ru_mT_1 .$$

Ihre allgemeine Lösung ist

$$x(t) = ru_mT_1 + ce^{-\frac{t}{T_1}} .$$

Wegen der Anfangsbedingung x(0) = 0 folgt daraus

$$x(t) = ru_mT_1\left(1-e^{-\frac{t}{T_1}}\right), \quad 0 \leqq t \leqq t_S . \qquad (6.62)$$

Weiterhin wird aus der adjungierten Differentialgleichung für u = 0, wenn man

$$T_2 = \frac{1}{\alpha+i} \qquad (6.63)$$

setzt:

$$T_2\dot{p} - p = -aT_2 .$$

Die allgemeine Lösung ist

$$p(t) = aT_2 + ce^{\frac{t}{T_2}} ,$$

also wegen der Endbedingung $p\,(t_e) = 0$:

$$p(t) = aT_2\left(1-e^{-\frac{t_e-t}{T_2}}\right), \quad t_S \leqq t \leqq t_e . \qquad (6.64)$$

Setzt man nun $x(t_S)$ gemäß (6.62) und $p(t_S)$ gemäß (6.64) in die Umschaltbedingung (6.52) ein, so entsteht die

Gleichung

$$1 - e^{-\frac{t_e - t_S}{T_2}} = \frac{1}{raT_2\left[1 - \frac{ru_m T_1}{M}\left(1 - e^{-\frac{t_S}{T_1}}\right)\right]} . \tag{6.65}$$

Dies ist eine transzendente Gleichung für t_S, die man im allgemeinen numerisch lösen muß. Im Spezialfall $T_1 = T_2$ kann man sie formelmäßig lösen, da sie dann in eine quadratische Gleichung für $e^{-\frac{t_S}{T_1}}$ übergeht. Aber besitzt sie überhaupt eine Lösung? Das kann man aus Bild 6/13 ablesen: Im Intervall $[0, t_e]$ existiert genau dann ein (und nur ein) Schnittpunkt der durch die linke und rechte Seite von (6.65) dargestellten Funktionen von t_S, wenn

$$\frac{1}{raT_2} < 1 - e^{-\frac{t_e}{T_2}}$$

ist. Wegen (6.63) kann man dafür schreiben:

$$\frac{i+\alpha}{ra} < 1 - e^{-(i+\alpha)t_e} . \tag{6.66}$$

Da hieraus $t_e > -\frac{1}{i+\alpha}\ln\left(1 - \frac{i+\alpha}{ra}\right)$ folgt, bedeutet (6.66), daß t_e nicht zu klein sein darf, damit eine Umschaltung eintritt.

Die optimale Steuerfunktion lautet damit:

$$u^*(t) = \begin{cases} u_m, & 0 < t < t_S^*, \\ 0, & t_S^* < t < t_e , \end{cases} \tag{6.67}$$

wobei t_S^* die Lösung der Gleichung (6.65) bezeichnet.

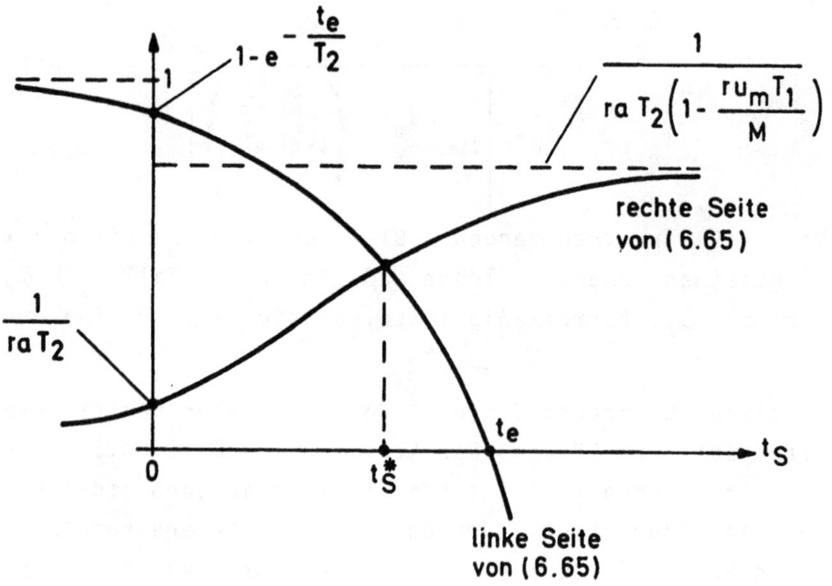

Bild 6/13 Zur Lösbarkeit der Gleichung (6.65)

Die optimale Werbestrategie besteht also darin, zunächst den maximalen Werbeaufwand einzusetzen, aber zu einem bestimmten Zeitpunkt t_S^* noch vor dem Ende t_e des Verkaufszeitraums die Werbung völlig einzustellen - ein Ergebnis, das von vornherein wohl kaum auf der Hand liegt.

6.2.5 Singulärer Fall

Es bleibt der singuläre Fall des Maximumprinzips zu untersuchen. Wie schon im Abschnitt 6.2.2 bemerkt, liegt er dann vor, wenn in einem ganzen Intervall I_S aus $[t_o, t_e]$ (6.51) gilt.

Um die Rechnungen zu vereinfachen, empfiehlt es sich, anstelle von x die Variable

$$z = 1 - \frac{x}{M} \tag{6.68}$$

einzuführen. Dann gilt

$$0 < z \leqq 1 \tag{6.69}$$

und

$$x = M(1-z). \tag{6.70}$$

Dann geht (6.51) in die Gleichung

$$rpz = 1 \tag{6.71}$$

über, die - wie gesagt - in ganz I_S gilt. Sie tritt nun an die Stelle der nutzlos gewordenen Maximumsforderung. Aus ihr und den unverändert gültigen kanonischen Differentialgleichungen sind die gesuchten Funktionen x(t), p(t) und u(t) zu bestimmen.

Aus (6.71) folgt durch Differentiation nach t

$$\dot{p}z + p\dot{z} = 0. \tag{6.72}$$

Nun folgt aus der Zustandsdifferentialgleichung (6.41) wegen (6.70)

$$\dot{z} = \alpha - \left(\alpha + \frac{ru}{M}\right)z. \tag{6.73}$$

Setzt man dies sowie die adjungierte Differentialgleichung (6.54) in (6.72) ein, so erhält man eine algebraische Gleichung zwischen p und z, aus der

$$p = \frac{az}{iz+\alpha} \tag{6.74}$$

folgt. Damit wird aus (6.71)

$$raz^2 = iz + \alpha$$

oder

$$z^2 - \frac{i}{ra} z = \frac{\alpha}{ra} .$$

Dies ist eine quadratische Gleichung für z, aus der sich

$$z_{1,2} = \frac{i}{2ra} \pm \sqrt{\left(\frac{i}{2ra}\right)^2 + \frac{\alpha}{ra}}$$

ergibt. Da z > 0 sein muß, kann nur das obere Vorzeichen gelten:

$$z_S = \frac{i}{2ra} + \sqrt{\left(\frac{i}{2ra}\right)^2 + \frac{\alpha}{ra}} . \qquad (6.75)$$

z und damit *x ist also im singulären Fall konstant, ebenso p* gemäß (6.74):

$$x_S = M(1-z_S), \quad p_S = \frac{az_S}{iz_S+\alpha} . \qquad (6.76)$$

Um nun u zu bestimmen, setzt man $z = z_S$ in die Differentialgleichung (6.73) ein:

$$0 = \alpha - \left(\alpha + \frac{ru}{M}\right) z_S .$$

Aus ihr folgt

$$u_S = \frac{\alpha M}{r} \left(\frac{1}{z_S} - 1\right) . \qquad (6.77)$$

Somit ergibt sich im singulären Fall auch u als konstant (was bislang nicht vorausgesetzt wurde).

u muß auf jeden Fall der Beschränkung (6.46) genügen. Nach (6.77) muß im singulären Fall also gelten

$$0 \leqq \frac{\alpha M}{r}\left(\frac{1}{z_S} - 1\right) \leqq u_m \tag{6.78}$$

oder

$$0 \leqq \frac{1}{z_S} - 1 \leqq \frac{ru_m}{\alpha M} . \tag{6.79}$$

Daher kann der singuläre Fall nicht eintreten, wenn

$$z_S > 1 \tag{6.80}$$

oder

$$\frac{1}{z_S} - 1 > \frac{ru_m}{M} \tag{6.81}$$

ist. Die Ungleichung (6.80) ist ausgeschlossen, da sonst nach (6.76) $x_S < 0$ wäre. Aus der Ungleichung (6.81) folgt

$$u_m < \frac{\alpha M}{r}\left(\frac{1}{z_S} - 1\right), \quad z_S \leqq 1. \tag{6.82}$$

Wir haben so als Resultat, daß *der singuläre Fall ausgeschlossen* ist, *wenn die Ungleichung (6.82) mit* z_S *aus (6.75) gilt.*

Liegt der singuläre Fall für ein Zeitintervall I_S vor, so muß dieses im *Innern* des Intervalls $[0,t_e]$ liegen, da x und p im singulären Fall positive konstante Werte sind und deshalb die Randbedingungen nicht erfüllen. Man erhält so - im Anschluß an die allgemeinen Ausführungen zum singulären Fall im Abschnitt 4.3 - die grundsätzlichen Verläufe im Bild 6/14. Die Umschaltzeitpunkte t_1 und t_2 ergeben sich dabei gemäß (6.62) und (6.64) aus

$$x(t_1) = ru_m T_1\left(1-e^{-\frac{t_1}{T_1}}\right) = x_S,$$

$$p(t_2) = aT_2\left(1-e^{\frac{t_2-t_e}{T_2}}\right) = p_S.$$

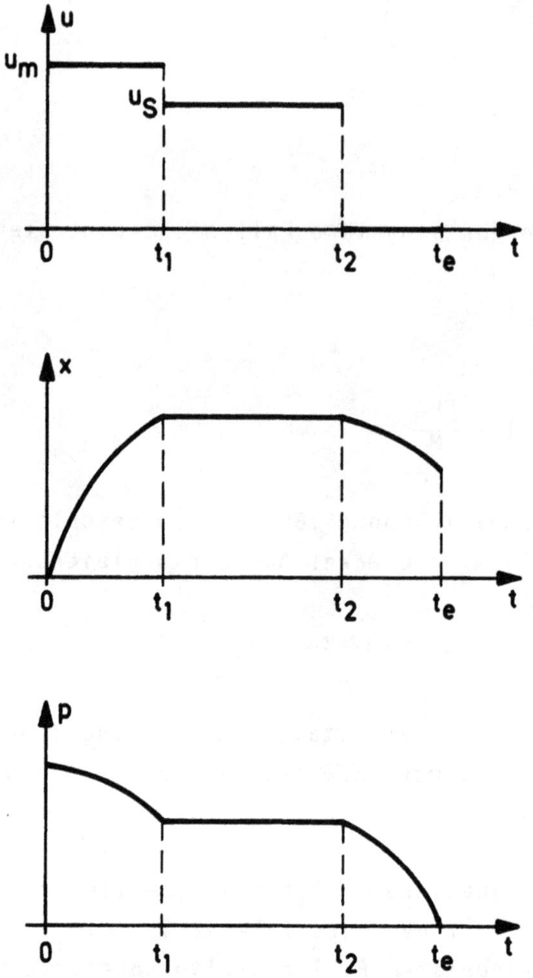

Bild 6/14 Grundsätzliche Verläufe im singulären Fall

6.2.6 Zahlenbeispiel

Im folgenden werden die Abkürzungen
MO für Monat,
GE für Geldeinheit,
ME für Mengeneinheit des Produkts benutzt. Es sei

$$t_e = 12 \text{ MO},$$
$$M = 100 \frac{\text{ME}}{\text{MO}},$$
$$u_m = 20 \frac{\text{GE}}{\text{MO}},$$
$$\alpha = 0{,}02 \frac{1}{\text{MO}},$$
$$r = 1 \frac{\text{ME}}{\text{GE}\cdot\text{MO}},$$
$$i = 0{,}2 \frac{1}{\text{MO}},$$
$$a = 5 \frac{\text{GE}}{\text{ME}}.$$

Der singuläre Fall scheidet aus. Aus (6.75) folgt nämlich

$$z_S = 0{,}08633 \text{ MO}.$$

Damit wird aus der Ungleichung (6.82) $20 < 21{,}17$, so daß sie erfüllt ist.

Um den Umschaltzeitpunkt t_S aus der Gleichung (6.65) zu berechnen, überprüft man zunächst die Lösungsbedingung (6.66) für diese Gleichung. Wegen $0{,}044 < 0{,}929$ ist sie erfüllt. Ihre Lösung vereinfacht sich, da wegen $i = \frac{ru_m}{M}$ im vorliegenden Fall gemäß (6.61) und (6.63) $T_1 = T_2$ ist. Mit

$$\varepsilon = e^{t_S(i+\alpha)} = e^{0{,}22t_S}$$

erhält man dann aus (6.65) eine quadratische Gleichung für ε:

$$\varepsilon^2 + 2{,}7735\,\varepsilon = 140{,}0770.$$

Aus ihr folgt $\varepsilon = 10{,}5297$, mithin

$$t_S = 10{,}70 \text{ MO}. \tag{6.83}$$

Damit ist der Umschaltzeitpunkt von $u = u_m$ auf $u = 0$ bekannt und mit ihm die optimale Steuerfunktion $u^*(t)$.

Man kann jetzt aus der Zustandsdifferentialgleichung (6.41) und der Anfangsbedingung $x(0) = 0$ $x(t)$ in $0 \leqq t \leqq t_S$ berechnen:

$$x(t) = ru_m T_1 \left(1 - e^{-\frac{t}{T_1}}\right), \quad T_1 = \frac{1}{\alpha + \frac{ru_m}{M}} . \tag{6.84}$$

Daraus folgt wegen (6.83)

$$x(t_S) = 82{,}27 \ \frac{ME}{MO} .$$

Entsprechend erhält man aus der adjungierten Differentialgleichung (6.54) und der Endbedingung $p(t_e) = 0$ $p(t)$ im Intervall $t_S \leqq t \leqq t_e$:

$$p(t) = aT_2 \left(1 - e^{\frac{t - t_e}{T_2}}\right), \quad T_2 = \frac{1}{\alpha + i} . \tag{6.85}$$

Daraus folgt

$$p(t_S) = 5{,}65 \ \frac{GE \cdot MO}{ME} .$$

Mittels des Wertes $x(t_S)$ kann man nun $x(t)$ auch im Zeitintervall $t_S \leqq t \leqq t_e$ berechnen und entsprechend aus $p(t_S)$ die Funktion $p(t)$ auch in $0 \leqq t \leqq t_S$. Bild 6/15 zeigt die optimalen Verläufe $u^*(t)$, $x^*(t)$ und $p^*(t)$.

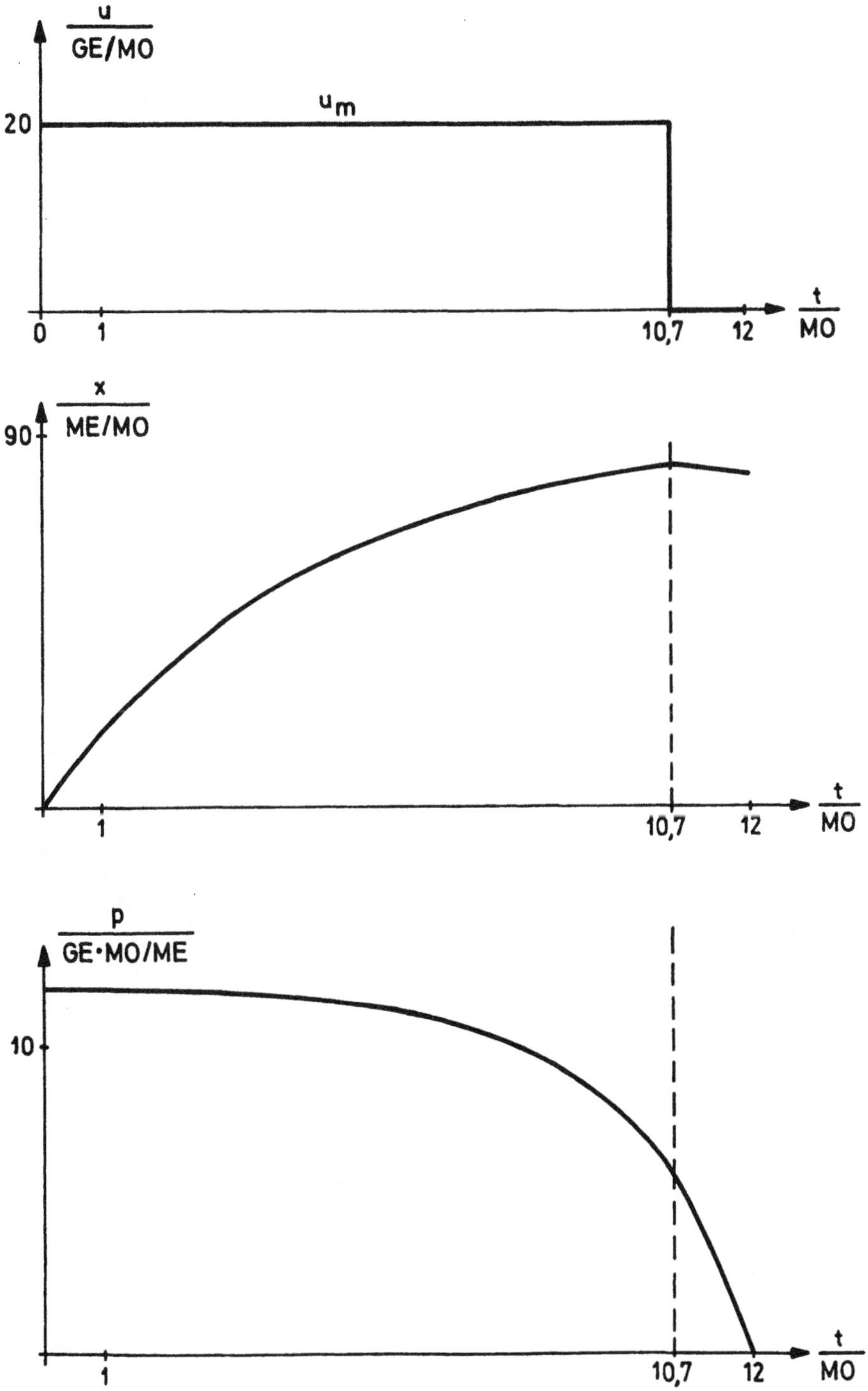

Bild 6/15 Optimale Zeitverläufe der Werbestrategie

7 Die Dynamische Programmierung von Bellman

Die Methode der Dynamischen Programmierung, auch als Dynamische Optimierung bezeichnet, wurde in den 50er Jahren von dem amerikanischen Mathematiker Richard BELLMAN und seinen Mitarbeitern entwickelt. Sie ist ein überaus flexibles Verfahren und kann auf Optimierungsprobleme der verschiedensten Art angewandt werden (siehe z.B. [21]). Wir wollen sie im folgenden aber nur für die Optimierung dynamischer Systeme benutzen und werden ihre Formulierung dementsprechend wählen.

Gegenüber dem Pontrjaginschen Maximumprinzip weist die Dynamische Programmierung vor allem zwei Vorzüge auf:

- Sie ist ohne weiteres auch dann anwendbar, wenn Beschränkungen der Zustandsvariablen vorliegen, während das Maximumprinzip zwar auch auf diesen Fall ausgedehnt werden kann, aber dann sehr kompliziert wird.
- Sie liefert *unmittelbar* das optimale Regelungsgesetz, während man beim Maximumprinzip zunächst lediglich die optimale Steuerung erhält, aus der man die optimale Regelung erst konstruieren muß.

Diesen Vorteilen steht leider ein entscheidender Nachteil gegenüber: Mit wachsender Systemordnung wächst der Bedarf an Speicherplatz und Rechenzeit rapide an. Aus diesem Grund hat die Dynamische Programmierung in der Regelungstechnik bislang nur wenig Anwendung gefunden.

7.1 Einführendes Beispiel: Auffinden eines optimalen Pfades in einem Wegenetz

Im Bild 7/1 ist ein Wegenetz dargestellt. Seine Stationen sind durch die Abszissenwerte $k = 0,1,2,3,4$ und die Ordinatenwerte $x = 0$ und 1 festgelegt. Vom Anfangspunkt

A = (0,0) soll man über die eingezeichneten Wegstücke zum Endpunkt E = (4,0) gelangen, wobei man sich ausschließlich nach rechts bewegen darf. Für die Durchlaufung eines Wegstücks braucht man die an ihm angeschriebene Zahl von Zeiteinheiten. Unter diesen Bedingungen soll der Weg von A nach E in der kürzestmöglichen Zeit zurückgelegt werden.

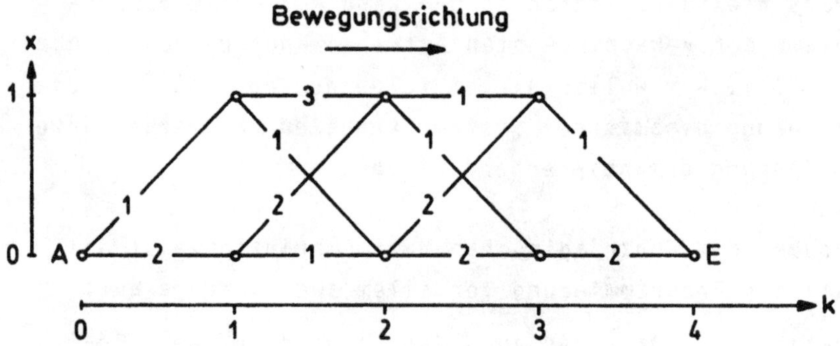

Bild 7/1 Wegenetz

Um den optimalen Weg zu finden, ist es am nächstliegenden, alle überhaupt möglichen Wege zu ermitteln und die zugehörigen Durchlaufungszeiten festzustellen. Bild 7/2 zeigt die Durchführung. Da sämtliche Wege in A beginnen und in E enden, unterscheiden sie sich allein durch die Wahl der Zwischenstationen, d.h. durch die Kombination der in k = 1,2,3 angenommenen Ordinatenwerte x_1, x_2, x_3. Es gibt daher insgesamt $2^3 = 8$ Wege. Aus dem Bild 7/2 liest man ab, daß die Kombination 101 den zeitoptimalen Weg liefert.

So einfach dieses Verfahren ist, so unausführbar wird es, wenn man die Zahl der Schritte und der möglichen Ordinatenwerte vergrößert. Ist allgemein k = 0,1,...,N und x = 0,1,...,m-1, so gibt es beim Übergang von k = 0 nach k = 1 m Wegstücke, die durchlaufen werden können. Von jeder der m Zwischenstationen, die zu k = 1 gehören, gehen wiederum m Wegstücke aus, die zu einer Zwischen-

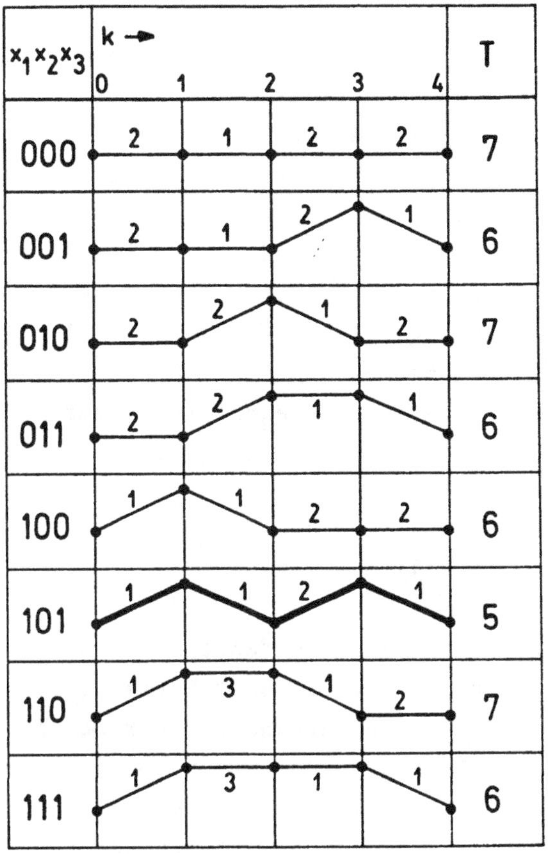

Bild 7/2 Naive Ermittlung des optimalen Weges.
T: Durchlaufungszeit

station mit k = 2 führen. Insgesamt hat man damit $m \cdot m = m^2$ verschiedene Wege, auf denen man vom Anfangspunkt A (k=0) zu einer Zwischenstation bei k = 2 gelangt. So fortfahrend, erhält man m^{N-1} Wege, auf denen man von A bis zu einer Zwischenstation bei k = N-1 reisen kann. Von hier ab bis zum festen Endpunkt E (k=N, x=0) ist der weitere Gang der Reise dann eindeutig festgelegt. Insgesamt gibt es somit

$$m^{N-1}$$

Wege von A nach E.

Ist z.B. $N = 21$ und $m = 10$ - eine für die Diskretisierung realer Probleme noch recht bescheidene Annahme - so hat man unter 10^{20} Wegen den optimalen zu suchen. Überträgt man diese Aufgabe einem Rechner, so wird dieser zunächst Weg 1 und 2 vergleichen und den besseren speichern (bei gleicher Güte: einen beliebigen der beiden Wege), dann wird er den gespeicherten Weg mit Nr. 3 vergleichen und wiederum den besseren von beiden beibehalten. Usw. Wie man sieht, muß der Rechner insgesamt $10^{20} - 1 \approx 10^{20}$ Entscheidungen fällen. Nehmen wir an, daß er für jede Entscheidung eine Mikrosekunde braucht (es kommt auf diese Annahme nicht so genau an), so benötigt er insgesamt die Rechenzeit

$$10^{20}\ \mu s \approx 3{,}2 \text{ Millionen Jahre.}$$

Das oben beschriebene naive Verfahren zur Auffindung des zeitoptimalen Weges versagt also im Ernstfall. Was läßt sich tun, um den riesigen Aufwand zu verringern? Erstaunlicherweise gelingt dies durch eine sehr einfache Maßnahme: Man verzichtet darauf, alle Möglichkeiten nebeneinander zu stellen und zwischen ihnen zu entscheiden, sondern führt den *Entscheidungsprozeß stufenweise* durch. Diese Vorgehensweise führt zu einer radikalen Reduktion des Rechenaufwands, wie nun am Beispiel des Wegenetzes im Bild 7/1 gezeigt werden soll.

Das Prinzip besteht darin, daß man für jeden Punkt (k,x) entscheidet, welcher optimale Weg von ihm zum Endpunkt E führt, wobei man mit der letzten Entscheidungsstufe ($k=3$, da in E keine Entscheidung mehr zu fällen ist) beginnt und rückschreitend das Wegenetz durchläuft, dabei stets das Ergebnis der gerade zuvor behandelten Stufe benutzend.

Wir beginnen also mit der letzten Entscheidungsstufe bei $k = 3$. Hier kann man sich entweder in $x = 0$ oder in $x = 1$

befinden. Von jedem dieser beiden Punkte führt zum Endpunkt nur ein einziger Weg. Die zu diesem Weg gehörende Durchlaufungszeit ist deshalb trivialerweise die kürzestmögliche bis zum Endpunkt. In einen kleinen Kreis eingerahmt, wird die optimale Durchlaufungszeit an den Punkt (k,x) geschrieben. Bild 7/3 zeigt dies.

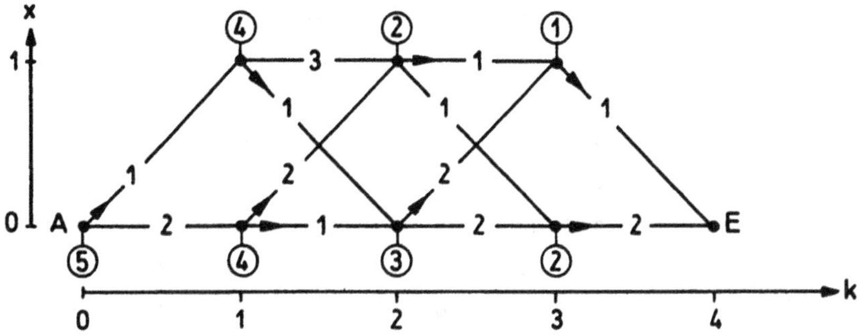

Bild 7/3 Stufenweiser Entscheidungsprozeß

Nunmehr gehen wir eine Entscheidungsstufe zurück auf k = 2. Betrachten wir dort zunächst den Punkt mit x = 0. Hier sind zwei Steuerbefehle möglich: "Rechts seitwärts" und "rechts aufwärts". Im ersten Fall ist die Durchlaufungszeit bis zum Endpunkt E 2 + ② = 4, im zweiten Fall 2 + ① = 3. In beiden Fällen braucht man die Wege nicht bis zum Endpunkt zu verfolgen, sondern kann die optimalen Werte der vorangegangenen Entscheidungsstufe benutzen, was durch die eingekreisten Zahlen in den letzten Gleichungen angedeutet ist. Dieses Vorgehen bringt an dieser Stelle zwar noch keinen Vorteil, wird sich aber im folgenden als ganz wesentlich erweisen. Die optimale Durchlaufungszeit vom Punkt (2,0) nach E ist also 3, welche Zahl wiederum in einen kleinen Kreis eingetragen und an den Punkt (2,0) angeheftet wird. Der optimale Steuerbefehl lautet "rechts aufwärts" und wird durch einen Pfeil kenntlich gemacht.

Ganz entsprechend erhält man für den Punkt (2,1) dieser Entscheidungsstufe die optimale Durchlaufungszeit ② und den optimalen Steuerbefehl "rechts seitwärts".

Gehen wir wieder eine Entscheidungsstufe zurück, also zu k = 1, und betrachten zunächst den Punkt mit x = 0. Auch hier kann man wieder "rechts seitwärts" und "rechts aufwärts" gehen. Im ersten Fall ist die Durchlaufungszeit bis zum Endpunkt E 1 + ③ = 4, im zweiten Fall 2 + ②, also ebenfalls 4. Beide Steuerbefehle sind somit optimal. Die kürzestmögliche Durchlaufungszeit vom Punkt (1,0) nach E ist auf beiden gleich ④. Hier ist es für die Einfachheit der Entscheidung ganz wesentlich, daß man nicht alle möglichen Wege von (1,0) bis zum Endpunkt E durchlaufen muß, sondern daß es genügt, bis zu der gerade vorher durchlaufenen Entscheidungsstufe zurückzugehen und die optimalen Werte von dort zu übernehmen. Das genügt völlig. Man braucht nicht mehr die verschiedenen Wege von k = 2 bis E weiterzugehen, weil man die optimalen Werte der Durchlaufungszeit und die zugehörigen optimalen Steuerbefehle für k = 2 bereits festgestellt hat.

In dieser Weise fortfahrend erhält man für jeden Punkt (k,x) des Wegenetzes aus Bild 7/3 den optimalen Steuerbefehl, durch einen Pfeil kenntlich gemacht, und den optimalen Wert der Durchlaufungszeit, durch einen kleinen Kreis charakterisiert.

Nunmehr ist es ein leichtes, den optimalen Pfad durch das Wegenetz anzugeben: Man braucht lediglich das Wegenetz von vorne zu durchlaufen. Dann liefern die eingezeichneten Pfeilrichtungen die optimale Folge der Steuerbefehle und die zugehörigen Wegstücke den optimalen Pfad, während der optimale Wert der Durchlaufungszeit von vornherein bekannt ist, nämlich als eingekreiste Zahl am Anfangspunkt A. Man ist hierbei sicher, daß man tatsächlich die optimale Lösung erhält. Im Bild 7/4 ist sie nochmals dargestellt. Natürlich stimmt sie mit der naiv gefundenen Lösung in Bild 7/2 überein.

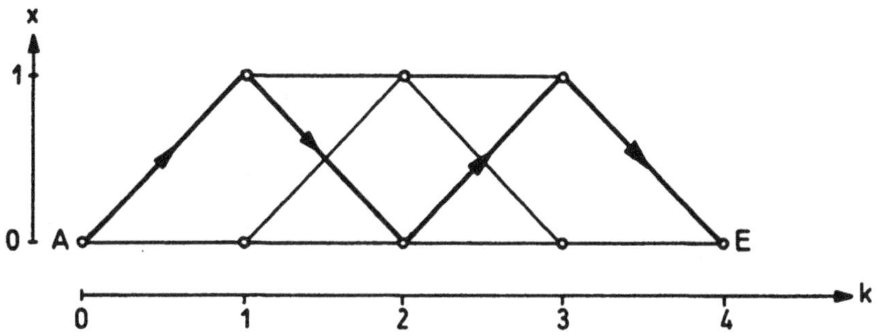

Bild 7/4 Die optimale Lösung

Was ist nun mit dem neuen Verfahren gewonnen? Um dies deutlich zu sehen, betrachten wir das obige Zahlenbeispiel unter dem neuen Gesichtspunkt und fragen uns nach der Anzahl der zu fällenden Entscheidungen. Aus dem Bild 7/5 kann man sie ohne Schwierigkeit entnehmen. Beim

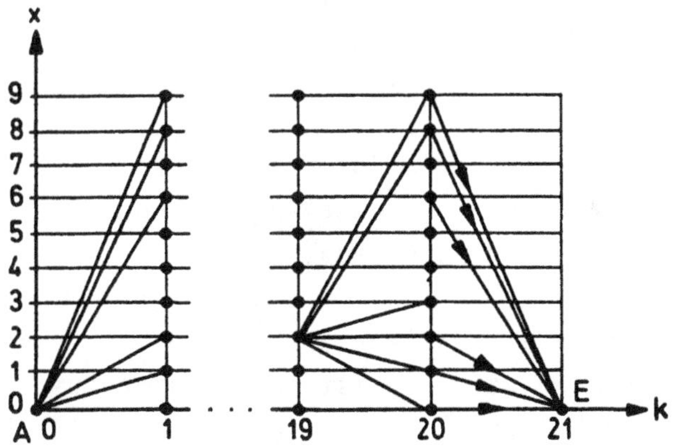

Bild 7/5 Zahlenbeispiel zum mehrstufigen Entscheidungsprozeß

Übergang von k = 20 bis k = 21 ist keine Entscheidung

erforderlich, da von jedem Punkt (20,x) zum Endpunkt E (k=21) nur ein Weg führt, dessen Durchlaufungszeit damit optimal ist. Betrachten wir nunmehr einen beliebigen festen Punkt (19,x) der vorhergehenden Stufe. Von ihm führen 10 Wegstücke zu den Punkten mit k = 20, wie dies für den Punkt (19,2) im Bild 7/5 angedeutet ist. Um unter diesen 10 Wegstücken das günstigste herauszusuchen, bedarf es 9 Entscheidungen. Diese müssen für *jeden* der Punkte (19,x) durchgeführt werden. Da es 10 solcher Punkte gibt, bringt der Übergang von k = 19 nach k = 20 insgesamt 9·10 = 90 Entscheidungen mit sich. Das gleiche gilt für den Übergang von k = 18 bis k = 19 und auch für die früheren Übergänge ab k = 1: Man braucht nirgends mehr als 90 Entscheidungen, da man sich stets auf die in der vorangegangenen Entscheidung ermittelten optimalen Werte der Durchlaufungszeit stützen kann. Der Übergang von k = 0 nach k = 1 nimmt eine Sonderstellung ein, aber nur deshalb, weil für k = 0 lediglich ein einziger Punkt vorhanden ist, eben der Startpunkt A. Deshalb benötigt man hier nur 9 Entscheidungen. Die Gesamtzahl der Entscheidungen beläuft sich somit auf

$$9 + 19 \cdot 90 + 0 = 1719.$$

Ein Rechner, der für *eine* Entscheidung eine Mikrosekunde braucht, hat also den gesamten Entscheidungsprozeß in weniger als 2 ms abgeschlossen.

Mit Stolz können wir feststellen, daß es uns - dank Richard BELLMAN - gelungen ist, eine Rechenzeit von mehr als 3 Millionen Jahren auf weniger als 2 Millisekunden zu reduzieren - ein wahrhaft frappierendes Ergebnis, und dies um so mehr, als keinerlei komplizierte mathematische Formalismen benötigt werden, die Überlegung vielmehr mit den einfachsten logischen Mitteln auskommt.

Um den Gedanken *allgemein* durchführen zu können, ist allerdings eine gewisse Formalisierung unerläßlich. Diese Verallgemeinerung soll im nächsten Abschnitt durchgeführt werden.

7.2 Das Bellmansche Optimalitätsprinzip

Wir betrachten ein dynamisches System, das nacheinander die Punkte $\underline{x}_k$, $k = 0,1,\ldots,N$, im n-dimensionalen Zustandsraum annimmt. Der kürzeren Schreibweise wegen wird nunmehr das Symbol $\underline{x}_k$ anstelle der Bezeichnung (k,x) des Wegenetzbeispiels gewählt. Dabei kann $\underline{x}_k$ ein beliebiger Punkt aus einem Bereich X des Zustandsraumes sein, der durch die Aufgabenstellung gegeben ist. Bei X kann es sich um den gesamten Raum handeln, aber auch z.B. um einen Quader oder eine Kugel. Die *Zustandsvariablen dürfen* also jetzt *beschränkt sein.* Beim Wegenetz besteht die Menge X lediglich aus den beiden Punkten 0 und 1.

Der Anfangspunkt $\underline{x}_0$ wird vielfach fest vorgegeben sein, während der Endpunkt $\underline{x}_N$ in einer Zielmenge liegt, die in X enthalten ist und ebenfalls auf einen Punkt zusammenschrumpfen kann.

Bei N handelt es sich um eine feste positive Zahl, die durch die Aufgabenstellung gegeben ist, wie man dies am Beispiel des Wegenetzes sehen kann. Bei einem Abtastsystem kann N die Anzahl der Schritte vom gegebenen Anfangspunkt zum gewünschten Endpunkt sein. Auf jeden Fall bezeichnet N die Anzahl der Stufen des Entscheidungsprozesses.

Von $\underline{x}_k$ gelangt man nach $\underline{x}_{k+1}$ durch eine Entscheidung, die in der Wahl eines (p-dimensionalen) Steuervektors $\underline{u}_k$ besteht. Dieser stammt aus einer ebenfalls durch die Aufgabenstellung gegebenen Menge U des Steuerungsraumes, die im übrigen beliebig sein darf. Im konkreten Fall wird es sich meist um den gesamten Steuerungsraum oder auch um einen achsenparallelen Quader handeln, dann nämlich, wenn die einzelnen Steuergrößen beschränkt sind.

Um von einem Punkt $\underline{x}_k$ zu einem Punkt $\underline{x}_{k+m}$ zu gelangen, hat man die Steuervektoren $\underline{u}_k, \underline{u}_{k+1}, \ldots, \underline{u}_{k+m-1}$ zu wählen. Die so bestimmte Steuerfolge $(\underline{u}_k, \ldots, \underline{u}_{k+m-1})$ bezeichnet man auch als eine *Strategie* (oder Politik).

Im Beispiel des Wegenetzes wurden die Steuerbefehle verbal formuliert, weil dies dort genügte. Man kann sie auch ohne weiteres formelmäßig fassen:

$$u = \begin{cases} -1 & (\text{"rechts abwärts"}), \\ 0 & (\text{"rechts seitwärts"}), \\ 1 & (\text{"rechts aufwärts"}). \end{cases}$$

Die Menge U besteht dann aus den drei Werten -1, 0, 1.

Beim Wegenetz ist der Zusammenhang zwischen dem Punkt $\underline{x}_k$ und einem nachfolgenden Punkt $\underline{x}_{k+1}$ in unmittelbar ersichtlicher Weise geometrisch gegeben. Im allgemeinen wird dieser Zusammenhang jedoch durch eine Funktionalgleichung dargestellt. Sie hat die Form

$$\underline{x}_{k+1} = \underline{g}_k(\underline{x}_k, \underline{u}_k), \quad k = 0,1,\ldots,N. \tag{7.1}$$

Der Index k von $\underline{g}$ soll dabei andeuten, daß sich die Beziehung (7.1) von Schritt zu Schritt ändern kann. Betrachten wir beispielsweise die Differentialgleichung

$$\dot{\underline{x}} = \underline{f}(\underline{x}, \underline{u}, t), \quad 0 \leqq t \leqq t_e, \tag{7.2}$$

zu den Zeitpunkten

$$0 = t_o < t_1 < \ldots < t_N = t_e.$$

Wir diskretisieren sie, indem wir $\underline{x}(t)$ durch $\underline{x}(t_k) = \underline{x}_k$, $\underline{u}(t)$ durch $\underline{u}(t_k) = \underline{u}_k$, $k = 0,1,\ldots$, ersetzen und statt des Differentialquotienten $\dot{\underline{x}}(t)$ den Differenzenquotienten

$$\frac{\underline{x}_{k+1}-\underline{x}_k}{t_{k+1}-t_k}, \quad k = 0,1,\ldots,N-1,$$

nehmen. Wir erhalten so die Differenzengleichung

$$\frac{\underline{x}_{k+1}-\underline{x}_k}{t_{k+1}-t_k} = \underline{f}(\underline{x}_k,\underline{u}_k,t_k)$$

oder

$$\underline{x}_{k+1} = \underline{x}_k + \Delta t_k \cdot \underline{f}(\underline{x}_k,\underline{u}_k,t_k), \quad k = 0,1,\ldots,N-1, \qquad (7.3)$$

welche die Differentialgleichung (7.2) approximiert, sofern die Differenzen

$$\Delta t_k = t_{k+1} - t_k$$

genügend klein sind. Die rechte Seite von (7.3) ist von der Form $\underline{g}_k(\underline{x}_k,\underline{u}_k)$.

Ist die Differentialgleichung (7.2) autonom, hängt ihre rechte Seite also nicht explizit von t ab, und sind überdies die t_k äquidistant, so wird aus (7.3)

$$\underline{x}_{k+1} = \underline{x}_k + \Delta t \cdot \underline{f}(\underline{x}_k,\underline{u}_k). \qquad (7.4)$$

Die rechte Seite ist dann eine Funktion von $\underline{x}_k$ und $\underline{u}_k$, die für alle k die gleiche ist, hat also die Form

$$\underline{x}_{k+1} = \underline{g}(\underline{x}_k,\underline{u}_k), \quad k = 0,1,\ldots,N-1. \qquad (7.5)$$

Dieser Spezialfall von (7.1) liegt bei vielen Anwendungsfällen vor.

Die Differenzengleichung (7.1) bzw. (7.5) nimmt für die folgenden Untersuchungen *die* Stelle ein, welche bisher die Zustandsdifferentialgleichung

$$\underline{\dot{x}} = \underline{f}(\underline{x},\underline{u},t)$$

bzw.

$$\underline{\dot{x}} = \underline{f}(\underline{x},\underline{u})$$

der Strecke innehatte.

Für das Beispiel des Wegenetzes erhält man die Funktionalbeziehung (7.5) aus der Tabelle im Bild 7/6. Dabei ist zu beachten, daß wegen der Beschränkung $0 \leqq x \leqq 1$ die Werte -1 und 2 ausgeschlossen sind, was durch die

x_k	u_k	x_{k+1}
0	-1	~~-1~~
0	0	0
0	1	1
1	-1	0
1	0	1
1	1	~~2~~

Bild 7/6 Tabelle zum Wegenetz

Streichung angedeutet wird. Aus der Tabelle liest man ab:

$$x_{k+1} = x_k + u_k. \tag{7.6}$$

Im Bild 7/7 sind die bisher eingeführten Bezeichnungen in Form eines Blockschemas zusammengestellt.

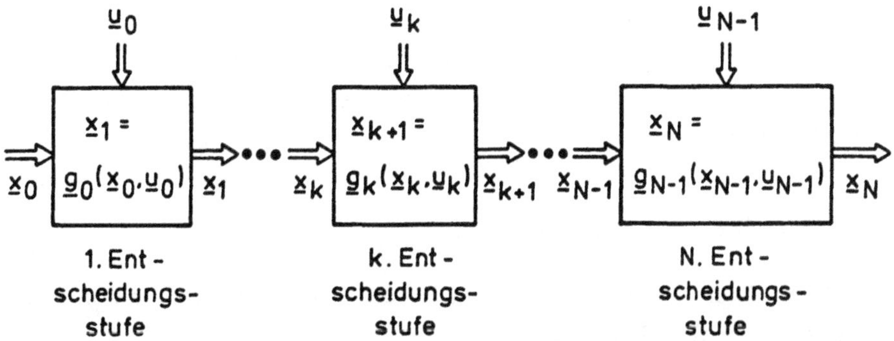

Bild 7/7 N-stufiger Entscheidungsprozeß

Bis jetzt war von Optimierung noch keine Rede. Dazu muß ein Gütemaß eingeführt werden. Dieses soll die bei jedem Schritt zu treffende Entscheidung, also die Wahl des Steuervektors, bewerten. Wir wollen annehmen, daß es von diesem Steuervektor, von dem unmittelbar vorangehenden und dem unmittelbar nachfolgenden Zustand abhängt, nicht jedoch von der Vorgeschichte:

$$I_k = F_k(\underline{x}_k, \underline{x}_{k+1}, \underline{u}_k), \quad k = 0,1,\ldots,N-1.$$

Wegen (7.1) kann man dafür auch schreiben:

$$I_k = F_k\big(\underline{x}_k, \underline{g}_k(\underline{x}_k, \underline{u}_k), \underline{u}_k\big),$$

so daß letztlich I_k nur noch von $\underline{x}_k$ und $\underline{u}_k$ abhängt:

$$I_k = I_k(\underline{x}_k, \underline{u}_k), \quad k = 0,1,\dots,N-1. \tag{7.7}$$

Diese Darstellung wollen wir im folgenden zugrunde legen. Der Index k weist darauf hin, daß sich das Gütemaß von Schritt zu Schritt ändern kann. Häufig wird es allerdings von k unabhängig sein, also für alle Schritte die gleiche Form haben.

Durch (7.7) wird auch jeder Strategie (Entscheidungsfolge) ein Gütemaß zugeordnet, nämlich die Summe aller Gütemaße der einzelnen Entscheidungen. Betrachtet man etwa die Strategie

$$(\underline{u}_k, \underline{u}_{k+1}, \dots, \underline{u}_{k+m-1}),$$

die von einem Punkt $\underline{x}_k$ zu einem Punkt $\underline{x}_{k+m}$ führt, so gehört zu ihr das Gütemaß

$$J_{k,k+m} = I_k(\underline{x}_k, \underline{u}_k) + I_{k+1}(\underline{x}_{k+1}, \underline{u}_{k+1}) +$$

$$+ I_{k+2}(\underline{x}_{k+2}, \underline{u}_{k+2}) + \dots + I_{k+m-1}(\underline{x}_{k+m-1}, \underline{u}_{k+m-1}). \tag{7.8}$$

Hierin ist nach (7.1)

$$\underline{x}_{k+1} = \underline{g}_k(\underline{x}_k, \underline{u}_k),$$

$$\underline{x}_{k+2} = \underline{g}_{k+1}(\underline{x}_{k+1}, \underline{u}_{k+1}) = \underline{g}_{k+1}\big(g_k(\underline{x}_k, \underline{u}_k), \underline{u}_{k+1}\big),$$

$$\vdots$$

Denkt man sich dies in (7.8) eingesetzt, so wird

$$J_{k,k+m} = J_{k,k+m}(\underline{x}_k; \underline{u}_k, \underline{u}_{k+1}, \dots, \underline{u}_{k+m-1}). \tag{7.9}$$

D.h: Der Wert des Gütemaßes für eine Strategie hängt nur von der Strategie selbst und ihrem Anfangszustand ab.

Das auf diese Weise für alle Strategien erklärte *Gütemaß verhält sich* offensichtlich *additiv: Ist* $k_1 < k_2 < k_3$, *so gilt*

$$J_{k_1k_3} = J_{k_1k_2} + J_{k_2k_3}. \tag{7.10}$$

Im folgenden treten hauptsächlich *Strategien* auf, die *von einem Zwischenzustand* $\underline{x}_k$ *zum Endzustand* $\underline{x}_N$ führen. Zur Vereinfachung der Bezeichnungsweise werden die zugehörigen Strategien J_{kN} *kurz mit* J_k *bezeichnet.*

Beispiel eines Gütemaßes ist

$$I = \frac{1}{2} x_{k+1}^2 + \frac{\lambda}{2} u_k^2, \tag{7.11}$$

wobei einfachheitshalber x und u als skalar angenommen sind, während $\lambda > 0$ ein Gewichtsfaktor ist. Das durch dieses Gütemaß angestrebte Ziel besteht darin, am Schluß jedes Schrittes x möglichst klein zu machen (im Sinn der quadratischen Regelfläche) und zugleich die zugeführte Steuerenergie zu minimieren. Für x_{k+1} kann man sich die Systemgleichung (7.5) eingesetzt denken, so daß I letztlich von x_k und u_k abhängt. Das Gütemaß der Gesamtstrategie (von x_0 nach x_N) ist

$$J_0 = \frac{1}{2} \sum_{k=0}^{N-1} \left(x_{k+1}^2 + \lambda u_k^2\right). \tag{7.12}$$

Etwas anders liegen die Dinge, wenn man das kontinuierliche Gütemaß

$$J = \frac{1}{2} x^2(t_e) + \frac{\lambda}{2} \int_0^{t_e} u^2(t)dt$$

ins Diskrete übertragen soll. Dann ist offensichtlich

$$J_0 = \frac{1}{2} x_N^2 + \frac{\lambda}{2} \sum_{k=0}^{N-1} u_k^2. \tag{7.13}$$

Daher ist in diesem Fall

$$I_k = \frac{\lambda}{2} u_k^2, \; k = 0,1,\ldots,N-2, \text{ aber}$$

$$I_{N-1} = \frac{1}{2}\left(x_N^2+\lambda u_{N-1}^2\right).$$

Ist allgemein $J_k(\underline{x}_k;\underline{u}_k,\ldots,\underline{u}_{N-1})$ das Gütemaß zu einer Strategie $(\underline{u}_k,\ldots,\underline{u}_{N-1})$, die von $\underline{x}_k$ zum Endzustand $\underline{x}_N$ führt, so wird nach *der* Strategie gefragt, die den kleinsten Wert des Gütemaßes liefert. Es ist klar, daß dieser optimale Wert vom Anfangszustand $\underline{x}_k$ der Strategie abhängt:

$$\min_{(\underline{u}_k,\ldots\underline{u}_{N-1})} J_k(\underline{x}_k;\underline{u}_k,\ldots,\underline{u}_{N-1}) = J_k^*(\underline{x}_k), \; \underline{u}_\nu \in U \text{ beliebig.} \tag{7.14}$$

Die optimale Strategie, welche dieses Minimum liefert, sei mit $(\underline{u}_k^*,\ldots,\underline{u}_{N-1}^*)$ bezeichnet.

Wir haben damit den notwendigen Formalismus bereitgestellt und können zu unserem eigentlichen Anliegen, der Formulierung eines allgemeinen Optimierungsprinzips, übergehen. Dazu kommen wir nochmals auf das Wegenetz zurück und fragen uns, worin die wesentliche Schlußweise bei der Auffindung des optimalen Pfades mittels des mehrstufigen Entscheidungsprozesses besteht: Doch offenkundig darin, daß man bei der Ermittlung der optimalen Lösung im k-ten Schritt auf die optimale Lösung im vorangegangenen Schritt zurückgreift und diese als Endstück der Lösung des k-ten Schrittes verwendet. Damit geht man aber von dem Prinzip aus, daß der gesamte Weg nur dann optimal sein kann, wenn jedes Endstück des Weges dies ist, ganz gleich, von welcher Stufe k aus man nach E geht. Diese Schlußweise war bei dem Beispiel, dessen Gütemaß die Durchlaufungszeit ist, ganz selbstverständlich.

Um sie zu verallgemeinern, denken wir uns die optimale Gesamtstrategie $(\underline{u}_0^*, \underline{u}_1^*, \ldots, \underline{u}_{N-1}^*)$ samt der optimalen Trajektorie gefunden, wobei die letztere, obgleich sie ja nur aus einer Punktfolge $(\underline{x}_0^*, \underline{x}_1^*, \ldots, \underline{x}_N^*)$ besteht, der Anschaulichkeit halber als kontinuierlicher Kurvenzug dargestellt ist (Bild 7/8). Greift man einen beliebigen

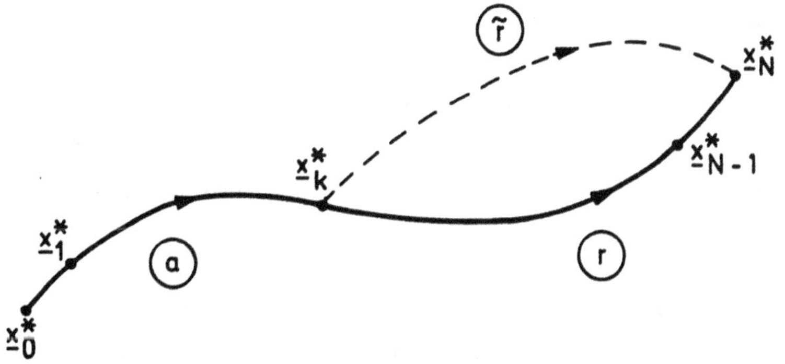

Bild 7/8 Zur Herleitung des Optimalitätsprinzips

Zwischenzustand $\underline{x}_k^*$ heraus, so wird durch ihn die Trajektorie und damit auch die Gesamtstrategie in zwei Teile zerlegt: Die Anfangsstrategie $a = (\underline{u}_0^*, \ldots, \underline{u}_{k-1}^*)$ und die Reststrategie $r = (\underline{u}_k^*, \ldots, \underline{u}_{N-1}^*)$. Dann gilt:

Die Gesamtstrategie kann nur dann optimal sein, wenn jede Reststrategie optimal ist, ganz gleich, von welchem Zwischenzustand sie ausgeht (Optimalitätsprinzip von BELLMAN). (7.15)

Der Nachweis ist sehr einfach. Angenommen, es gebe eine Reststrategie $\tilde{r}$, die günstiger ist als die Reststrategie r der optimalen Gesamtstrategie (a,r) (Bild 7/8):

$$J(\tilde{r}) < J(r).$$

Daraus folgt

$$J(a) + J(\tilde{r}) < J(a) + J(r).$$

Wegen der Additivitätseigenschaft des Gütemaßes folgt daraus weiter

$$J(a,\tilde{r}) < J(a,r).$$

Das ist jedoch ein Widerspruch zur Voraussetzung, daß (a,r) eine optimale Strategie ist, also ein Minimum des Gütemaßes liefert. Mithin ist die Annahme falsch und somit r optimal.

Es sei angemerkt, daß die Aussage des Optimalitätsprinzips nicht nur für die Reststrategien, sondern auch für andere Teilstrategien der optimalen Gesamtstrategie gilt. Davon kann man sich durch die eben benutzte Schlußweise überzeugen. Doch ist diese Tatsache für die folgende Untersuchung zur Auffindung der optimalen Gesamtstrategie ohne Bedeutung.

7.3 Die Bellmansche Rekursionsformel

Mit dem *Optimalitätsprinzip* (7.15) hat man eine *notwendige Bedingung für die optimale Lösung*, aus der sich die gesuchte optimale Strategie berechnen läßt. Es ist nur erforderlich, die verbale Formulierung des Optimalitätsprinzips formelmäßig zu fassen.

Zu diesem Zweck betrachten wir die Strategie $(\underline{u}_k, \underline{u}_{k+1}, \ldots, \underline{u}_{N-1})$, wobei k beliebig ist. Für sie ist $(\underline{u}_{k+1}, \ldots, \underline{u}_{N-1})$ eine Reststrategie. Wegen der Additivitätseigenschaft des Gütemaßes gilt dann

$$J_k(\underline{x}_k; \underline{u}_k, \underline{u}_{k+1}, \ldots, \underline{u}_{N-1}) = I_k(\underline{x}_k, \underline{u}_k) + $$

$$+ J_{k+1}(\underline{x}_{k+1}; \underline{u}_{k+1}, \ldots, \underline{u}_{N-1}),$$

also

$$\min_{(\underline{u}_k, \ldots, \underline{u}_{N-1})} J_k(\underline{x}_k; \underline{u}_k, \underline{u}_{k+1}, \ldots, \underline{u}_{N-1}) =$$

$$= \min_{(\underline{u}_k, \ldots, \underline{u}_{N-1})} \left[I_k(\underline{x}_k, \underline{u}_k) + J_{k+1}(\underline{x}_{k+1}; \underline{u}_{k+1}, \ldots, \underline{u}_{N-1}) \right]. \quad (7.16)$$

Da $(\underline{u}_{k+1}, \ldots, \underline{u}_{N-1})$ eine Reststrategie zur Strategie $(\underline{u}_k, \underline{u}_{k+1}, \ldots, \underline{u}_{N-1})$ ist, kann die letztere nach dem Optimalitätsprinzip nur dann optimal sein, wenn $(\underline{u}_{k+1}, \ldots, \underline{u}_{N-1})$ dies ist, wenn also $(\underline{u}_{k+1}, \ldots, \underline{u}_{N-1})$ ein Minimum des Gütemaßes liefert. Damit folgt aus (7.16):

$$\min_{(\underline{u}_k, \ldots, \underline{u}_{N-1})} J_k(\underline{x}_k; \underline{u}_k, \underline{u}_{k+1}, \ldots, \underline{u}_{N-1}) =$$

$$= \min_{\underline{u}_k} \left[I_k(\underline{x}_k, \underline{u}_k) + \min_{(\underline{u}_{k+1}, \ldots, \underline{u}_{N-1})} J_{k+1}(\underline{x}_{k+1}; \underline{u}_{k+1}, \ldots, \underline{u}_{N-1}) \right].$$

Mittels der in (7.14) eingeführten Bezeichnungsweise kann man diese Beziehung übersichtlicher schreiben:

$$J_k^*(\underline{x}_k) = \min_{\underline{u}_k} \left[I_k(\underline{x}_k, \underline{u}_k) + J_{k+1}^*(\underline{x}_{k+1}) \right]. \quad (7.17)$$

Berücksichtigt man nun noch die Zustandsdifferenzengleichung (7.1), so wird aus (7.17)

$$J_k^*(\underline{x}_k) = \min_{\underline{u}_k} \left[I_k(\underline{x}_k, \underline{u}_k) + J_{k+1}^*\left\{\underline{g}_k(\underline{x}_k, \underline{u}_k)\right\}\right], \qquad (7.18)$$

$$k = N-1, \ldots, 1, 0.$$

Diese Beziehung (7.17) bzw. (7.18), die also nichts anderes ist als die formelmäßige Fassung des Optimalitätsprinzips, wollen wir die *Bellmansche Rekursionsformel* nennen, weil sich aus ihr *rekursiv die optimale Strategie berechnen* läßt.

Dazu beginnen wir die Rekursion mit $k = N-1$, also von rückwärts, in der gleichen Weise wie schon beim Wegenetz. Da der (N-1)-te Schritt der letzte ist, hat man in (7.17) $J_N^*(\underline{x}_N) = 0$ zu setzen und bekommt so

$$J_{N-1}^*(\underline{x}_{N-1}) = \min_{\underline{u}_{N-1}} I_{N-1}(\underline{x}_{N-1}, \underline{u}_{N-1}). \qquad (7.19)$$

Nun muß man das Minimum der Funktion $I_{N-1}(\underline{x}_{N-1}, \underline{u}_{N-1})$, deren Variable $\underline{x}_{N-1}, \underline{u}_{N-1}$ beliebig in X bzw. U liegen können, bezüglich $\underline{u}_{N-1}$ ermitteln. $\underline{x}_{N-1}$ ist dabei ein Parameter. Unterliegt $\underline{u}_{N-1}$ keinen Beschränkungen (und ist I_{N-1} bezüglich $\underline{u}_{N-1}$ differenzierbar), so erhält man die optimale Lösung aus der Gleichung

$$\frac{\partial I_{N-1}}{\partial \underline{u}_{N-1}}(\underline{x}_{N-1}, \underline{u}_{N-1}) = \underline{0}. \qquad (7.20)$$

Im allgemeinen wird man sie durch ein numerisches Verfahren bestimmen müssen. Auf jeden Fall ergibt sie sich in der Form

$$\underline{u}_{N-1} = \underline{r}_{N-1}(\underline{x}_{N-1}), \quad \underline{x}_{N-1} \in X. \qquad (7.21)$$

Setzt man diesen Ausdruck in (7.19) ein, so hat man den optimalen Wert des Gütemaßes:

$$J^*_{N-1}(\underline{x}_{N-1}) = I_{N-1}\left(\underline{x}_{N-1},\underline{r}_{N-1}(\underline{x}_{N-1})\right), \; \underline{x}_{N-1} \in X. \qquad (7.22)$$

Nunmehr kann man zum nächsten Rekursionsschritt k = N-2 übergehen. Aus (7.18) wird

$$J^*_{N-2}(\underline{x}_{N-2}) = \min_{\underline{u}_{N-2}} \left[I_{N-2}(\underline{x}_{N-2},\underline{u}_{N-2}) + J^*_{N-1}\left\{\underline{g}_{N-2}(\underline{x}_{N-2},\underline{u}_{N-2})\right\}\right].$$

Da $J^*_{N-1}(\underline{x}_{N-1})$ gemäß (7.22) bekannt ist, kennt man auch den zu minimierenden Ausdruck als Funktion von $\underline{x}_{N-2}$ und $\underline{u}_{N-2}$. Durch die Ausführung der Minimierung ergibt sich wie beim letzten Schritt

$$\underline{u}_{N-2} = \underline{r}_{N-2}(\underline{x}_{N-2}), \; \underline{x}_{N-2} \in X, \qquad (7.23)$$

und $J^*_{N-2}(\underline{x}_{N-2})$ als bekannte Funktion.

In dieser Weise rekursiv rückschreitend, erhält man schließlich für k = 0

$$\underline{u}_0 = \underline{r}_0(\underline{x}_0), \; \underline{x}_0 \in X, \qquad (7.24)$$

und $J^*_0(\underline{x}_0)$ als bekannte Funktion. Damit ist das Optimierungsproblem gelöst.

Insgesamt haben wir die Gleichungen

$$\underline{u}_k = \underline{r}_k(\underline{x}_k), \; k = 0,1,\ldots,N-1, \qquad (7.25)$$

erhalten. Das sind Beziehungen, die der kontinuierlichen Gleichung

$$\underline{u} = \underline{r}(\underline{x},t)$$

entsprechen. Sie stellen das *optimale Regelungsgesetz* dar. Dieses ergibt sich hier somit *unmittelbar*, während bei den früher behandelten Verfahren, der klassischen

Variationsrechnung und dem Pontrjaginschen Maximumprinzip, zunächst nur die optimale Steuerung bestimmt wird. Aus ihr hat man dann nachträglich das optimale Regelungsgesetz zu konstruieren - sofern man es nicht durch geschickten Ansatz finden kann. Aber beides hat seine Schwierigkeiten.

Im Beispiel des Wegenetzes ist, wie man etwa aus dem Bild 7/3 ablesen kann:

$r_0(0) = 1$, während $r_0(1)$ nicht existiert, weil für $k = 0$ $x = 1$ nicht zulässig ist;
$r_1(0) = 0$ oder 1 (optimale Steuerfunktion ist hier doppeldeutig), $r_1(1) = -1$;
$r_2(0) = 1$, $r_2(1) = 0$;
$r_3(0) = 0$, $r_3(1) = -1$.

Ganz entsprechend wie beim Wegenetz kann man nunmehr auch im allgemeinen Fall eine optimale Trajektorie dadurch erhalten, daß man, ausgehend vom gegebenen Anfangspunkt, die Rekursionsrichtung umkehrt. Da dies jedoch eine Frage ist, die den Regelungstechniker meist nicht interessiert, wollen wir nicht weiter darauf eingehen.

Das im vorhergehenden beschriebene Optimierungsverfahren wird als *Dynamische Programmierung* bezeichnet. Wesentlich für die Lösung ist bei ihr die *Einbettung des ursprünglich gegebenen Problems in eine Klasse gleichartiger Probleme*. Ursprünglich ging es darum, ein System aus einem vorgegebenen Anfangszustand $\underline{x}_0$ über die Zwischenstufen $\underline{x}_1, \ldots, \underline{x}_{N-1}$ in den gewünschten Endzustand $\underline{x}_N$ zu überführen, wobei ein gegebenes Gütemaß J minimal zu machen ist. Statt dessen betrachtet man bei der Dynamischen Programmierung die Gesamtheit aller Optimierungsprobleme, die aus dem vorliegenden dadurch entstehen, daß man dem Anfangspunkt in zweifacher Hinsicht Freiheit läßt: Statt zu $k = 0$ kann er zu einer beliebigen Stufe k gehören, und überdies kann er beliebig in der Menge X des Zustandsraumes liegen.

Ein anderes Beispiel für die Lösung eines speziellen Problems durch Einbettung in eine ganze Problemklasse bietet das Wurzelortsverfahren. Bei ihm wird die Untersuchung der Wurzeln einer algebraischen Gleichung dadurch ermöglicht, daß man einen Parameter der Gleichung variiert und die so entstehende Klasse von Gleichungen betrachtet.

Bei der Dynamischen Programmierung werden infolge der Einbettung alle überhaupt möglichen Strategien und Trajektorien berücksichtigt, die vom gegebenen Anfangspunkt zum gewünschten Endpunkt bzw. zur Zielmannigfaltigkeit führen. Unter ihnen allen wird die optimale Lösung ermittelt. *Die Methode der Dynamischen Programmierung liefert daher mit Sicherheit die Lösung der Optimierungsaufgabe.* Obgleich das Optimalitätsprinzip (in der obigen Formulierung) nur notwendig ist, wird es zusammen mit der Einbettung hinreichend für die Problemlösung.

7.4 Grundsätzliche Auswertung der Bellmanschen Rekursionsformel und Abschätzung des Rechenaufwands

Wir denken uns die Menge X mit einem Punktgitter überzogen, wie dies für den Fall n = 2, also für ein System 2. Ordnung, im Bild 7/9 dargestellt ist. Dabei ist einfachheitshalber angenommen, daß es sich bei X um einen Quaderbereich handelt, was meist der Fall sein wird. $x_{k,i}$ bezeichnet die i-te Koordinate des Punktes $\underline{x}_k$, wobei k nach wie vor die Nummer der Entscheidungsstufe angibt. Insgesamt gibt es dann $\alpha = a_1 \cdot a_2 \cdots a_n$ Gitterpunkte $\underline{x}_k^{[i]}$, wobei also n die Ordnung des Systems ist, die in diesem Zusammenhang auch als "Dimension" bezeichnet wird. Die Definition der Zahlen a_ν ist aus dem Bild 7/9 zu entnehmen. Ganz entsprechend kann man auch den Steuerbereich U

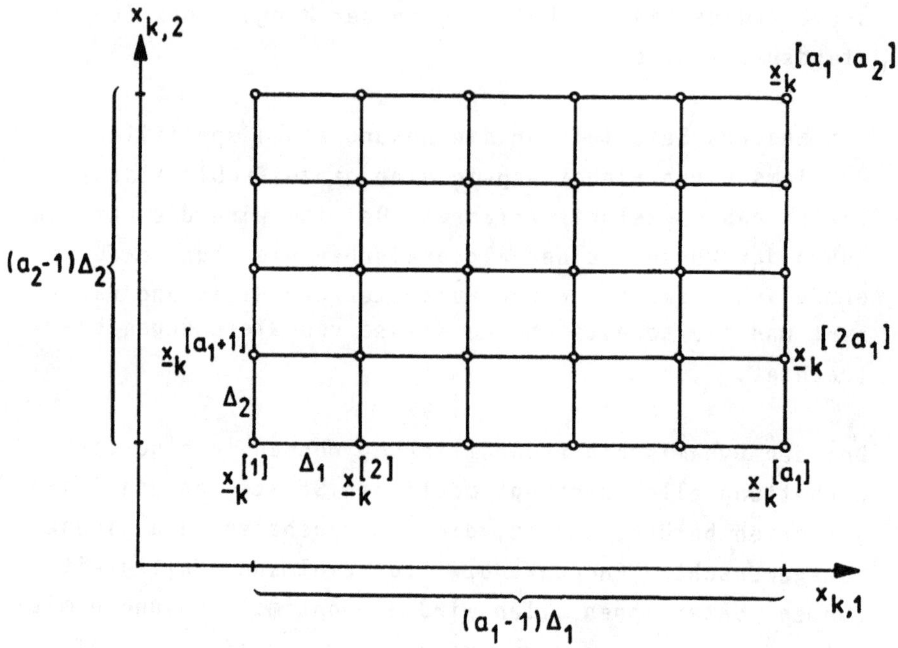

Bild 7/9 Zur numerischen Auswertung der Bellmanschen Rekursionsformel

mit einem Punktgitter überziehen: $\underline{u}_k^{[j]}$, $j = 1,\ldots,\beta = b_1 . b_2 \ldots b_p$, wobei $p < n$ die Dimension des Steuervektors ist und $(b_\nu - 1)\cdot\delta_\nu$ die Kantenlängen des ebenfalls als quaderförmig angenommenen Bereiches U sind. Die b_ν und δ_ν sind völlig entsprechend zu den a_ν und Δ_ν aus Bild 7/9 definiert.

Die Auswertung der Rekursionsformel wird mit der N. Stufe begonnen, also mit der Beziehung

$$J^*_{N-1}(\underline{x}_{N-1}) = \min_{\underline{u}_{N-1}} I_{N-1}(\underline{x}_{N-1}, \underline{u}_{N-1}) . \qquad (7.26)$$

Man geht vom ersten Punkt $\underline{x}_{N-1}^{[1]}$ des X-Gitters aus, bildet mit ihm und sämtlichen Punkten $\underline{u}_{N-1}^{[j]}$, $j = 1,\ldots,\beta$, des U-Gitters die Funktionswerte $I_{N-1}\left(\underline{x}_{N-1}^{[1]}, \underline{u}_{N-1}^{[j]}\right)$ und sucht unter diesen den minimalen Wert $I^*_{N-1} = J^*_{N-1}$. Er wird für einen Steuerwert $\underline{u}^*_{N-1}$ angenommen. Beide Werte werden abgespeichert. Die gleiche Minimumsuche führt man nun für den Punkt $\underline{x}^{[2]}_{N-1}$ des X-Gitters durch, und so nach und nach für sämtliche Punkte $\underline{x}^{[i]}_{N-1}$ dieses Gitters. Auf diese Weise erhält man die Funktionen $J^*_{N-1}\left(\underline{x}^{[i]}_{N-1}\right)$ und $\underline{u}^*_{N-1}\left(\underline{x}^{[i]}_{N-1}\right) = \underline{r}_{N-1}\left(\underline{x}^{[i]}_{N-1}\right)$ auf sämtlichen Punkten $\underline{x}^{[i]}_{N-1}$ des X-Gitters.

Wie man die Minimierung der Funktion $I_{N-1}\left(\underline{x}_{N-1},\underline{u}_{N-1}\right)$ durchführt, wird durch die Dynamische Programmierung nicht vorgeschrieben. Im vorhergehenden wurde angenommen, daß man X und U mit einem Punktgitter überzieht und für jeden Punkt des X-Gitters das Minimum bezüglich $\underline{u}_{N-1}$ durch Absuchen des U-Gitters ermittelt. Das ist grundsätzlich immer möglich. Im Einzelfall kann es rationellere Möglichkeiten geben, etwa die analytische Bestimmung des Minimums.

In der nächsten, der (N-1). Stufe, liegt die Beziehung

$$J^*_{N-2}(\underline{x}_{N-2}) = \min_{\underline{u}_{N-2}} \left[I_{N-2}(\underline{x}_{N-2},\underline{u}_{N-2}) + J^*_{N-1}(\underline{x}_{N-1}) \right] \qquad (7.27)$$

vor, wobei

$$\underline{x}_{N-1} = \underline{g}_{N-2}(\underline{x}_{N-2},\underline{u}_{N-2}) \qquad (7.28)$$

einzusetzen ist. Hier hat man zunächst zu $\underline{x}^{[i]}_{N-2}$, $\underline{u}^{[j]}_{N-2}$ den zugehörigen Wert $\underline{x}_{N-1}$ gemäß (7.28) zu berechnen. Er wird im allgemeinen kein Punkt des X-Gitters sein, so daß der Wert J^*_{N-1} für ihn nicht unmittelbar vorliegt. Sofern der Punkt $\underline{x}_{N-1} = \underline{g}_{N-2}\left(\underline{x}^{[i]}_{N-2}, \underline{u}^{[j]}_{N-2}\right)$ in X gelegen ist, befindet er sich in einer Masche des X-Gitters. Dann kann der zu ihm gehörige J*-Wert durch lineare Interpolation gefunden werden.[1] Liegt der Punkt $\underline{x}_{N-1} = \underline{g}_{N-2}\left(\underline{x}_{N-2}^{[i]}, \underline{u}_{N-2}^{[j]}\right)$ nicht in X, so scheidet der Steuerwert $\underline{u}_{N-2}^{[j]}$, der diese Lage verursacht hat, als zulässiger Steuerwert aus. So wurde bereits im Beispiel des Wegenetzes verfahren. Die weitere Rechnung erfolgt wie in der vorangegangenen Stufe.

In dieser Weise fortfahrend, bekommt man die Funktionen

$$J_k^*(\underline{x}_k),\ \underline{r}_k(\underline{x}_k), \quad k = N-1,\dots,1,0,$$

für alle Gitterpunkte von X. Dabei braucht die Funktion $J_k^*(\underline{x}_k)$ jeweils nur für den nächsten Schritt abgespeichert zu werden, während die Funktionen $\underline{r}_k(\underline{x}_k)$, die ja in ihrer Gesamtheit das optimale Regelungsgesetz darstellen, auf Dauer festgehalten werden müssen.

Nunmehr läßt sich auch der Rechenaufwand abschätzen, den die Methode der Dynamischen Programmierung erfordert. Dazu nehmen wir einfachheitshalber an, daß die Unterteilung der Kanten des Quaders X bzw. U in allen Dimensionen gleich ist, also $a_1 = \dots = a_n = a$ bzw. $b_1 = \dots = b_p = b$ gilt. Dann ist die Anzahl der Gitterpunkte in X a^n, in U b^p. Ist τ die Rechenzeit, welche zur Bestimmung des Minimanden

$$I_k(\underline{x}_k,\underline{u}_k) + J_{k+1}^*\left(\underline{g}_k(\underline{x}_k,\underline{u}_k)\right)$$

der Rekursionsformel (7.18) für *ein* Gitterpunktpaar $\underline{x}_k^{[i]}$, $\underline{u}_k^{[j]}$ im Mittel erforderlich ist, so beläuft sich die *gesamte Rechenzeit* auf etwa

1 Für die genaue Ausführung wie überhaupt für die numerischen Einzelheiten sei auf das ausgezeichnete Bändchen von G. SCHNEIDER-M. MIKOLCIC [24] verwiesen, das sehr ausführlich und verständlich geschrieben ist. Betreffs der Interpolation im X-Gitter: Seite 56.

$$N \cdot a^n \cdot b^p \cdot \tau, \qquad (7.29)$$

wobei also

N die Stufenzahl des Entscheidungsprozesses,
n die Ordnung (Dimension) des Systems,
p die Anzahl der Steuergrößen ist.

Was den erforderlichen Speicherplatz betrifft, so muß das optimale Regelungsgesetz

$$\underline{u}_k = \underline{r}_k(\underline{x}_k)$$

für $k = 0,1,...,N-1$ und alle a^n Gitterpunkte des X-Gitters abgespeichert werden, wobei es sich jedesmal um einen Vektor mit p Komponenten handelt. Demgemäß ist der *Speicherbedarf* (in Worten)

$$N \cdot a^n \cdot p. \qquad (7.30)$$

Diese Daten sind *im Langzeitspeicher* (externen Speicher) abzulegen. Im Schnellspeicher (Arbeitsspeicher) benötigt man die Werte J^*_{k+1} vom letzten Schritt und legt die Daten J^*_k des gegenwärtigen Schrittes ab, beides für sämtliche Punkte des X-Gitters. Daher ist der *Speicherbedarf* (in Worten) *des Schnellspeichers*

$$2a^n. \qquad (7.31)$$

Wie man sieht, *wachsen Rechenzeit und Speicherplatzbedarf exponentiell mit der Ordnung (Dimension) n der Strecke* an. Ist etwa

$$N = 10, \; a = b = 100, \; p = 1, \; \tau = 100 \; \mu s,$$

so erhält man für $n = 2$ eine noch durchaus passable Rechenzeit von 1000 Sekunden, für n = 3 aber bereits mehr als einen Tag und für n = 4 wiederum die hundertfache Rechenzeit!

Es liegt auf der Hand, daß durch diese "Dimensionsschranke" die praktische Verwendbarkeit der Dynamischen Programmierung hart begrenzt wird - und dies, obgleich sie gegenüber dem naiven Entscheidungsverfahren einen ungeheuren Fortschritt bedeutet. Die Dynamische Programmierung ist denn auch, verglichen mit der klassischen Variationsrechnung oder dem Maximumprinzip, ungeachtet ihrer sonstigen Vorzüge in der Regelungstechnik bislang nur wenig benutzt worden.

Es hat nicht an Versuchen gefehlt, die Dimensionsschranke wenigstens zum Teil abzubauen.[1)] Vollständig gelingt dies jedoch nur in speziellen Fällen, so bei dem im nächsten Abschnitt behandelten Problemtyp, der eine analytische Lösung der Bellmanschen Rekursionsformel zuläßt.

---

1 Siehe hierzu [22], speziell Part II, Chapter 4 (Advanced Computational Methods)
sowie als Einführung den Aufsatz von G. SCHNEIDER: Reglersynthese mittels dynamischer Programmierung, Regelungstechnik 25 (1977), Seite 133-141,
auch R. SANDHOLZER: Reglersynthese mittels dynamischer Programmierung. Dissertation TU Graz, 1980.

7.5 Anwendung der Dynamischen Programmierung zur Optimierung von Abtastsystemen

Ein Abtastsystem sei durch seine Zustandsdifferenzengleichung

$$\underline{x}_{k+1} = \underline{\Phi}\ \underline{x}_k + \underline{H}\ \underline{u}_k, \quad k = 0,1,2,\ldots, \tag{7.32}$$

gegeben.[1] Dabei sind $\underline{\Phi}$ und $\underline{H}$ gegebene konstante Matrizen vom Typ (n,n) bzw. (n,p), wobei $\underline{\Phi}$ als regulär und $\underline{H}$ vom Höchstrang $p \leqq n$ vorausgesetzt werden darf. Die Abtastperiode sei T_A.

Das Gütemaß, welches dem Abtastsystem zugeordnet wird, sei entsprechend zum kontinuierlichen Gütemaß

$$J = \int_0^{t_e} \left(\underline{x}^T \underline{Q}\ \underline{x} + \underline{u}^T \underline{R}\ \underline{u}\right) dt$$

gewählt:

$$J = \sum_{k=0}^{N-1} \left(\underline{x}_{k+1}^T \underline{Q}\ \underline{x}_{k+1} + \underline{u}_k^T\ \underline{R}\ \underline{u}_k\right) \tag{7.33}$$

mit positiv definitem $\underline{R}$ und positiv semidefinitem $\underline{Q}$. Infolgedessen ist

$$I(\underline{x}_k, \underline{u}_k) = \underline{x}_{k+1}^T\ \underline{Q}\ \underline{x}_{k+1} + \underline{u}_k^T\ \underline{R}\ \underline{u}_k . \tag{7.34}$$

Im ersten Summanden der rechten Seite tritt $\underline{x}_{k+1}$ und nicht $\underline{x}_k$ auf, weil die Abweichung von Null zum *Ende* jedes Schrittes möglichst klein gemacht werden soll. Es ist dann $\underline{x}_{k+1}$ gemäß (7.32) einzusetzen.

Die Bellmansche Rekursionsformel (7.18) lautet jetzt

1 Für die Behandlung von Abtastsystemen im Zustandsraum siehe etwa [44], Kapitel 7.

$$J_k^*(\underline{x}_k) = \min_{\underline{u}_k}\left\{\underline{x}_{k+1}^T\underline{Q}\ \underline{x}_{k+1}+\underline{u}_k^T\underline{R}\ \underline{u}_k+J_{k+1}^*(\underline{x}_{k+1})\right\},\quad (7.35)$$

$$k = N-1,\ldots,1,0.$$

Um aus ihr das optimale Regelungsgesetz zu ermitteln, nehmen wir in Analogie zum kontinuierlichen Fall an, daß der Regler linear und der optimale Wert des Gütemaßes quadratisch von $\underline{x}_k$ abhängt:

$$\underline{u}_k = -\underline{K}_k\ \underline{x}_k,\quad (7.36)$$

$$J_k = \underline{x}_k^T\ \underline{P}_k\ \underline{x}_k,\quad (7.37)$$

wobei $\underline{P}_k$ symmetrisch und positiv semidefinit (für jedes k) sein soll. Mit diesem Ansatz gehen wir in die Bellmansche Rekursionsformel. Er wird dann dadurch legitimiert, daß sich $\underline{K}_k$ und $\underline{P}_k$ in der Tat hierdurch bestimmen lassen, und zwar mit den angegebenen Eigenschaften von $\underline{P}_k$.

Zunächst wird aus (7.35) durch Einsetzen von (7.37):

$$\underline{x}_k^T\ \underline{P}_k\ \underline{x}_k = \min_{\underline{u}_k}\left\{\underline{x}_{k+1}^T\ \underline{Q}\,\underline{x}_{k+1}+\underline{u}_k^T\ \underline{R}\,\underline{u}_k+\underline{x}_{k+1}^T\ \underline{P}_{k+1}\ \underline{x}_{k+1}\right\},\quad (7.38)$$

$$\underline{x}_k^T\ \underline{P}_k\ \underline{x}_k = \min_{\underline{u}_k}\underbrace{\left\{\underline{x}_{k+1}^T\ \underline{S}_{k+1}\ \underline{x}_{k+1}+\underline{u}_k^T\ \underline{R}\ \underline{u}_k\right\}}_{M(\underline{u}_k)},\quad (7.39)$$

wobei

$$\underline{S}_{k+1} = \underline{Q} + \underline{P}_{k+1}\quad (7.40)$$

wiederum symmetrisch und positiv semidefinit ist, weil dies für $\underline{Q}$ und $\underline{P}_{k+1}$ vorausgesetzt wurde.

Bezeichnen wir den Minimanden, also die zu minimierende Funktion, kurz mit $M(\underline{u}_k)$, so gilt für ihn wegen (7.32)

$$M(\underline{u}_k) = (\underline{\Phi}\ \underline{x}_k + \underline{H}\ \underline{u}_k)^T \underline{S}_{k+1} (\underline{\Phi}\ \underline{x}_k + \underline{H}\ \underline{u}_k) + \underline{u}_k^T\ \underline{R}\ \underline{u}_k, \quad (7.41)$$

also

$$M(\underline{u}_k) = \underline{x}_k^T \underline{\Phi}^T \underline{S}_{k+1} \underline{\Phi}\,\underline{x}_k + \underline{x}_k^T \underline{\Phi}^T \underline{S}_{k+1} \underline{H}\,\underline{u}_k +$$

$$+ \underline{u}_k^T \underline{H}^T \underline{S}_{k+1} \underline{\Phi}\,\underline{x}_k + \underline{u}_k^T \underline{H}^T \underline{S}_{k+1} \underline{H}\,\underline{u}_k + \underline{u}_k^T \underline{R}\,\underline{u}_k .$$

Jeder dieser Summanden ist ein Skalar, ändert sich also durch Transposition nicht. Da $\underline{S}_{k+1}$ symmetrisch, gilt deshalb

$$\underline{u}_k^T \underline{H}^T \underline{S}_{k+1} \underline{\Phi}\,\underline{x}_k = \left(\underline{u}_k^T \underline{H}^T \underline{S}_{k+1} \underline{\Phi}\,\underline{x}_k\right)^T = \underline{x}_k^T \underline{\Phi}^T \underline{S}_{k+1} \underline{H}\,\underline{u}_k .$$

Somit ist

$$M(\underline{u}_k) = \underline{x}_k^T \underline{\Phi}^T \underline{S}_{k+1} \underline{\Phi}\,\underline{x}_k + 2\underline{u}_k^T \underline{H}^T \underline{S}_{k+1} \underline{\Phi}\,\underline{x}_k +$$

$$+ \underline{u}_k^T\left(\underline{H}^T \underline{S}_{k+1} \underline{H} + \underline{R}\right)\underline{u}_k . \quad (7.42)$$

Mit den Differentiationsregeln (3.4) und (3.8) folgt daraus

$$\frac{dM}{d\underline{u}_k} = 2\underline{H}^T \underline{S}_{k+1} \underline{\Phi}\,\underline{x}_k + 2(\underline{H}^T \underline{S}_{k+1} \underline{H} + \underline{R})\underline{u}_k . \quad (7.43)$$

Dies gleich $\underline{0}$ gesetzt, liefert

$$\underline{u}_k^* = -\left(\underline{H}^T \underline{S}_{k+1} \underline{H} + \underline{R}\right)^{-1} \underline{H}^T \underline{S}_{k+1} \underline{\Phi}\,\underline{x}_k , \quad (7.44)$$

$$k = 0,1,\ldots,N-1.$$

Die inverse Matrix existiert. Mit $\underline{S}_{k+1}$ ist nämlich auch $\underline{H}^T \underline{S}_{k+1} \underline{H}$ positiv semidefinit, und damit ist wegen der positiven Definitheit von $\underline{R}$ die Summe $\underline{H}^T \underline{S}_{k+1} \underline{H} + \underline{R}$ positiv definit. Eine positiv definite Matrix aber ist stets regulär ([42], Abschnitt 11.2, Satz 1).

Nochmalige Differentiation von (7.43) nach $\underline{u}_k$ liefert

$$\frac{d^2M}{d\underline{u}_k^2} = 2(\underline{H}^T\,\underline{S}_{k+1}\,\underline{H} + \underline{R}). \tag{7.45}$$

Da diese Matrix, wie eben gezeigt, positiv definit ist, besitzt $M(\underline{u}_k)$ ein eindeutig bestimmtes Minimum, das durch (7.44) gegeben wird.

Den minimalen Wert $M(\underline{u}_k^*)$ selbst erhält man dadurch, daß (7.44) in (7.42) eingesetzt wird. Wegen (7.39) folgt dann

$$\underline{x}_k^T\,\underline{P}_k\,\underline{x}_k = \min_{\underline{u}_k} M(\underline{u}_k) = M(\underline{u}_k^*) =$$

$$= \underline{x}_k^T\,\underline{\Phi}^T\,\underline{S}_{k+1}\,\underline{\Phi}\,\underline{x}_k -$$

$$- 2\underline{x}_k^T\,\underline{\Phi}^T\,\underline{S}_{k+1}\,\underline{H}\left(\underline{H}^T\,\underline{S}_{k+1}\,\underline{H} + \underline{R}\right)^{-1}\cdot\underline{H}^T\,\underline{S}_{k+1}\,\underline{\Phi}\,\underline{x}_k +$$

$$+ \underline{x}_k^T\,\underline{\Phi}^T\,\underline{S}_{k+1}\,\underline{H}\left(\underline{H}^T\,\underline{S}_{k+1}\,\underline{H} + \underline{R}\right)^{-1}\cdot\left(\underline{H}^T\,\underline{S}_{k+1}\,\underline{H} + \underline{R}\right)\cdot$$

$$\cdot\left(\underline{H}^T\,\underline{S}_{k+1}\,\underline{H} + \underline{R}\right)^{-1}\underline{H}^T\,\underline{S}_{k+1}\,\underline{\Phi}\,\underline{x}_k =$$

$$= \underline{x}_k^T\,\underline{\Phi}^T\,\underline{S}_{k+1}\,\underline{\Phi}\,\underline{x}_k -$$

$$- \underline{x}_k^T\,\underline{\Phi}^T\,\underline{S}_{k+1}\,\underline{H}\left(\underline{H}^T\,\underline{S}_{k+1}\,\underline{H} + \underline{R}\right)^{-1}\underline{H}^T\,\underline{S}_{k+1}\,\underline{\Phi}\,\underline{x}_k.$$

Da diese Beziehung für beliebige $\underline{x}_k$ gilt, folgt aus ihr durch Koeffizientenvergleich

$$\underline{P}_k = \underline{\Phi}^T\,\underline{S}_{k+1}\,\underline{\Phi} - \underline{\Phi}^T\,\underline{S}_{k+1}\,\underline{H}\left(\underline{H}^T\,\underline{S}_{k+1}\,\underline{H} + \underline{R}\right)^{-1}\underline{H}^T\,\underline{S}_{k+1}\,\underline{\Phi}. \tag{7.46}$$

Addition von $\underline{Q}$ liefert wegen (7.40)

$$\underline{S}_k = \underline{\Phi}^T \underline{S}_{k+1}\left[\underline{I} - \underline{H}\left(\underline{H}^T \underline{S}_{k+1}\underline{H} + \underline{R}\right)^{-1}\underline{H}^T \underline{S}_{k+1}\right]\underline{\Phi} + \underline{Q}, \quad (7.47)$$

$$k = N-1, N-2, \ldots, 1, 0.$$

Dabei ist $\underline{P}_N = \underline{0}$ zu setzen, da $\underline{x}_N$ der Endpunkt des Entscheidungsprozesses ist und deshalb in (7.38) für $k = N-1$ der letzte Term nicht auftritt. Aus (7.40) folgt dann

$$\underline{S}_N = \underline{Q}, \quad (7.48)$$

so daß $\underline{S}_N$ symmetrisch und positiv semidefinit ist. Diese Eigenschaft pflanzt sich aufgrund der Rekursionsformel (7.47) nacheinander auf alle $\underline{S}_k$ fort. Zunächst erkennt man durch Transposition von (7.47), daß aus der Symmetrie von $\underline{S}_{k+1}$ die Symmetrie von $\underline{S}_k$ folgt. Um zu zeigen, daß aus der positiven Semidefinitheit von $\underline{S}_{k+1}$ die positive Semidefinitheit von $\underline{P}_k$ und $\underline{S}_k$ folgt, geht man am besten von (7.41) aus. Da $\underline{S}_{k+1}$ positiv semidefinit und $\underline{R}$ positiv definit ist, folgt auf jeden Fall, daß $M(\underline{u}_k) \geqq 0$ sein muß, ganz gleich, welche Beziehung $\underline{u}_k^* = \underline{f}(\underline{x}_k)$ dort später eingesetzt wird und welchen Vektor $\underline{x}_k$ man dann nimmt. Nach (7.39) heißt dies aber, daß $\underline{P}_k$ positiv semidefinit ist. Wegen $\underline{S}_k = \underline{Q} + \underline{P}_k$ folgt daraus die positive Semidefinitheit von $\underline{S}_k$.

Damit ist unser Ansatz gerechtfertigt. $\underline{S}_k$ wird rekursiv aus (7.48) und (7.47) bestimmt. Die nichtlineare Differenzengleichung (7.47) entspricht der Riccatischen Matrixdifferentialgleichung bei kontinuierlichen Systemen, die Gleichung (7.48) der Anfangsbedingung dieser Differentialgleichung.

Das optimale Regelungsgesetz erhält man dann aus (7.44). Wie man sieht, ist es im allgemeinen linear und zeitvariant, letzteres dadurch, daß $\underline{S}_{k+1}$ vom Index k abhängt,

sich also von Abtastzeitpunkt zu Abtastzeitpunkt ändert.
Die Berechnung des optimalen Regelungsgesetzes kann jedoch vorab erfolgen.

Um zu einem einfacher zu realisierenden *konstanten* Regler
überzugehen, gibt es zwei Möglichkeiten:

(I) Man faßt *jeden* Abtastschritt als ersten Schritt des
oben beschriebenen N-stufigen optimalen Abtastprozesses
auf, schiebt also gewissermaßen das Optimierungsintervall
der Länge $N \cdot T_A$ ständig vor sich her. Dann ist für die
Rückführungsmatrix $\underline{K}_k$ stets $\underline{K}_o$ zu nehmen und das Regelungsgesetz lautet demgemäß nach (7.44):

$$\underline{u}_k^* = -(\underline{H}^T \underline{S}_1 \underline{H} + \underline{R})^{-1} \underline{H}^T \underline{S}_1 \underline{\phi} \cdot \underline{x}_k, \quad k = 0,1,2,\ldots, \quad (7.49)$$

wobei $\underline{S}_1$ wie bisher aus (7.47) zu berechnen ist.

(II) In Analogie zum kontinuierlichen Fall darf man annehmen, daß für ein unendlich großes Steuerintervall,
also für N = +∞, ein konstanter Regler erhalten wird.[1]
Da für einen solchen $\underline{S}_{k+1} = \underline{S}_k = \underline{S}$ für alle k gelten muß,
folgt aus (7.47)

$$\underline{S} = \underline{\phi}^T \underline{S} \left[\underline{I} - \underline{H}(\underline{H}^T \underline{S} \underline{H} + \underline{R})^{-1} \underline{H}^T \underline{S} \right] \underline{\phi} + \underline{Q}. \qquad (7.50)$$

Diese Gleichung entspricht der algebraischen Riccati-
Gleichung (3.62). Ihre Lösung kann entsprechend wie bei
dieser erfolgen. Das optimale Regelungsgesetz lautet dann
nach (7.44)

$$\underline{u}_k^* = -(\underline{H}^T \underline{S} \underline{H} + \underline{R})^{-1} \underline{H}^T \underline{S} \underline{\phi} \underline{x}_k, \quad k = 0,1,2,\ldots . \quad (7.51)$$

---

1 Nachweis für eine ganz ähnliche Problemstellung in
   [24], Kapitel 3.

7.6 Die Bellmansche Funktionalgleichung und der Zusammenhang mit dem Maximumprinzip

Die Dynamische Programmierung, wie sie im vorhergehenden beschrieben wurde, tritt in ganz anderem Gewand auf als die zuvor betrachteten Optimierungsmethoden. Auf den ersten Blick ist kein Zusammenhang zwischen diesen so verschiedenartigen Vorgehensweisen zu erkennen. Abschließend soll nun plausibel gemacht werden, wie die Dynamische Programmierung mit dem Pontrjaginschen Maximumprinzip und damit auch mit der als Spezialfall hierin enthaltenen klassischen Variationsrechnung zusammenhängt. Der Weg hierzu führt über die Bellmansche Funktionalgleichung, die auch an sich von Interesse ist und nun als erstes hergeleitet werden soll.

Dazu betrachten wir im Zeitintervall $t_0 \leqq t \leqq t_e$ ein Optimierungsproblem, das durch die Zustandsdifferentialgleichung

$$\dot{\underline{x}} = \underline{f}(\underline{x},\underline{u},t) \tag{7.52}$$

und das Gütemaß

$$J = \int_{t_0}^{t_e} f_0(\underline{x},\underline{u},t)dt \tag{7.53}$$

gegeben ist, wobei der Endzeitpunkt t_e vorgegeben sei und der Endpunkt $\underline{x}_e$ auf einer gegebenen Zielmannigfaltigkeit liege.

Die optimale Trajektorie, welche zum beliebigen Zeitpunkt $t_1 \geq t_0$ in irgendeinem Anfangspunkt $\underline{x}_1$ startet, sei durch

$$\underline{x} = \underline{x}^*(t;t_1,\underline{x}_1)$$

gegeben, die zugehörige optimale Steuerfunktion durch

$$\underline{u} = \underline{u}^*(t;t_1,\underline{x}_1).$$

Der optimale Wert des Gütemaßes für die Anfangsbedingung $(t_1,\underline{x}_1)$ ist dann gegeben durch

$$J^* = \int_{t_1}^{t_e} f_0\Big(\underline{x}^*(t;t_1,\underline{x}_1),\underline{u}^*(t;t_1,\underline{x}_1),t\Big)dt := J^*(t_1,\underline{x}_1). \quad (7.54)$$

Für diese Funktion, welche eine Verallgemeinerung der aus der Physik bekannten Wirkungsfunktionen darstellt, wollen wir nun mittels des Bellmanschen Optimalitätsprinzips bzw. der Bellmanschen Rekursionsformel eine partielle Differentialgleichung herleiten.

Dazu betrachten wir das Intervall $[t_1,t_e]$ und zerlegen es in die beiden Teilintervalle

$$[t_1,t_1+\Delta t_1] \quad \text{und} \quad [t_1+\Delta t_1,t_e],$$

wobei Δt_1 eine kleine Zahl ist, die wir später $\to 0$ gehen lassen. Dann gilt aufgrund der auf der Hand liegenden sinngemäßen Übertragung der Bellmanschen Rekursionsformel (7.17) auf die vorliegende Situation:

$$J^*(t_1,\underline{x}_1) =$$

$$= \min_{\underline{u}(t)} \left\{ \int_{t_1}^{t_1+\Delta t_1} f_0(\underline{x},\underline{u},t)dt + J^*\Big(t_1+\Delta t_1,\underline{x}(t_1+\Delta t_1)\Big) \right\},$$

$$t_1 \leq t \leq t_1+\Delta t_1. \quad (7.55)$$

Dabei ist $\underline{u}(t)$ in $t_1 \leq t \leq t_1+\Delta t_1$ beliebig, während $\underline{x}(t)$ in diesem Intervall die durch diese Funktion $\underline{u}(t)$ und die

Anfangsbedingung $\underline{x}(t_1) = \underline{x}_1$ bestimmte Lösung der Zustandsdifferentialgleichung (7.52) darstellt.

Wir fassen nun den letzten Summanden in (7.55) als eine mittelbare Funktion von t auf und entwickeln ihn nach dem Taylorschen Satz:

$$J^*\big(t_1+\Delta t_1,\underline{x}(t_1+\Delta t_1)\big) = J^*\big(t_1,\underline{x}(t_1)\big) + \\ + \left[\frac{dJ^*}{dt}\big(t_1,\underline{x}(t_1)\big) + \text{Rest}\right]\Delta t_1, \qquad (7.56)$$

wobei das Restglied → 0 strebt für $\Delta t_1 \to 0$. Darin ist

$$\frac{dJ^*}{dt} = \frac{\partial J^*}{\partial t} + \left(\frac{\partial J^*}{\partial \underline{x}}\right)^T \dot{\underline{x}}(t),$$

also wegen (7.52)

$$\frac{dJ^*}{dt} = \frac{\partial J^*}{\partial t} + \left(\frac{\partial J^*}{\partial \underline{x}}\right)^T \underline{f}(\underline{x},\underline{u},t).$$

Aus (7.56) wird so, mit $\underline{x}(t_1) = \underline{x}_1$:

$$J^*\big(t_1+\Delta t_1,\underline{x}(t_1+\Delta t_1)\big) =$$

$$= J^*(t_1,\underline{x}_1) + \left[\frac{\partial J^*}{\partial t} + \left(\frac{\partial J^*}{\partial \underline{x}}\right)^T \underline{f}(\underline{x}_1,\underline{u}_1,t_1)+\text{Rest}\right]\Delta t_1, \qquad (7.57)$$

wobei als Argumente der partiellen Ableitungen von J^* t_1 und $\underline{x}_1$ auftreten. In der letzten Gleichung wie auch im folgenden ist $\underline{u}_1$ ein beliebiger Wert aus dem Steuerungsbereich U.

Weiterhin kann man für das Integral in (7.55) schreiben:

$$\left[f_0(\underline{x}_1,\underline{u}_1,t_1)+\text{Rest}\right]\Delta t_1, \qquad (7.58)$$

wobei auch dieser Rest mit $\Delta t_1 \to 0$ geht. Setzt man nunmehr (7.58) und (7.57) in (7.55) ein, so wird

$$J^*(t_1,\underline{x}_1) = \min_{\substack{\underline{u}(t)\\ t_1 \leq t \leq t_1+\Delta t_1}} \Big\{ \Big[f_0(\underline{x}_1,\underline{u}_1,t_1)+\text{Rest}\Big]\Delta t_1 + J^*(t_1,\underline{x}_1) + \left[\frac{\partial J^*}{\partial t} + \left(\frac{\partial J^*}{\partial \underline{x}}\right)^T \underline{f}(\underline{x}_1,\underline{u}_1,t_1)+\text{Rest}\right]\Delta t_1 \Big\}. \quad (7.59)$$

In J^* und $\frac{\partial J^*}{\partial t}\Delta t_1$ kommt $\underline{u}$ nicht vor, so daß man diese Ausdrücke vor die Minimumsforderung ziehen kann. Da $J^*(t_1,\underline{x}_1)$ auf beiden Seiten auftritt, kann dieser Term gestrichen werden. Dividiert man sodann durch Δt_1 und läßt danach $\Delta t_1 \to 0$ gehen, wobei die Restglieder wegfallen, so erhält man aus (7.59):

$$0 = \frac{\partial J^*}{\partial t}(t_1,\underline{x}_1) + \min_{\underline{u}_1}\left\{f_0(\underline{x}_1,\underline{u}_1,t_1)+\left(\frac{\partial J^*}{\partial \underline{x}}\right)^T \underline{f}(\underline{x}_1,\underline{u}_1,t_1)\right\}.$$

Ersetzt man jetzt die Bezeichnungen $t_1,\underline{x}_1$ und $\underline{u}_1$, da es sich ja um variable Größen handelt, durch t, $\underline{x}$ und $\underline{u}$, so entsteht die endgültige Beziehung

$$\frac{\partial J^*}{\partial t}(t,\underline{x}) + \min_{\underline{u}}\left\{f_0(\underline{x},\underline{u},t)+\left(\frac{\partial J^*}{\partial \underline{x}}\right)^T(t,\underline{x})\underline{f}(\underline{x},\underline{u},t)\right\} = 0. \quad (7.60)$$

Diese partielle Differentialgleichung für $J^*(t,\underline{x})$ bezeichnet man als *Bellmansche Funktionalgleichung*. Sie stellt eine *Verallgemeinerung der* aus der Physik bekannten *Hamilton-Jacobischen Differentialgleichung* dar.

Man kann sie noch auf eine andere Form bringen, die den Übergang zum Maximumprinzip erleichtert. Wie man unmittelbar aus Bild 7/10 abliest, gilt für eine beliebige Funktion $F(u)$ die Beziehung

$$\max F(u) = -\min\left[-F(u)\right],$$

also

$$\min\left[-F(u)\right] = -\max F(u).$$

Damit wird aus (7.60) wegen

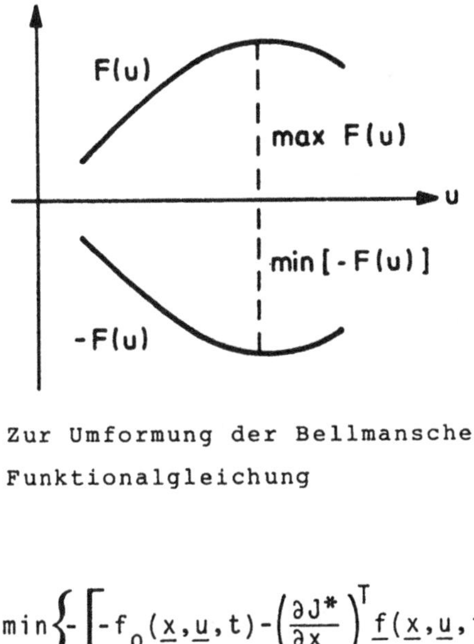

Bild 7/10 Zur Umformung der Bellmanschen Funktionalgleichung

$$\frac{\partial J^*}{\partial t} + \min_{\underline{u}}\Bigg\{-\underbrace{\left[-f_0(\underline{x},\underline{u},t)-\left(\frac{\partial J^*}{\partial \underline{x}}\right)^T \underline{f}(\underline{x},\underline{u},t)\right]}_{F(u)}\Bigg\} = 0 :$$

$$\frac{\partial J^*}{\partial t} - \max_{\underline{u}}\left\{-f_0(\underline{x},\underline{u},t)-\left(\frac{\partial J^*}{\partial \underline{x}}\right)^T \underline{f}(\underline{x},\underline{u},t)\right\} = 0. \qquad (7.61)$$

Der zu maximierende Ausdruck ist aber nichts anderes als die Hamilton-Funktion, sofern man in dieser das Argument $\underline{\psi}$ durch $-\frac{\partial J^*}{\partial \underline{x}}$ ersetzt. Aus (7.61) wird so

$$\frac{\partial J^*}{\partial t} = \max_{\underline{u}} H\left(\underline{x}, -\frac{\partial J^*}{\partial \underline{x}}, \underline{u}, t\right). \qquad (7.62)$$

Sieht man in dieser Gleichung $-\frac{\partial J^*}{\partial \underline{x}}$ lediglich als unabhängige Variable der Hamilton-Funktion an, so gehört zu jeder Kombination $\underline{x}, -\frac{\partial J^*}{\partial \underline{x}}, t$ ein Wert $\underline{u}$, der die Hamilton-Funktion zum Maximum macht:

$$H\left(\underline{x}, -\frac{\partial J^*}{\partial \underline{x}}, \underline{u}, t\right) \stackrel{!}{=} \max_{\underline{u} \in U} \quad \wedge \quad \underline{u} = \underline{m}\left(\underline{x}, -\frac{\partial J^*}{\partial \underline{x}}, t\right). \qquad (7.63)$$

Setzt man (7.63) in (7.62) ein, so erhält man den maximalen Wert von H. Damit wird aus (7.62)

$$\frac{\partial J^*}{\partial t} = H\left(\underline{x}, -\frac{\partial J^*}{\partial \underline{x}}, \underline{m}\left(\underline{x}, -\frac{\partial J^*}{\partial \underline{x}}, t\right), t\right). \qquad (7.64)$$

Man hat so eine dritte Form der Bellmanschen Funktionalgleichung erhalten.

Um aus dieser partiellen Differentialgleichung 1. Ordnung die Funktion $J^*(t,\underline{x})$ bestimmen zu können, ist noch eine Anfangsbedingung erforderlich. Sie ergibt sich sofort aus der Definition (7.54) von J^*. Aus dieser folgt

$$J^*(t_1,\underline{x}_1) = 0 \quad \text{für} \quad t_1 = t_e.$$

Wegen der Umbezeichnung von t_1 in t und $\underline{x}_1$ in $\underline{x}$ lautet sie jetzt:

$$J^*(t_e,\underline{x}) = 0 \quad \text{für alle} \quad \underline{x} \in X. \qquad (7.65)$$

Wir werden uns im folgenden jedoch nicht mit der Lösung der Bellmanschen Funktionalgleichung befassen, die in den regelungstechnischen Anwendungen keine wesentliche Rolle spielt, wollen sie vielmehr lediglich dazu verwenden, den

Zusammenhang mit dem Maximumprinzip herzustellen. Da es uns hierbei nur auf den grundsätzlichen Gedankengang ankommt und aller nicht unbedingt nötige Formalismus vermieden werden soll, betrachten wir dazu ein System 1. Ordnung und nehmen an, daß die Beschränkung der Steuergröße in der üblichen Form

$$|u| \leqq M \tag{7.66}$$

vorliegt.

In jedem Punkt (t,x) mit $t < t_e$, $x \in X$ startet eine optimale Trajektorie. Zu ihr gehört eine optimale Steuerfunktion. Deren Wert im Startpunkt (t,x) sei mit $\hat{u}(t,x)$ bezeichnet. Man erhält ihn aus (7.63), wenn man dort die Wirkungsfunktion $J^*(t,x)$ einsetzt:

$$\hat{u}(t,x) = m\left(x, -\frac{\partial J^*}{\partial x}(t,x), t\right). \tag{7.67}$$

Liegt für irgendeine Stelle (t,x) $\hat{u}$ *auf dem Rand des zulässigen Steuerungsbereiches,* gilt also gemäß (7.66)

$$m\left(x, -\frac{\partial J^*}{\partial x}(t,x), t\right) = \pm M, \tag{7.68}$$

so wird das, von Ausnahmestellen abgesehen, auch für eine ganze Umgebung der Stelle (t,x) gelten. Daher folgt durch Differentiation von (7.68) nach x:

$$\frac{\partial m}{\partial x} - \frac{\partial m}{\partial \psi} \cdot \frac{\partial^2 J^*}{\partial x^2} = 0. \tag{7.69}$$

Hierin wurde die Differentiation nach dem zweiten Argument von m der Kürze halber mit $\frac{\partial}{\partial \psi}$ bezeichnet.

Wir betrachten nunmehr die Wirkungsfunktion $J^*(t,x)$ längs einer optimalen Trajektorie $x^*(t)$ und definieren eine Funktion $\psi^*(t)$ durch

$$\psi^*(t) = -\frac{\partial J^*}{\partial x}\Big(t, x^*(t)\Big). \tag{7.70}$$

Dann ist gemäß (7.67)

$$u^*(t) = \hat{u}\Big(t, x^*(t)\Big) = m\Big(x^*(t), \psi^*(t), t\Big) \tag{7.71}$$

die zur optimalen Trajektorie gehörende optimale Steuerfunktion. Wie man aus (7.63) erkennt, liefert sie in jedem Zeitpunkt t das Maximum der Funktion $H\Big(x^*(t), \psi^*(t), u, t\Big)$ bezüglich aller zulässigen u und erfüllt somit die Maximumsforderung.

Es ist nun zu zeigen, daß die durch (7.70) definierte Funktion $\psi^*(t)$ die adjungierte Differentialgleichung befriedigt. Dazu bilden wir aus (7.70) die Ableitung

$$\dot{\psi}^*(t) = -\frac{\partial^2 J^*}{\partial x \partial t} - \frac{\partial^2 J^*}{\partial x^2} \cdot \dot{x}^*(t). \tag{7.72}$$

Da die optimale Trajektorie der Zustandsdifferentialgleichung

$$\dot{x} = f(x, u, t) = \frac{\partial H}{\partial \psi}$$

genügen muß, kann man für (7.72) schreiben:

$$\dot{\psi}^* = -\frac{\partial^2 J^*}{\partial x \partial t} - \frac{\partial^2 J^*}{\partial x^2} \cdot \frac{\partial H}{\partial \psi}. \tag{7.73}$$

Um $\frac{\partial^2 J^*}{\partial x \partial t}$ zu berechnen, wird nunmehr die Bellmansche Funktionalgleichung herangezogen, und zwar in der Form (7.64). Durch Differentiation nach x folgt aus ihr

$$\frac{\partial^2 J^*}{\partial x \partial t} = \frac{\partial H}{\partial x} - \frac{\partial H}{\partial \psi} \cdot \frac{\partial^2 J^*}{\partial x^2} + \frac{\partial H}{\partial u}\left[\frac{\partial m}{\partial x} - \frac{\partial m}{\partial \psi} \cdot \frac{\partial^2 J^*}{\partial x^2}\right]. \tag{7.74}$$

Hierin ist wiederum die Differentiation nach dem zweiten Argument von H und m mit $\frac{\partial}{\partial\psi}$ bezeichnet. Setzt man (7.74) in (7.73) ein, so wird

$$\dot{\psi}^* = -\frac{\partial H}{\partial x} - \frac{\partial H}{\partial u}\left[\frac{\partial m}{\partial x} - \frac{\partial m}{\partial \psi}\cdot\frac{\partial^2 J^*}{\partial x^2}\right]. \qquad (7.75)$$

Nun sind zwei Fälle zu unterscheiden. Liegt an der Stelle t der Wert u* der optimalen Steuerfunktion im Innern des zulässigen Steuerungsbereichs U, so muß $\frac{\partial H}{\partial u} = 0$ gelten, da das in diesem Falle die notwendige Bedingung für ein Maximum von H ist. Liegt hingegen u* auf dem Rand des Steuerungsbereiches, so gilt die Beziehung (7.69). In beiden Fällen verschwindet der letzte Term in (7.75), und diese Beziehung geht in die Differentialgleichung

$$\dot{\psi}^* = -\frac{\partial H}{\partial x}$$

über.

Insgesamt ist damit gezeigt, daß die optimale Lösung neben der Zustandsdifferentialgleichung auch die adjungierte Differentialgleichung und die Maximumsforderung erfüllt, also dem Maximumprinzip genügt. Die Betrachtung zeigt, wie das Maximumprinzip aus der Dynamischen Programmierung gefolgert werden kann, wobei die Schlußweise jedoch nicht streng ist, sondern lediglich den Charakter einer Plausibilitätsbetrachtung hat.[1)]

1 Für eingehende Untersuchungen siehe [26], Abschnitt 1.2.1 und 1.3.3, insbesondere Kapitel 3.3 sowie Abschnitt 4.2.4. An den beiden letztgenannten Stellen werden übrigens hinreichende Optimalitätsbedingungen hergeleitet.

Übungsaufgaben mit Lösungen

In den ersten fünf Aufgaben werden Beispiele zum Grundproblem der Variationsrechnung behandelt. Da die Variablen hierbei stets Ortskoordinaten sind, wird, wie in der Variationsrechnung üblich, im folgenden x statt t und y statt x geschrieben. Somit lautet das *Variationsproblem:*

Suche diejenige Funktion $y(x)$, welche die Randbedingungen

$$y(x_0) = y_0, \quad y(x_e) = y_e$$

erfüllt und das Gütemaß

$$J = \int_{x_0}^{x_e} f(x,y,y')dx \qquad (0\ 1)$$

zum Minimum macht.

Die Lösung dieses Variationsproblems genügt der *Euler-Lagrangeschen Differentialgleichung,* welche hier die Form

$$\frac{\partial f}{\partial y} - \frac{d}{dx}\left(\frac{\partial f}{\partial y'}\right) = 0 \qquad (0\ 2)$$

annimmt.

Aufgabe 1: Vereinfachung der Euler-Lagrangeschen Differentialgleichung

Hängt der Integrand f des Gütemaßes (Ü 1) nicht explizit von x ab (nur implizit über y und y'), gilt also

$$f := f(y,y'), \qquad (\text{Ü } 3)$$

so läßt sich die Euler-Lagrangesche Differentialgleichung (Ü 2) zu einer gewöhnlichen Differentialgleichung 1. Ordnung für y(x) vereinfachen:

$$f(y,y') - y' \frac{\partial f(y,y')}{\partial y'} = \text{const} = c_1. \qquad (\text{Ü } 4)$$

Zeigen Sie, daß diese Differentialgleichung in der Tat eine notwendige Bedingung für die Lösung des Optimierungsproblems ist!

Aufgabe 2: Formulierung des Problems der Brachistochrone als Variationsaufgabe

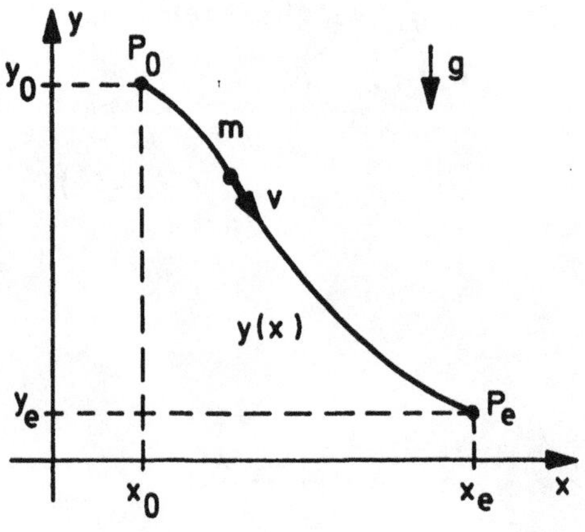

Gesucht ist diejenige Kurve y = y(x) zwischen einem gegebenen Anfangspunkt $P_0 = (x_0, y_0)$ und einem nicht höher gelegenen, ebenfalls gegebenen Endpunkt $P_e = (x_e, y_e)$, die ein allein unter dem Einfluß der Schwerkraft (Erdbeschleunigung g) stehender Massenpunkt (Masse m,

Geschwindigkeit v) in kürzester Zeit durchläuft. Gütemaß ist hier folglich die Laufzeit T vom gegebenen Anfangspunkt P_0 in den gegebenen Endpunkt P_e.

Bestimmen Sie den Integranden f des Gütemaßes und formulieren Sie die obige Aufgabe als Variationsproblem. Die Anfangsgeschwindigkeit v_0 des Massenpunktes sei $v_0 = 0$.

AUFGABE 3: LÖSUNG DES PROBLEMS DER BRACHISTOCHRONE

Bestimmen Sie für das in Aufgabe 2 formulierte Variationsproblem die allgemeine Lösung $y = y(x)$. Wie nennt man die sich ergebende Lösungskurve und wie kann man sie sich entstanden denken?

Lösungshinweis: Verwenden Sie für die Extremalen $y = y(x)$ eine Parameterdarstellung $x = x(\alpha)$, $y = y(\alpha)$ mit

$$y(\alpha) = y_0 - \frac{1}{c_1^2} \sin^2 \frac{\alpha}{2} .$$

Für $\alpha = 0$ sei mit $y = y_0$ auch $x = x_0$.

AUFGABE 4: MINIMALE LAUFZEIT BEIM PROBLEM DER BRACHISTOCHRONE

Berechnen Sie mit Hilfe der Ergebnisse von Aufgabe 3 die minimale Laufzeit T des Massenpunktes m vom gegebenen Anfangspunkt $P_0 = (x_0, y_0)$ in den gegebenen Endpunkt $P_e = (x_e, y_e)$, wenn

$$y_e = y_0$$

gilt!

Aufgabe 5: Gleichgewichtslage einer homogenen Kette

Welche Gestalt $y = y(x)$ nimmt eine zwischen den gegebenen Punkten $P_0 = (x_0, y_0)$ und $P_e = (x_e, y_e)$ im Erdschwerefeld aufgehängte Kette vorgegebener Länge ℓ an? Die Kette sei homogen mit Masse belegt; ρ sei der Massenbelag pro Längeneinheit.

Lösungshinweis: Entsprechend der im Abschnitt 2.3.2 des Textes beschriebenen Vorgehensweise führe man zur Lösung dieses Variationsproblems mit Nebenbedingung Vergleichskurven und einen Multiplikator ein, um so zu einem gewöhnlichen Extremalproblem ohne Nebenbedingung zu gelangen.

Aufgabe 6: Verbrauchsoptimale Regelung einer rotierenden Schere

Rotierende Scheren haben die Aufgabe, schnellaufendes Material, etwa ein Papier- oder ein Stahlband, in Stücke vorgegebener Länge zu zerteilen. Sie bestehen aus zwei übereinander angeordneten Stahlzylindern, die je ein Schermesser tragen. Beide Zylinder sind über ein Getriebe starr gekuppelt, so daß sie sich mit entgegengesetzt gleicher Drehzahl bewegen und das zwischen ihnen durchlaufende Materialband beim Zusammentreffen der Messer abscheren.

Das Materialband soll sich mit konstanter Geschwindigkeit v_B bewegen und durch die Schere in Stücke vorgegebener Länge d_B zerteilt werden. Die Zeit zwischen zwei solchen Schnitten ist somit durch

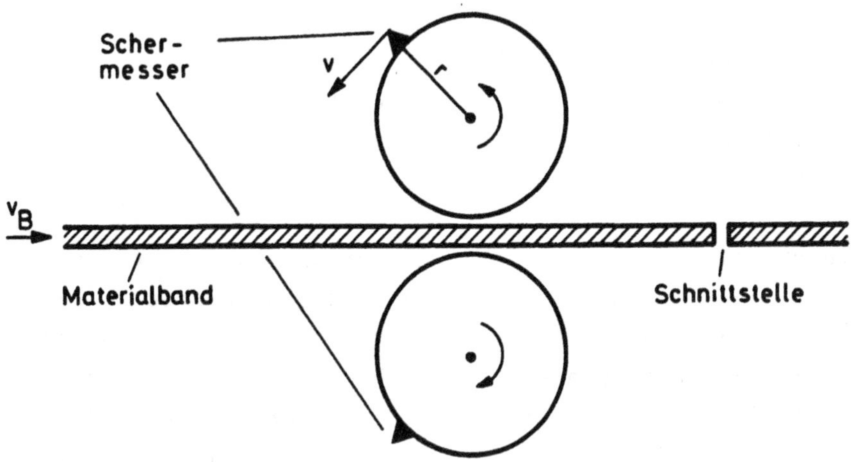

$$t_e = \frac{d_B}{v_B}$$

gegeben. Definiert man den Zeitpunkt des letzten Schnittes als Zeitnullpunkt, so muß für die Geschwindigkeit $v = v(t)$ der Schermesser und den von ihnen zurückgelegten Weg

$$s(t) = \int_0^t v(\tau)d\tau$$

im Schnittzeitpunkt t_e gelten:

$v(t_e) = v_B$, damit beim Schervorgang keine Stauchung des Materialbandes eintritt;

$s(t_e) = 2\pi r$, damit die Messer zu dem durch Bandgeschwindigkeit und Schnittlänge vorgegebenen Zeitpunkt t_e zusammentreffen und das Band abscheren. r ist der Radius der Messerkreise.

Diese beiden Bedingungen erfordern während der Übergangszeit zwischen zwei Schnitten folgendes Verhalten:
Ist die Schnittlänge größer als der Scherenumfang, so muß die Schere nach dem vorausgegangenen Schnitt zunächst ab-

gebremst, unter Umständen sogar ganz stillgesetzt werden und erst kurz vor dem nächsten Schnitt wieder beschleunigt werden. Ist umgekehrt die Schnittlänge kleiner als der Scherenumfang, so muß die Schere zuerst beschleunigt und dann wieder abgebremst werden.

Motoren, die diesen Betriebsbedingungen standhalten, sind in der Regel teure Spezialausführungen, deren Kosten sich nach der Leistung richten, die sie abgeben können. Daher ist man bestrebt, die erforderliche Leistung so gering wie möglich zu halten. Ein gutes Maß hierfür stellt das aufzuwendende Effektivmoment dar. Es ist definiert durch

$$M_{eff}^2 \cdot t_e = \int_0^{t_e} M^2(t)dt,$$

so daß

$$M_{eff} = \sqrt{\frac{1}{t_e}\int_0^{t_e} M^2(t)dt} \overset{!}{=} \min$$

gefordert wird. M(t) ist dabei das Drehmoment des Motors, hier eines fremderregten Gleichstrommotors.

Es soll nun eine Regelung so entworfen werden, daß die Anlage den genannten Forderungen genügt. Man darf dabei annehmen, daß die Schere starr mit dem Motoranker gekoppelt ist, so daß sich das Übertragungsverhalten des ankerstrom- und drehzahlgeregelten Gleichstrommotors einschließlich der Schere näherungsweise durch ein Verzögerungsglied 1. Ordnung beschreiben läßt. Seine Eingangsgröße ist die Steuerspannung u des Motors, seine Ausgangsgröße die Umfangsgeschwindigkeit v der Schermesser. Integriert man diese über die Zeit, so bekommt man als weitere Systemgröße den von den Schermessern seit dem letzten Schnitt zurückgelegten Weg s. Damit ergibt sich folgendes einfache Strukturbild:

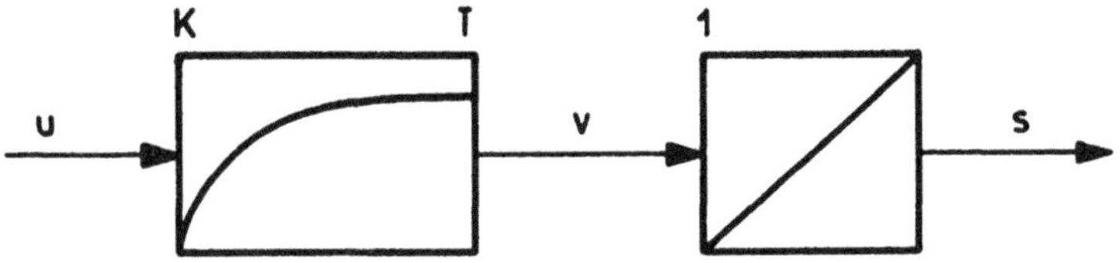

Es beschreibt in erster Näherung das Übertragungsverhalten der aus Antriebsmotor und Schere bestehenden Strecke.

a) Wie lautet die dieser Randwertregelung zugrunde liegende Optimierungsaufgabe? Geben Sie das Gütemaß, die Nebenbedingung und die Randbedingungen an, wenn als Zustandsvariable $x_1 = s$ und $x_2 = v$ gewählt werden und wenn als Anfangszeitpunkt t_0 irgendein Zeitpunkt zwischen dem vorausgegangenen und dem folgenden Schnitt - also $0 \leqq t_0 < t_e$ - gewählt wird.

b) Bestimmen Sie die allgemeine Lösung dieser Optimierungsaufgabe. Welchen speziellen Verlauf nehmen die Schermessergeschwindigkeit x_2 und die Steuerfunktion u an?

c) Berechnen Sie die *optimale Steuerung* zu den speziellen Anfangswerten $t_0 = 0$, $x_1(0) = s_0 = 0$ und $x_2(0) = v_0 = v_B$.

d) Die in c) berechnete Steuerung kann nur dann zufriedenstellend arbeiten, wenn keine Störungen auf das System einwirken. Dies ist jedoch im Betrieb nicht der Fall. So bleibt etwa die Bandgeschwindigkeit v_B während des Umlaufs der Schere keineswegs - wie bisher angenommen - konstant, so daß bei unveränderter Steuerung mit beträchtlichen Schnittfehlern zu rechnen ist. Daher werden die Bandgeschwindigkeit

$v_B = v_B(t)$ und der seit dem letzten Schnitt zurückgelegte Bandweg

$$s_B(t) = \int_0^t v_B(\tau)d\tau$$

fortlaufend gemessen. Damit kann man dann - unter der Annahme weiterhin konstanter Bandgeschwindigkeit - den momentan zu erwartenden Schnittzeitpunkt $t_e = t_e\left(s_B(t), v_B(t), t\right)$ vorausberechnen und die Parameter der Steuerfunktion fortlaufend an die geänderte Bandgeschwindigkeit anpassen.
Geben Sie die Beziehung zur Vorausberechnung des Schnittzeitpunktes t_e an!

e) Auch mit der zuvor beschriebenen modifizierten Steuerung ergeben sich noch beträchtliche Längen- und Geschwindigkeitsfehler, da sie unmittelbar auf die Strecke einwirkende Störeinflüsse, etwa in Form von Reibung oder Abweichungen zwischen angenommener und wirklicher Streckenstruktur, nicht berücksichtigt. Deren Kompensation erfordert letztlich den Einsatz einer Regelung.
Berechnen Sie das optimale Regelungsgesetz und überprüfen Sie es auf seine Realisierbarkeit.

Lösungshinweis: Zur Berechnung des optimalen Regelungsgesetzes ermittle man zwei der vier Integrationskonstanten in der allgemeinen Lösung für x_1 und x_2 aus den Endbedingungen und löse dann die Gleichungen für x_1 und x_2 nach den verbleibenden beiden Konstanten auf.

Aufgabe 7: Optimaler Wert des Gütemasses bei der Riccati-Optimierung

Zeigen Sie, daß für den optimalen Wert des Gütemaßes bei der Riccati-Optimierung

$$J = \frac{1}{2} \underline{x}_0^T \underline{P}(t_0)\underline{x}_0$$

gilt, wenn $\underline{P}(t)$ die Lösung der Riccatischen Matrixdifferentialgleichung (3.26) mit der Endbedingung $\underline{P}(t_e) = \underline{S}$ darstellt.

Lösungshinweis: Man ermittele zunächst die erste zeitliche Ableitung der mit der optimalen Trajektorie $\underline{x}(t)$ gebildeten quadratischen Form $\underline{x}^T(t)\underline{P}(t)\underline{x}(t)$, ersetze darin $\dot{\underline{x}}(t)$ und $\dot{\underline{P}}(t)$ durch die Zustandsdifferentialgleichung des geregelten Systems bzw. die Riccatische Matrixdifferentialgleichung und integriere schließlich die entstehende Beziehung von t_0 bis t_e.

Aufgabe 8: Riccati-Regler bei exponentieller Gewichtung der Zustands- und Stellverläufe

Wird bei der Riccati-Optimierung als Gütemaß

$$J = \frac{1}{2} \underline{x}_e^T \underline{S}\, \underline{x}_e + \frac{1}{2} \int_{t_0}^{t_e} e^{2\alpha t}\left[\underline{x}^T(t)\underline{Q}\,\underline{x}(t) + \underline{u}^T(t)\underline{R}\,\underline{u}(t)\right]dt,$$

$$\alpha \text{ reell} \geqq 0,$$

gewählt, so gilt für das optimale Regelungsgesetz nach wie vor

$$\underline{u} = -\underline{R}^{-1}\underline{B}^T\underline{P}\,\underline{x}\,;$$

$\underline{P}$ ist dabei die Lösung einer Riccatischen Matrixdifferentialgleichung.

Bestimmen Sie diese Matrixdifferentialgleichung für $\underline{P}$ einschließlich der zugehörigen Endbedingung!

AUFGABE 9: EIN ALLGEMEINES TRANSFORMATIONSVERFAHREN ZUR BESTIMMUNG DES RICCATI-REGLERS IM ZEITINVARIANTEN FALL

Wie in Abschnitt 3.3 gezeigt wurde, führt die Optimierung linearer Systeme mit quadratischem Gütemaß auf die Beziehung

$$\underline{u}(t) = \underline{R}^{-1}\underline{B}^T\underline{\psi}(t),$$

wobei der adjungierte Vektor $\underline{\psi}(t)$ aus dem Hamilton-System

$$\begin{bmatrix} \dot{\underline{x}} \\ \dot{\underline{\psi}} \end{bmatrix} = \begin{bmatrix} \underline{A} & \underline{B}\,\underline{R}^{-1}\underline{B}^T \\ \underline{Q} & -\underline{A}^T \end{bmatrix} \begin{bmatrix} \underline{x} \\ \underline{\psi} \end{bmatrix}$$

oder kürzer

$$\dot{\underline{v}} = \underline{W}\,\underline{v}$$

zu bestimmen ist. Im zeitinvarianten Fall ist $\underline{W}$ eine konstante (2n,2n)-Matrix, von der im folgenden vorausgesetzt wird, daß sie keine Eigenwerte auf der j-Achse besitzt (vgl. Abschnitt 3.5).

Unterwirft man das Hamilton-System der linearen Transformation

$$\underline{v} = \underline{T}\,\hat{\underline{v}}$$

mit

$$\underline{T} = \left[\begin{array}{c|c} \underline{T}_{11} & \underline{T}_{12} \\ \hline \underline{T}_{21} & \underline{T}_{22} \end{array}\right] \begin{array}{c} n \\ - \\ n \end{array}, \qquad \text{Spalten: } n \mid n$$

so folgt

$$\dot{\hat{\underline{v}}} = \hat{\underline{W}}\,\hat{\underline{v}}$$

mit

$$\hat{\underline{W}} = \underline{T}^{-1}\underline{W}\,\underline{T} = \left[\begin{array}{c|c} \hat{\underline{W}}_{11} & \hat{W}_{12} \\ \hline \hat{\underline{W}}_{21} & \hat{\underline{W}}_{22} \end{array}\right] \begin{array}{c} n \\ - \\ n \end{array}. \qquad \text{Spalten: } n \mid n$$

Zeigen Sie, daß das optimale Regelungsgesetz durch

$$\underline{u}(t) = \underline{R}^{-1}\underline{B}^{T}\underline{T}_{21}\underline{T}_{11}^{-1}\underline{x}(t)$$

gegeben ist, wenn die Transformation $\underline{T}$ so gewählt wurde, daß

1. $\hat{\underline{W}}_{21} = \underline{0}$ gilt und

2. die Eigenwerte von $\hat{\underline{W}}_{11}$ gleich den links der j-Achse gelegenen Eigenwerten des Hamilton-Systems sind.

Aufgabe 10: Bestimmung des optimalen Regelungsgesetzes für ein System 2. Ordnung durch Lösen der Hamilton-Gleichungen

Gegeben ist die nachfolgend abgebildete Strecke ($K > 0$, $T > 0$)

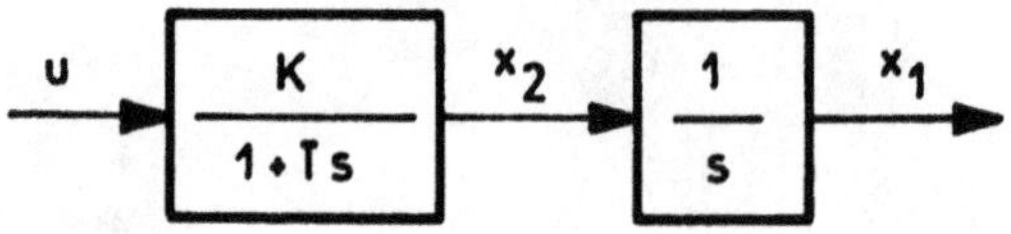

und das Gütemaß

$$J = \frac{1}{2} \int_0^\infty \left(q_1 x_1^2 + q_2 x_2^2 + r u^2 \right) dt$$

mit $q_1 > 0$, $q_2 > 0$, $r > 0$.

Bestimmen Sie das optimale Regelungsgesetz

$$u = -k_1 x_1 - k_2 x_2$$

mit dem in Abschnitt 3.5 beschriebenen Eigenvektorverfahren zur Lösung der Hamilton-Gleichungen.

Aufgabe 11: Zeitoptimale Regelung eines Systems 2. Ordnung

Gegeben ist folgender Regelkreis:

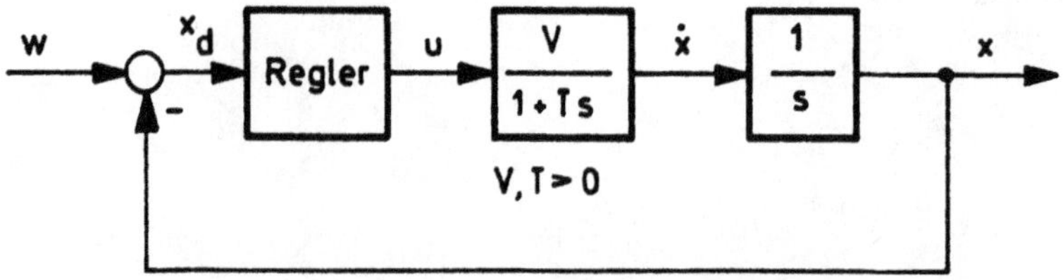

Bestimmen Sie den Regler so, daß die Regelgröße x möglichst rasch der sprungförmigen Führungsgrößenverstellung um W_Δ folgt. Die Stellgröße u sei dabei auf Werte $|u| \leqq M$ beschränkt.

Lösungshinweis: Wählen Sie wie in Abschnitt 5.4 als Zustandsvariable $x_1 = x_d$ und $x_2 = \dot{x}_d$.

Aufgabe 12: Umschalt- und Endzeitpunkt einer zeitoptimalen Regelung 2. Ordnung

Berechnen Sie für die in Übungsaufgabe 11 entworfene zeitoptimale Regelung den Umschaltzeitpunkt t_1 und den Endzeitpunkt t_e als Funktion der Führungsgrößenänderung W_Δ.

Aufgabe 13: Zeitoptimale Regelung eines ungedämpften Schwingungsgliedes mit zwei Eingangsgrössen

Gegeben ist folgendes System 2. Ordnung mit den beiden Eingangsgrößen u_1 und u_2.

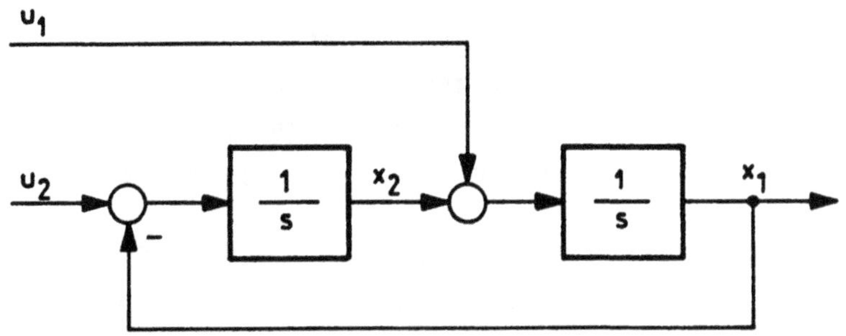

Bestimmen Sie für dieses System das zeitoptimale Regelungsgesetz, wenn $|u_i| \leqq M$, i = 1,2, gilt.

Aufgabe 14: Ökologisch optimaler Fischfang

Bezeichnet man mit $x = x(t)$ die Anzahl der Tiere in einem begrenzten Lebensraum (= Population), so gilt bei völlig gleichen Individuen für die zeitliche Änderung:

$$\dot{x} = wx.$$

Die Wachstumsrate w ist dabei durch die Differenz aus Geburten- und Sterberate gegeben. Sie nimmt im allgemeinen mit wachsender Populationsgröße ab, da in einem gegebenen Gebiet das Angebot an Nahrung begrenzt ist und Krankheiten meist mit der Individuenzahl zunehmen. Mit dem linearen Ansatz

$$w(x) = a - bx, \quad a,b > 0,$$

wird dann

$$\dot{x} = ax - bx^2.$$

Hinzu kommt die Einwirkung des Menschen. Ist $u = u(t)$ die Fangrate, d.h. der Bruchteil der momentanen Anzahl x, den man pro Zeiteinheit wegfängt, so folgt

$$\dot{x} = ax - bx^2 - ux.$$

Betrachtet man etwa eine Fischpopulation in einem See, wovon im folgenden ausgegangen wird, so ist die Fangrate u proportional der Anzahl der ausgelegten Netze. Man kann u daher als Eingangsgröße des Systems ansehen.

Offensichtlich ist

$$x > 0$$

und

$$0 \leqq u \leqq u_{max}.$$

Als maximal zulässige Fangrate u_{max} wird man a ansehen dürfen, da in diesem Falle der Zuwachs vollständig durch den Fischfang kompensiert wird. Im folgenden gelte also $u_{max} = a$, d.h.

$$0 \leqq u \leqq a.$$

Ist man bestrebt, die Population als *dauernde* Nahrungsquelle zu erhalten, so ergibt sich die Frage nach der ökologisch optimalen Fangstrategie $u^*(t)$, die *langfristig* den höchsten Ertrag

$$E = \int_0^{t_e} ux\,dt.$$

liefert. Dabei sei t_e hinreichend groß gewählt ($t_e \gg \frac{1}{a}$) und $x(t_e)$ frei. Die Anfangspopulation sei mit $x(0) = x_0 > 0$ gegeben.

a) Welche Werte kann die optimale Steuerfunktion $u^*(t)$ annehmen?

b) Bestimmen sie diejenige stationäre Populationsgröße x_R, bei der die Anzahl $z_R = u_R x_R$ der pro Zeiteinheit gefangenen Fische maximal wird (ökologisch optimale Populationsgröße) und vergleichen Sie mit dem Ergebnis von Aufgabenteil a).

c) Geben Sie den zeitlichen Verlauf der optimalen Steuerfunktion $u^*(t)$ und der optimalen Trajektorie $x^*(t)$ an.

AUFGABE 15: ANWENDUNG DER DYNAMISCHEN PROGRAMMIERUNG ZUR OPTIMIERUNG EINES NICHTLINEAREN SYSTEMS

Gegeben sind das nichtlineare System

$$x_{k+1} = 2x_k + (2-x_k)u_k, \quad k = 0,1,2,\ldots,$$

mit

$$x_k \in X = \{0,1,2,3,4,5\},$$

$$u_k \in U = \{0,1,2,3\}$$

und das Gütemaß

$$J_k = \sum_{i=k}^{N-1} (2-x_i)u_i \quad \text{mit} \quad N = 4.$$

a) Bestimmen Sie mit Hilfe der Dynamischen Programmierung das optimale Regelungsgesetz $u_k = r_k(x_k)$, $k = 0,1,\ldots, N-1 = 3$, und geben Sie es in tabellarischer Form an.

b) Berechnen Sie zu jedem Anfangswert $x_0 \in X$ die optimale Steuerfolge $(u_0^*,u_1^*,u_2^*,u_3^*)$ und die optimale Trajektorie $(x_0^*,x_1^*,x_2^*,x_3^*,x_4^*)$.

AUFGABE 16: ANWENDUNG DER BELLMANSCHEN FUNKTIONALGLEICHUNG ZUR OPTIMIERUNG LINEARER SYSTEME MIT QUADRATISCHEM GÜTEMASS

Betrachtet wird das durch

$$\underline{\dot{x}}(t) = \underline{A}\,\underline{x}(t) + \underline{B}\,\underline{u}(t), \quad \underline{x}(t_0) = \underline{x}_0$$

gegebene lineare System, das optimal im Sinne des Gütemaßes

$$J = \frac{1}{2}\,\underline{x}^T(t_e)\underline{S}\,\underline{x}(t_e) + \frac{1}{2}\int_{t_0}^{t_e}\left\{\underline{x}^T(t)\underline{Q}\,\underline{x}(t) + \underline{u}^T(t)\underline{R}\,\underline{u}(t)\right\}dt$$

mit

$\underline{S}$, $\underline{Q}$ symmetrisch, positiv semidefinit,

$\underline{R}$ symmetrisch, positiv definit

zu entwerfen ist. Dabei seien $\underline{x}(t)$ und $\underline{u}(t)$ unbeschränkt, und $\underline{x}(t_e)$ sei frei.

Wie in Abschnitt 3.3 mit Hilfe der klassischen Variationsrechnung gezeigt wurde, führt diese Problemstellung auf das optimale Regelungsgesetz

$$\underline{u}^*(t) = -\underline{R}^{-1}\underline{B}^T\underline{P}(t)\underline{x}(t),$$

wobei $\underline{P}(t)$ die symmetrische Lösungsmatrix der Riccatischen Matrixdifferentialgleichung

$$\underline{\dot{P}} = \underline{P}\,\underline{B}\,\underline{R}^{-1}\underline{B}^T\underline{P} - \underline{P}\,\underline{A} - \underline{A}^T\underline{P} - \underline{Q}$$

mit der Anfangsbedingung

$$\underline{P}(t_e) = \underline{S}$$

darstellt. Leiten Sie nunmehr diese Beziehungen für das optimale Regelungsgesetz aus der Bellmanschen Funktionalgleichung her, wenn für den optimalen Wert $J^*(\underline{x},t)$ des Gütemaßes der Ansatz

$$J^*(\underline{x},t) = \frac{1}{2}\,\underline{x}^T \underline{P}(t)\underline{x}$$

mit symmetrischem $\underline{P}(t)$ gemacht wird.

Hinweis: Im Unterschied zu dem in Abschnitt 7.6 behandelten Optimierungsproblem ist hier das Gütemaß von der Form

$$J = h\big(\underline{x}(t_e),t_e\big) + \int_{t_0}^{t_e} f_0(\underline{x},\underline{u},t)dt.$$

Die zur Lösung der Bellmanschen Funktionalgleichung erforderliche Anfangsbedingung lautet dann

$$J^*(\underline{x},t_e) = h(\underline{x},t_e) \quad \text{für alle} \quad \underline{x} \in X.$$

Lösung der Aufgabe 1

Betrachtet man zunächst den Ausdruck auf der linken Seite von Gl. (O 4) und differenziert ihn nach x, so erhält man

$$\frac{d}{dx}\left[f(y,y')-y'\,\frac{\partial f(y,y')}{\partial y'}\right]$$

$$= \frac{\partial f}{\partial y}\cdot\frac{dy}{dx} + \frac{\partial f}{\partial y'}\cdot\frac{dy'}{dx} - \frac{dy'}{dx}\cdot\frac{\partial f}{\partial y'} - y'\,\frac{d}{dx}\left(\frac{\partial f}{\partial y'}\right)$$

$$= \frac{\partial f}{\partial y}\cdot y' + \underbrace{\frac{\partial f}{\partial y'}\cdot y'' - y''\,\frac{\partial f}{\partial y'}}_{=\,0} - y'\,\frac{d}{dx}\left(\frac{\partial f}{\partial y'}\right)$$

$$= y'\left\{\frac{\partial f}{\partial y} - \frac{d}{dx}\left(\frac{\partial f}{\partial y'}\right)\right\}.$$

Der Ausdruck in der geschweiften Klammer ist identisch mit der linken Seite der Euler-Lagrangeschen Differentialgleichung (O 2), ist also gleich Null, wenn $y = y(x)$ die Lösung des Variationsproblems ist. Daher gilt in diesem Fall

$$\frac{d}{dx}\left[f(y,y')-y'\,\frac{\partial f(y,y')}{\partial y'}\right] = 0,$$

woraus durch Integration nach x die gesuchte Differentialgleichung

$$f(y,y')-y'\,\frac{\partial f(y,y')}{\partial y'} = c_1$$

folgt (c_1 ist eine Integrationskonstante). Diese Differentialgleichung ist natürlich genau wie die Euler-Lagrangesche Differentialgleichung (O 2) nur eine notwendige Bedingung für die Lösung des Variationsproblems.

Lösung der Aufgabe 2

Aus der Gleichung

$$v = \frac{ds}{dt}$$

für die Geschwindigkeit des Massenpunktes folgt

$$dt = \frac{1}{v}\,ds.$$

Das Bogenelement ds bestimmt sich hierbei aus

$$ds^2 = dx^2 + dy^2 = (1+y'^2)dx^2$$

zu

$$ds = \sqrt{1+y'^2}\,dx.$$

Die Geschwindigkeit v kann mit Hilfe des Energiesatzes ermittelt werden. Da $v_0 = 0$ sein soll, gilt

$$\frac{1}{2}\,mv^2 + mgy = \frac{1}{2}\,mv_0^2 + mgy_0 = mgy_0.$$

Daraus folgt

$$v^2 = 2g(y_0-y)$$

oder

$$v = \sqrt{2g(y_0-y)}.$$

ds und v eingesetzt in die Gleichung für dt ergibt

$$dt = \frac{\sqrt{1+y'^2}}{\sqrt{2g(y_0-y)}}\,dx.$$

Durch Integration erhält man dann für die zu minimierende Laufzeit T:

$$T = \int_0^T dt = \frac{1}{\sqrt{2g}} \int_{x_0}^{x_e} \frac{\sqrt{1+y'^2}}{\sqrt{y_0-y}}\,dx.$$

Gesucht ist also diejenige Kurve $y = y(x)$, die den Randbedingungen

$$y(x_0) = y_0, \quad y(x_e) = y_e$$

genügt und die Laufzeit

$$T = \frac{1}{\sqrt{2g}} \int_{x_0}^{x_e} \frac{\sqrt{1+y'^2}}{\sqrt{y_0-y}}\,dx$$

zum Minimum macht. Sie wird allgemein als *Brachistochrone* bezeichnet. Zu bemerken ist, daß hier der Integrand f des Gütemaßes nicht explizit von x abhängt; also gilt:

$$f = \frac{\sqrt{1+y'^2}}{\sqrt{y_0-y}} = f(y,y').$$

Lösung der Aufgabe 3

Die Lösung des in Aufgabe 2 formulierten Variationsproblems muß der Euler-Lagrangeschen Differentialgleichung genügen. Mit

$$f = f(y,y') = \frac{\sqrt{1+y'^2}}{\sqrt{y_0-y}}$$

und

$$\frac{\partial f}{\partial y'} = \frac{1}{\sqrt{y_0-y}} \frac{y'}{\sqrt{1+y'^2}}$$

erhält man aus der vereinfachten Form (Ü 4) der Euler-Lagrangeschen Differentialgleichung

$$\frac{\sqrt{1+y'^2}}{\sqrt{y_0-y}} - \frac{y'^2}{\sqrt{y_0-y}\sqrt{1+y'^2}} = c_1$$

oder

$$\frac{1+y'^2-y'^2}{\sqrt{y_0-y}\sqrt{1+y'^2}} = \frac{1}{\sqrt{(y_0-y)(1+y'^2)}} = c_1 .$$

Durch Quadrieren und Umstellen folgt hieraus

$$(y_0-y)(1+y'^2) = \frac{1}{c_1^2} .$$

Aufgelöst nach y' ergibt dies

$$y' = \frac{dy}{dx} = \sqrt{\frac{1-c_1^2(y_0-y)}{c_1^2(y_0-y)}}$$

und somit

$$dx = \sqrt{\frac{c_1^2(y_0-y)}{1-c_1^2(y_0-y)}}\, dy.$$

Macht man für y den Parameteransatz

$$y = y(\alpha) = y_0 - \frac{1}{c_1^2}\sin^2\frac{\alpha}{2},$$

also

$$dy = -\frac{1}{c_1^2}\sin\frac{\alpha}{2}\cos\frac{\alpha}{2}\,d\alpha,$$

so folgt aus obiger Gleichung für dx:

$$dx = -\frac{1}{c_1^2}\sin^2\frac{\alpha}{2}\,d\alpha.$$

Daraus wird mit $\sin^2\frac{\alpha}{2} = \frac{1}{2}(1-\cos\alpha)$:

$$dx = -\frac{1}{2c_1^2}(1-\cos\alpha)d\alpha.$$

Die Integration liefert dann unter Beachtung von $x(\alpha=0) = x_0$:

$$x(\alpha) = x_0 - \frac{1}{2c_1^2}(\alpha - \sin\alpha).$$

Führt man nun noch die Substitution $\alpha = -\beta$ durch und schreibt anschließend wieder α statt β, so erhält man als gesuchte *Parameterdarstellung der Lösungskurve* $y = y(x)$:

$$x(\alpha) = x_0 + \frac{1}{2c_1^2}(\alpha-\sin\alpha),$$

$$y(\alpha) = y_0 - \frac{1}{c_1^2}\sin^2\frac{\alpha}{2} = y_0 - \frac{1}{2c^2}(1-\cos\alpha).$$

Wie man beispielsweise in [40], Abschnitt 1.3.2, nachlesen kann, ist dies eine *Zykloide*. Sie entsteht durch Abrollen eines Kreises vom Radius $r = 1/2c_1^2$ an der Geraden $y = y_0$, und zwar liegt der Mittelpunkt des rollenden Kreises dabei unterhalb dieser Parallele zur x-Achse.

Anmerkung: In der obigen Lösung noch unbestimmt ist die Integrationskonstante c_1. Sie läßt sich durch Anpassung an die Randbedingung $y = y_e$ für $x = x_e$ ermitteln. Als Resultat erhält man, daß es genau einen Zykloidenbogen gibt, der die Punkte $P_0 = (x_0, y_0)$ und $P_e = (x_e, y_e)$ verbindet und zwischen ihnen keine Spitze aufweist. Mit der in der Einleitung zum Kurs erwähnten Legendre-Bedingung läßt sich weiterhin zeigen, daß dies in der Tat ein Minimum des Gütemaßes ist (vergleiche hierzu [3], Seite 28-31).

Lösung der Aufgabe 4

Da $y_e = y_0$ gelten soll, muß der Massenpunkt einen vollständigen Zykloidenbogen durchlaufen, so daß hier für den Wälzwinkel α im Endpunkt P_e gilt:

$$\alpha_e = 2\pi .$$

Eingesetzt in die Gleichung für $x = x(\alpha)$ ergibt dies

$$x_e = x_0 + \frac{2\pi}{2c_1^2}$$

oder

$$\frac{1}{2c_1^2} = \frac{x_e - x_0}{2\pi} .$$

Somit lautet in diesem speziellen Fall die vollständige Lösung der Optimierungsaufgabe:

$$x(\alpha) = x_0 + \frac{x_e - x_0}{2\pi} (\alpha - \sin\alpha),$$

$$y(\alpha) = y_0 - \frac{x_e - x_0}{2\pi} (1 - \cos\alpha).$$

Wie in Aufgabe 2 ermittelt, gilt hierbei für die Laufzeit T des Massenpunktes:

$$T = \frac{1}{\sqrt{2g}} \int_{x_0}^{x_e} \frac{\sqrt{1+y'^2}}{\sqrt{y-y_0}}\, dx.$$

Mit

$$1+y'^2 = \frac{1}{c_1^2 (y_0 - y)}$$

(siehe Lösung zur Aufgabe 3) und

$$\frac{1}{c_1} = \sqrt{\frac{x_e - x_0}{\pi}}$$

wird daraus

$$T = \sqrt{\frac{x_e - x_0}{2\pi g}} \int_{x_0}^{x_e} \frac{dx}{y_0 - y}\, .$$

Unter Verwendung der oben angegebenen Parameterdarstellung der Lösungskurve $y = y(x)$ erhält man

$$\frac{dx}{y_0 - y} = \frac{\frac{x_e - x_0}{2\pi} (1 - \cos\alpha) d\alpha}{\frac{x_e - x_0}{2\pi} (1 - \cos\alpha)} = d\alpha$$

und somit

$$T = \sqrt{\frac{x_e - x_0}{2\pi g}} \int_{\alpha=0}^{\alpha_e=2\pi} d\alpha = \sqrt{\frac{x_e - x_0}{2\pi g}}\, 2\pi$$

oder

$$T = \sqrt{\frac{2\pi(x_e - x_0)}{g}} \quad .$$

Dies ist die gesuchte *minimale Laufzeit des Massenpunktes* vom Anfangspunkt $P_0 = (x_0, y_0)$ in den Endpunkt $P_e = (x_e, y_e = y_0)$.

Lösung der Aufgabe 5

Die homogene Kette der gegebenen Länge ℓ hängt unter dem Einfluß ihres Gewichts. In der Gleichgewichtslage nimmt ihre potentielle Energie ein Minimum an, d.h. ihr Schwerpunkt S liegt so tief wie möglich.

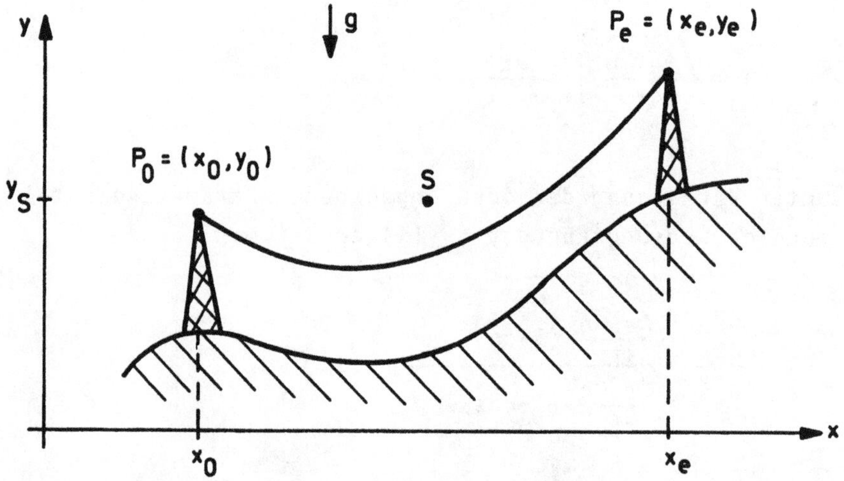

Für die Schwerpunktskoordinate y_S gilt somit

$$y_S = \min.$$

Nun ist

$$y_S = \frac{\int_0^m y\,dm}{\int_0^m dm},$$

woraus bei homogener Massenbelegung $dm = \rho ds$

$$y_S = \frac{\int_0^\ell y\,ds}{\int_0^\ell ds} = \frac{1}{\ell}\int_0^\ell y\,ds$$

wird. Setzt man noch für das Bogenelement

$$ds = \sqrt{1+y'^2}\,dx$$

ein, so folgt

$$y_S = \frac{1}{\ell}\int_{x_0}^{x_e} y\sqrt{1+y'^2}\,dx.$$

Hierbei ist vorausgesetzt, daß die Lösungskurve $y = y(x)$ der Bedingung

$$\int_0^\ell ds = \int_{x_0}^{x_e} \sqrt{1+y'^2}\,dx = \ell$$

genügt, also die vorgegebene Länge ℓ besitzt.

Die *Optimierungsaufgabe* lautet somit folgendermaßen: Bestimme diejenige Kurve $y = y(x)$, die

$$y_S = \frac{1}{\ell}\int_{x_0}^{x_e} y\sqrt{1+y'^2}\,dx$$

zum Minimum macht und dabei die Nebenbedingung

$$\int_{x_0}^{x_e} \sqrt{1+y'^2}\,dx = \ell$$

sowie die Randbedingungen

$$y(x_0) = y_0, \quad y(x_e) = y_e$$

erfüllt.

Im Unterschied zum Grundproblem der Variationsrechnung (Abschnitt 2.1) muß hier zusätzlich eine Nebenbedingung in Form eines bestimmten Integrals mit fest vorgegebenem Wert erfüllt werden. Ein solches Variationsproblem wird als *isoperimetrisches Problem* bezeichnet. Mit Hilfe der Multiplikatorenmethode von Lagrange läßt es sich auf ein Extremalproblem ohne Nebenbedingung zurückführen.

Dazu wird die Nebenbedingung auf die Form

$$1 - \frac{1}{\ell}\int_{x_0}^{x_e} \sqrt{1+y'^2}\,dx = 0$$

gebracht und mit Hilfe des konstanten Multiplikators μ zum Gütemaß hinzugefügt. Es lautet dann

$$J = \frac{1}{\ell}\int_{x_0}^{x_e} y\sqrt{1+y'^2}\,dx + \mu\left(1 - \frac{1}{\ell}\int_{x_0}^{x_e} \sqrt{1+y'^2}\,dx\right)$$

oder zusammengefaßt

$$J = \mu + \frac{1}{\ell} \int_{x_0}^{x_e} (y-\mu)\sqrt{1+y'^2}\, dx.$$

Ganz entsprechend wie beim Grundproblem nimmt man nun an, daß die optimale Lösung $y^*(x)$ bekannt sei, und konstruiert die Vergleichskurven

$$y = y^*(x) + \varepsilon\tilde{y}(x),$$

$$x_0 \leqq x \leqq x_e, \quad |\varepsilon| < \varepsilon_0.$$

Damit sie zulässig sind, muß die ansonsten beliebige Funktion $\tilde{y}(x)$ so gewählt werden, daß die Vergleichskurven die Randbedingungen und die Nebenbedingung erfüllen. Es muß daher gelten:

$$\tilde{y}(x_0) = 0, \; \tilde{y}(x_e) = 0,$$

$$\int_{x_0}^{x_e} \sqrt{1+\left(y^{*\prime}(x)+\varepsilon\tilde{y}'(x)\right)^2}\, dx = \ell.$$

Setzt man die Vergleichskurven in das Gütemaß ein, so ist dieses bei bekannt angenommenem $y^*(x)$ und gewähltem $\tilde{y}(x)$ nur noch eine Funktion $F(\varepsilon)$ des Parameters ε. Da die optimale Lösung $y^*(x)$ für $\varepsilon = 0$ in den Vergleichskurven enthalten ist, hat das Gütemaß $F(\varepsilon)$ an der Stelle $\varepsilon = 0$ ein Minimum. Es muß daher

$$\left(\frac{dF}{d\varepsilon}\right)_{\varepsilon=0} = 0$$

gelten. Diese Gleichung ist somit eine notwendige Bedingung, der die optimale Lösung der Variationsaufgabe genügen muß.

Wendet man diese Vorgehensweise auf das obige Extremalproblem an, so folgt als notwendige Bedingung

$$\int_{x_0}^{x_e} \left[\tilde{y}\sqrt{1+y'^2} + \frac{(y-\mu)y'}{\sqrt{1+y'^2}}\,\tilde{y}' \right] dx = 0.$$

Dabei wurde der Einfachheit halber y statt y* geschrieben. Durch partielle Integration des zweiten Summanden wird daraus, wenn man $\tilde{y}(x_0) = \tilde{y}(x_e) = 0$ beachtet:

$$\int_{x_0}^{x_e} \left[\sqrt{1+y'^2} - \frac{d}{dx}\left(\frac{(y-\mu)y'}{\sqrt{1+y'^2}} \right) \right] \tilde{y}\,dx = 0.$$

Da aber $\tilde{y}(x)$ eine beliebig wählbare Funktion ist, kann dieses Integral nur dann zu Null werden, wenn der Integrand selbst zu Null wird, also gilt:

$$\sqrt{1+y'^2} - \frac{d}{dx}\left(\frac{(y-\mu)y'}{\sqrt{1+y'^2}} \right) = 0.$$

Setzt man darin

$$y - \mu = z, \quad y' = z',$$

so ist dies gerade die Euler-Lagrangesche Differentialgleichung für ein Variationsproblem mit dem Gütemaß

$$J = \int_{x_0}^{x_e} z\sqrt{1+z'^2}\,dx.$$

Dies ist ein Variationsproblem ohne Nebenbedingung. Der Integrand ist von dem in Übungsaufgabe 1 behandelten Typ. Daher lautet die zugehörige Euler-Lagrangesche Differentialgleichung

$$z\sqrt{1+z'^2} - z' \cdot \frac{zz'}{\sqrt{1+z'^2}} = \text{const} = c_1.$$

Hieraus folgt

$$\frac{dz}{\sqrt{z^2-c_1^2}} = \frac{1}{c_1}\, dx,$$

$$\operatorname{arcosh} \frac{z}{c_1} = \frac{1}{c_1}\,(x-c_2),$$

$$z = c_1 \cosh \frac{x-c_2}{c_1}\,.$$

Dies ist die allgemeine Lösung der Euler-Lagrangeschen Differentialgleichung: eine Schar von sogenannten *Kettenlinien* mit den Scheitelpunkten (c_2,c_1).

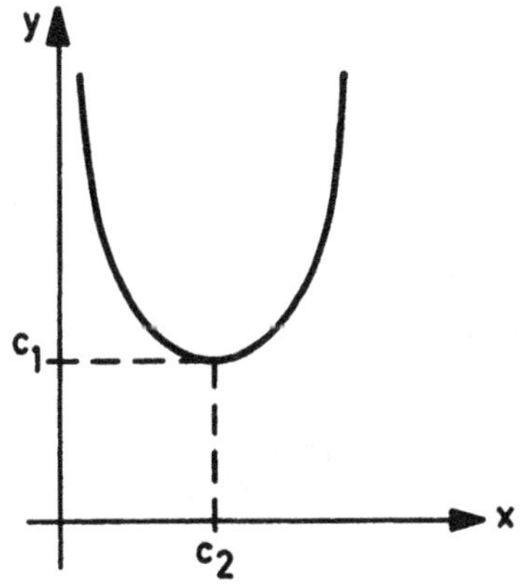

Mit $z = y-\mu$ erhält man daraus als *allgemeine Lösung* der hier behandelten Variationsaufgabe

$$y(x) = c_1 \cosh\left(\frac{x-c_2}{c_1}\right) + \mu.$$

Die Konstanten c_1, c_2 und μ müssen durch *Anpassung dieser allgemeinen Lösung an die Randbedingungen und an die Nebenbedingung* bestimmt werden. Mit den Abkürzungen

$$\alpha = \frac{x_0 - c_2}{c_1}, \quad \beta = \frac{x_e - c_2}{c_1}$$

erhält man so folgende drei Bestimmungsgleichungen:

$$y_0 = c_1 \cosh \alpha + \mu, \qquad (Ü\ 5)$$

$$y_e = c_1 \cosh \beta + \mu, \qquad (Ü\ 6)$$

$$\ell = \int_{x_0}^{x_e} \sqrt{1+y'^2}\, dx = \int_{x_0}^{x_e} \cosh\left(\frac{x-c_2}{c_1}\right) dx$$

$$= c_1 \sinh \beta - c_1 \sinh \alpha. \qquad (Ü\ 7)$$

Bei bekanntem c_1 und c_2 kann μ beispielsweise aus der ersten Gleichung ermittelt werden:

$$\mu = y_0 - c_1 \cosh \alpha \text{ mit } \alpha = \frac{x_0 - c_2}{c_1}. \qquad (Ü\ 8)$$

Zur Bestimmung der restlichen Konstanten c_1 und c_2 subtrahiert man (Ü 6) von (Ü 5) und erhält so

$$y_e - y_0 = c_1(\cosh \beta - \cosh \alpha)$$

oder

$$y_e - y_0 = 2c_1 \sinh\left(\frac{\beta+\alpha}{2}\right) \sinh\left(\frac{\beta-\alpha}{2}\right).$$

Zusammen mit der aus (Ü 7) gewonnenen Beziehung

$$\ell = 2c_1 \sinh\left(\frac{\beta-\alpha}{2}\right) \cosh\left(\frac{\beta+\alpha}{2}\right)$$

führt dies auf

$$\frac{y_e - y_0}{\ell} = \tanh\left(\frac{\beta+\alpha}{2}\right)$$

und

$$\ell^2 - \left(y_e - y_0\right)^2 = 4c_1^2 \sinh^2\left(\frac{\beta-\alpha}{2}\right).$$

Mit

$$\frac{\beta+\alpha}{2} = \frac{x_e+x_0-2c_2}{2c_1}, \quad \frac{\beta-\alpha}{2} = \frac{x_e-x_0}{2c_1}$$

folgt dann

$$\frac{x_e+x_0-2c_2}{2c_1} = \operatorname{artanh}\left(\frac{y_e-y_0}{\ell}\right)$$

oder

$$c_2 = \frac{x_e+x_0}{2} - c_1 \operatorname{artanh}\left(\frac{y_e-y_o}{\ell}\right) \qquad (\text{Ü } 9)$$

und

$$\ell^2 - \left(y_e - y_0\right)^2 = 4c_1^2 \sinh^2\left(\frac{x_e-x_0}{2c_1}\right).$$

Aus der letzten Gleichung ergibt sich unter Verwendung der Substitution

$$\gamma = \frac{x_e-x_0}{2c_1}$$

die Beziehung

$$\sinh \gamma = \frac{\sqrt{\ell^2-(y_e-y_0)^2}}{x_e-x_0}\,\gamma = m\cdot\gamma. \qquad (\text{Ü } 10)$$

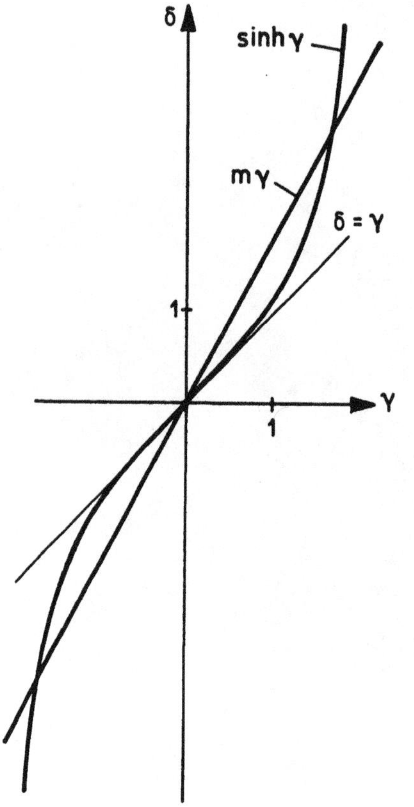

Wie aus nebenstehender Skizze zu ersehen ist, hat diese transzendente Gleichung genau dann zwei Lösungen, wenn die Steigung m der Geraden $\delta = m\gamma$ größer als eins ist. Dies ist aber stets erfüllt. Denn die Seillänge ℓ darf nicht kleiner als der Abstand der Aufhängepunkte sein, so daß immer

$$\ell \geqq \sqrt{(x_e-x_o)^2+(y_e-y_o)^2}$$

gilt, woraus mit $x_e-x_o > 0$

$$\frac{\sqrt{\ell^2-(y_e-y_o)^2}}{(x_e-x_o)} = m \geqq 1$$

folgt. Der durch das Gleichheitszeichen charakterisierte Grenzfall kann dabei ausgeschlossen werden, da dann als einzige Lösung nur die geradlinige Verbindung der Aufhängepunkte in Frage kommt.

Die Anpassung der allgemeinen Lösung an die Rand- und Anfangsbedingungen geschieht also folgendermaßen: Mit γ aus (Ü 10) ergibt sich die Konstante c_1 zu

$$c_1 = \frac{x_e-x_o}{2\gamma} .$$

Damit kann aus (Ü 9) die Konstante c_2 und dann aus (Ü 8) die zugehörige Konstante μ bestimmt werden. Jedoch besitzt (Ü 10) zwei Lösungen $\gamma_I > 0$ und $\gamma_{II} = -\gamma_I < 0$, so daß man zwei Extremalen vorgegebener Länge ℓ durch P_0 und P_e erhält. Da aber γ und c_1 gleiches Vorzeichen besitzen, folgt aus

$$y(x) = c_1 \cosh(\ldots) + \mu,$$

daß $\gamma_{II} < 0$ zu einer nach oben gewölbten Kettenlinie führt, deren potentielle Energie sicherlich nicht minimal ist. Dagegen führt $\gamma_I > 0$ auf eine nach unten gewölbte Kettenlinie; sie liefert unter Einhaltung der Nebenbedingung in der Tat ein Minimum des Gütemaßes: Vergleiche hierzu [1], S. 511-512.

Lösung der Aufgabe 6

a) Die Regelung der Schere soll so ausgelegt werden, daß das erforderliche Effektivmoment minimal wird. Das dem Entwurf zugrunde liegende Streckenmodell ist dabei von 2. Ordnung und wird mit $x_1 = s$ und $x_2 = v$ durch folgende Zustandsdifferentialgleichungen beschrieben:

$$\dot{x}_1 = x_2,$$

$$\dot{x}_2 = -\frac{1}{T} x_2 + \frac{K}{T} u.$$

Sie stellen die *Nebenbedingung* der Optimierungsaufgabe dar. Das Gütemaß lautet zunächst

$$M_{eff} = \sqrt{\frac{1}{t_e} \int_0^{t_e} M^2(t)\,dt}.$$

Da jedoch t_e fest vorgegeben ist und mit der Quadratwurzel auch der Radikand minimal werden muß, genügt es

$$\int_0^{t_e} M^2(t)dt$$

zu minimieren. Für das Drehmoment M(t) folgt aus dem Drehimpulssatz der Mechanik

$$M = \Theta\,\dot{\omega};$$

Θ ist dabei das Gesamtträgheitsmoment aller rotierenden Systemteile, ω die Winkelgeschwindigkeit der Schermesser. Mit

$$\omega = \frac{v}{r} \quad \text{und} \quad v = x_2$$

wird

$$\int_0^{t_e} M^2 dt = \left(\frac{\Theta}{r}\right)^2 \int_0^{t_e} \dot{x}_2^2\, dt$$

(r ist darin der Radius der Schermesser).
Als *Gütemaß* wählt man daher zweckmäßigerweise

$$J = \frac{1}{2}\int_0^{t_e} \dot{x}_2^2\, dt = \frac{1}{2}\int_0^{t_e} \left(\frac{K}{T}u - \frac{1}{T}x_2\right)^2 dt.$$

Wie man sieht, ist es mit dem üblichen quadratischen Gütemaß verwandt, jedoch nicht identisch damit.

Zur vollständigen Formulierung der Optimierungsaufgabe fehlen noch die *Randbedingungen*. Sie ergeben sich aus der Aufgabenstellung zu

$$x_1(t_0) = s(t_0) = s_0,\ x_2(t_0) = v(t_0) = v_0,\ 0 \leqq t_0 < t_e,$$

$$x_1(t_e) = s(t_e) = 2\pi r,\ x_2(t_e) = v(t_e) = v_B,\ t_e = \frac{d_B}{v_B}.$$

Dabei ist vorausgesetzt, daß sich die Bandgeschwindigkeit v_B im Betrieb nicht ändert. Sie soll ebenso wie die Schnittlänge d_B fest vorgegeben sein. s_0 und v_0 sind Schermesserposition und Schermessergeschwindigkeit zum Zeitpunkt t_0.

b) Die optimale Lösung x_1^*, x_2^*, u^* muß den Hamilton-Gleichungen genügen. Daher bildet man als erstes die Hamilton-Funktion

$$H = -f_0 + \underline{\psi}^T \underline{f} = -f_0 + [\psi_1, \psi_2] \begin{bmatrix} f_1 \\ f_2 \end{bmatrix}$$

$$= -f_0 + \psi_1 f_1 + \psi_2 f_2.$$

f_0 ist der Integrand des Gütemaßes J, f_1 und f_2 sind die rechten Seiten der ersten und zweiten Zustandsdifferentialgleichung, ψ_1 und ψ_2 die Komponenten des adjungierten Vektors. Es gilt also

$$H = -\frac{1}{2}\left(\frac{K}{T}u - \frac{1}{T}x_2\right)^2 + \psi_1 x_2 + \psi_2\left(-\frac{1}{T}x_2 + \frac{K}{T}u\right).$$

Damit ergeben sich die adjungierten Differentialgleichungen zu

$$\dot{\psi}_1 = -\frac{\partial H}{\partial x_1} = 0,$$

$$\dot{\psi}_2 = -\frac{\partial H}{\partial x_2} = -\left[-\left(\frac{K}{T}u - \frac{1}{T}x_2\right)\left(-\frac{1}{T}\right) + \psi_1 - \frac{1}{T}\psi_2\right]$$

und die Steuerungsgleichung zu

$$\frac{\partial H}{\partial u} = -\left(\frac{K}{T} u - \frac{1}{T} x_2\right)\frac{K}{T} + \frac{K}{T}\psi_2 = 0 .$$

Hieraus folgt sofort

$$u = \frac{1}{K} x_2 + \frac{T}{K}\psi_2 .$$

Eingesetzt in die Zustandsdifferentialgleichungen und die adjungierten Differentialgleichungen ergibt dies

$$\dot{x}_1 = x_2,\ \dot{x}_2 = \psi_2,$$

$$\dot{\psi}_1 = 0\ ,\ \dot{\psi}_2 = -\psi_1 .$$

Die *allgemeine Lösung* dieser kanonischen Differentialgleichungen lautet:

$$\psi_1(t) = c_1,$$

$$\psi_2(t) = -c_1 t + c_2,$$

$$x_2(t) = -\frac{c_1}{2} t^2 + c_2 t + c_3,$$

$$x_1(t) = -\frac{c_1}{6} t^3 + \frac{c_2}{2} t^2 + c_3 t + c_4 .$$

Mit x_2 und ψ_2, eingesetzt in u, erhält man dann für den allgemeinen Verlauf der Steuerfunktion:

$$u(t) = -\frac{c_1}{2K} t^2 + \frac{c_2 - c_1 T}{K} t + \frac{c_3 + c_2 T}{K} .$$

Minimales Effektivmoment der Antriebsmotoren erfordert also einen parabelförmigen Geschwindigkeitsverlauf der Schermesser, der durch eine ebenfalls parabelförmige

Steuerfunktion erreicht wird. Interessanterweise sind hierbei weder x_1 noch x_2 von den Streckenparametern T und K abhängig, sondern nur die Steuerfunktion u allein. Dies hat zur Folge, daß auch bei anderer Gestalt der Strecke, z.B. als VZ_2-I-Glied, der parabelförmige Geschwindigkeitsverlauf der Schermesser erhalten bleibt.

c) Zur Bestimmung der optimalen Steuerung muß die in b) gefundene allgemeine Lösung an die gegebenen Randbedingungen angepaßt werden. Mit $t_0 = 0$, $x_1(0) = s_0 = 0$ und $x_2(0) = v_0 = v_B$ folgt sofort

$$c_4 = 0, \; c_3 = v_B .$$

Damit ergibt sich aus den Endbedingungen $x_1(t_e) = 2\pi r$ und $x_2(t_e) = v_B$:

$$c_1 = 12 \frac{2\pi r - d_B}{t_e^3}, \quad c_2 = 6 \frac{2\pi r - d_B}{t_e^2} .$$

Setzt man diese Werte in die allgemeine Lösung ein, so erhält man als *optimale Steuerfunktion*

$$u^* = -6 \frac{2\pi r - d_B}{K t_e^3} t^2 + 6 \frac{(2\pi r - d_B)(t_e - 2T)}{K t_e^3} t +$$

$$+ \frac{v_B}{K} + 6 \frac{(2\pi r - d_B) T}{K t_e^2} .$$

Sie ist für $d_B > 2\pi r$ (übersynchroner Betrieb) eine nach oben geöffnete, für $d_B < 2\pi r$ (untersynchroner Betrieb) eine nach unten geöffnete Parabel und geht im Grenzfall $d_B = 2\pi r$ (synchroner Betrieb) in die Gerade $u^* = \frac{v_B}{K}$ über. Entsprechendes gilt für den sich einstellenden Geschwindigkeitsverlauf

$$x_2^* = -6\,\frac{2\pi r - d_B}{t_e^3}\,t^2 + 6\,\frac{2\pi r - d_B}{t_e^2}\,t + v_B$$

der Schermesser:

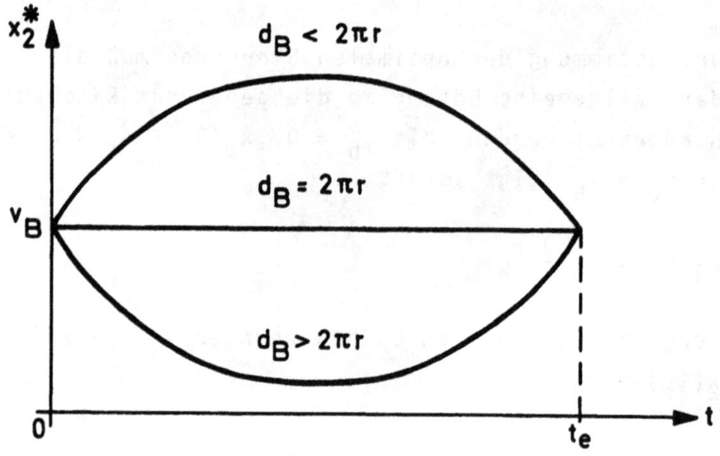

d) Die Schere hat die Aufgabe, das Materialband in Stücke vorgegebener Länge d_B zu zerteilen. D.h: Zum Schnittzeitpunkt t_e muß das Band genau den Weg

$$s_B(t_e) = \int_0^{t_e} v_B(\tau)d\tau = d_B$$

zurückgelegt haben. Teilt man das Integrationsintervall zum momentanen Zeitpunkt t' in die Bereiche $0 \leqq \tau \leqq t'$ und $t' \leqq \tau \leqq t_e$ auf, so folgt

$$\int_0^{t'} v_B(\tau)d\tau + \int_{t'}^{t_e} v_B(\tau)d\tau = d_B.$$

Der erste Summand stellt gerade den seit dem letzten Schnitt zurückgelegten und gemessenen Bandweg $s_B(t')$ dar;

der zweite Summand liefert unter der Annahme weiterhin konstanter Bandgeschwindigkeit $v_B = v_B(t') = \text{const}$ die Beziehung

$$\int_{t'}^{t_e} v_B(t')d\tau = v_B(t')\cdot(t_e-t').$$

Damit erhält man

$$s_B(t') + v_B(t')\cdot(t_e-t') = d_B$$

oder aufgelöst nach t_e, wobei statt t' wieder t geschrieben wird:

$$t_e = t + \frac{d_B-s_B(t)}{v_B(t)} = t_e\big(s_B(t),v_B(t),t\big). \qquad (\text{Ü } 11)$$

Werden $s_B(t)$ und $v_B(t)$ fortlaufend gemessen, so läßt sich über diese Beziehung in jedem Augenblick der zu erwartende Schnittzeitpunkt t_e vorausberechnen und hiermit die Steuerparabel an die geänderten Betriebsbedingungen anpassen. Falls die Annahme weiterhin konstanter Bandgeschwindigkeit nicht erfüllt ist, ergibt sich bei der Bestimmung von t_e ein Fehler, der jedoch immer kleiner und schließlich Null wird, je mehr sich t dem tatsächlichen Schnittzeitpunkt t_e nähert.

Anmerkung: Gegenüber c) ist hier mit der Anfangsbedingung $x_2(0) = v_B(0) = v_{B0}$ und der Endbedingung $x_2(t_e) = v_B(t_e) = v_{Be}$ zu rechnen. Damit erhält man für die Integrationskonstanten c_1 bis c_3 die Beziehungen

$$c_1 = 12\,\frac{2\pi r-0,5(v_{Be}+v_{B0})t_e}{t_e^3},$$

$$c_2 = 6\,\frac{2\pi r-0{,}\bar{3}(v_{Be}+v_{B0})t_e}{t_e^2},$$

$$c_3 = v_{B0}.$$

In c_1 und c_2 ist dann t_e durch die zuvor berechnete Beziehung (O 11) und $v_{Be} = v_B(t_e)$ wegen der Annahme, daß die Bandgeschwindigkeit ab dem Meßzeitpunkt t konstant ist, durch $v_B(t)$ zu ersetzen.

e) In b) ergab sich aus der Steuerungsgleichung für u(t) die Beziehung

$$u(t) = \frac{1}{K}\,x_2(t) + \frac{T}{K}\,\psi_2(t).$$

Daraus wird mit $\psi_2(t) = -c_1 t + c_2$:

$$u(t) = \frac{1}{K}\,x_2(t) + \frac{T}{K}(-c_1 t + c_2).$$

Weiterhin gilt für den optimalen Verlauf der Zustandsgrößen:

$$x_1(t) = -\frac{c_1}{6}\,t^3 + \frac{c_2}{2}\,t^2 + c_3 t + c_4,$$

$$x_2(t) = -\frac{c_1}{2}\,t^2 + c_2 t + c_3.$$

Zwei der vier Integrationskonstanten können nun mit Hilfe der Endbedingungen $x_1(t_e) = 2\pi r$ und $x_2(t_e) = v_B(t_e) = v_{Be}$ eliminiert werden. Am einfachsten läßt sich dies für c_3 und c_4 durchführen. Man erhält zunächst

$$c_3 = v_{Be} + \frac{c_1}{2}\,t_e^2 - c_2 t_e,$$

$$c_4 = 2\pi r - v_{Be}t_e - \frac{c_1}{3}t_e^3 + \frac{c_2}{2}t_e^2$$

und damit

$$x_1(t) = -\frac{c_1}{6}(t_e-t)^2(2t_e+t) + \frac{c_2}{2}(t_e-t)^2 +$$

$$+ 2\pi r - v_{Be}(t_e-t),$$

$$x_2(t) = \frac{c_1}{2}(t_e-t)(t_e+t) - c_2(t_e-t) + v_{Be}.$$

Durch Auflösen nach c_1 und c_2 folgt dann aus diesen Gleichungen

$$c_1 = 12\,\frac{2\pi r-x_1(t)}{(t_e-t)^3} - 6\,\frac{v_{Be}+x_2(t)}{(t_e-t)^2},$$

$$c_2 = 6\big(2\pi r-x_1(t)\big)\,\frac{t_e+t}{(t_e-t)^3} - 2x_2(t)\,\frac{2t_e+t}{(t_e-t)^2} +$$

$$- 2v_{Be}\,\frac{t_e+2t}{(t_e-t)^2}.$$

Dies eingesetzt in die anfangs angegebene Beziehung für u(t) führt schließlich auf das *optimale Regelungsgesetz*

$$u(t) = \frac{1}{K}\left\{\frac{6T}{(t_e-t)^2}\big(2\pi r-x_1(t)\big) + \Big(1-\frac{4T}{t_e-t}\Big)x_2(t) - \frac{2T}{t_e-t}v_{Be}\right\}.$$

Abweichend von dem in Abschnitt 2.4 des Textes beschriebenen grundsätzlichen Lösungsweg erfolgt hier die Herleitung des optimalen Regelungsgesetzes direkt aus der allgemeinen Lösung der Hamilton-Gleichungen durch Elimination der Integrationskonstanten - und nicht über die optimale Steuerfunktion und optimale Trajektorie durch Elimination der Anfangswerte. Diese Vorgehensweise kann insbesondere dann von Nutzen sein, wenn man nicht an der optimalen Steuerung, sondern nur an der optimalen Regelung interessiert ist.

Das optimale Regelungsgesetz für die rotierende Schere ist jedoch in der hier angegebenen Form nicht realisierbar, da seine Koeffizienten bei Annäherung an den Schnittzeitpunkt t_e über alle Grenzen anwachsen, obwohl - wie aus der in b) berechneten allgemeinen Lösung zu ersehen ist - alle Systemgrößen, und damit auch u(t), für $t \to t_e$ beschränkt bleiben.

Eine Realisierung, die diese Schwierigkeit vermeidet, wurde von K. BENDER, M. PANDIT und W. WEBER in "Verlustoptimale Regelung von rotierenden Scheren", Regelungstechnik 18 (1970), S. 540-545, und Regelungstechnik 19 (1971), S. 8-14, beschrieben. Ausgehend von der optimalen Steuerung wird dort u(t) als Parabel mit zeitveränderlichen Koeffizienten angesetzt. Diese Koeffizienten werden dann in Abhängigkeit von den gemessenen Zustandsgrößen $x_1(t)$ und $x_2(t)$ stets so modifiziert, daß aufgetretene Fehler kompensiert und die Randbedingungen erfüllt werden. Die Bestimmungsgleichungen für die Koeffizienten werden dabei implizit mit Hilfe einer Analogrechenschaltung gelöst. Die Berücksichtigung der veränderlichen Bandgeschwindigkeit $v_B(t)$ erfolgt entsprechend der im Aufgabenteil d) beschriebenen Art und Weise.

Lösung der Aufgabe 7

Ausgangspunkt zur Bestimmung des optimalen Wertes J^* des Gütemaßes bei der Riccati-Optimierung ist die quadratische Form $\underline{x}^T(t)\underline{P}(t)\underline{x}(t)$. Dabei stellt $\underline{P}(t)$ die Lösung der Riccatischen Matrixdifferentialgleichung

$$\dot{\underline{P}} = \underline{P}\,\underline{B}\,\underline{R}^{-1}\underline{B}^T\underline{P} - \underline{P}\,\underline{A} - \underline{A}^T\underline{P} - \underline{Q}$$

mit der Endbedingung

$$\underline{P}(t_e) = \underline{S}$$

dar und $\underline{x}(t)$ ist die optimale Trajektorie. Sie genügt wegen

$$\dot{\underline{x}} = \underline{A}\,\underline{x} + \underline{B}\,\underline{u}$$

und

$$\underline{u} = -\underline{R}^{-1}\underline{B}^T\underline{P}\,\underline{x}$$

der Zustandsdifferentialgleichung

$$\dot{\underline{x}} = (\underline{A} - \underline{B}\,\underline{R}^{-1}\underline{B}^T\underline{P})\underline{x}$$

mit der Anfangsbedingung

$$\underline{x}(t_0) = \underline{x}_0.$$

Damit folgt:

$$\frac{d}{dt}\left[\underline{x}^T(t)\underline{P}(t)\underline{x}(t)\right] = \dot{\underline{x}}^T\underline{P}\,\underline{x} + \underline{x}^T\dot{\underline{P}}\,\underline{x} + \underline{x}^T\underline{P}\,\dot{\underline{x}} =$$

$$= \underline{x}^T(\underline{A} - \underline{B}\,\underline{R}^{-1}\underline{B}^T\underline{P})^T\underline{P}\,\underline{x} +$$

$$+ \underline{x}^T(\underline{P}\,\underline{B}\,\underline{R}^{-1}\underline{B}^T\underline{P} - \underline{P}\,\underline{A} - \underline{A}^T\underline{P} - \underline{Q})\underline{x} +$$

$$+ \underline{x}^T\underline{P}(\underline{A} - \underline{B}\,\underline{R}^{-1}\underline{B}^T\underline{P})\underline{x}.$$

Beachtet man, daß $\underline{R}$ und $\underline{P}$ symmetrische Matrizen sind, so erhält man hieraus durch Zusammenfassen

$$\frac{d}{dt}(\underline{x}^T\underline{P}\,\underline{x}) = -(\underline{x}^T\underline{Q}\,\underline{x} + \underline{x}^T\underline{P}\,\underline{B}\,\underline{R}^{-1}\underline{B}^T\underline{P}\,\underline{x})$$

bzw.

$$-\frac{d}{dt}(\underline{x}^T\underline{P}\,\underline{x}) = \underline{x}^T\underline{Q}\,\underline{x} + \underline{x}^T\underline{P}\,\underline{B}\,\underline{R}^{-1}\cdot\underline{R}\cdot\underline{R}^{-1}\underline{B}^T\underline{P}\,\underline{x}\,.$$

Mit Hilfe des optimalen Regelungsgesetzes

$$\underline{u} = -\underline{R}^{-1}\underline{B}^T\underline{P}\,\underline{x}$$

läßt sich der zweite Summand weiter vereinfachen, und es folgt

$$-\frac{d}{dt}(\underline{x}^T\underline{P}\,\underline{x}) = \underline{x}^T\underline{Q}\,\underline{x} + \underline{u}^T\underline{R}\,\underline{u}\,.$$

Daraus wird durch Integration von t_0 bis t_e:

$$-\left[\underline{x}^T(t_e)\underline{P}(t_e)\underline{x}(t_e) - \underline{x}^T(t_0)\underline{P}(t_0)\underline{x}(t_0)\right] = \int_{t_0}^{t_e}(\underline{x}^T\underline{Q}\,\underline{x}+\underline{u}^T\underline{R}\,\underline{u})dt.$$

Unter Beachtung von $\underline{P}(t_e) = \underline{S}$ und $\underline{x}(t_0) = \underline{x}_0$ erhält man so

$$\frac{1}{2}\,\underline{x}_0^T\underline{P}(t_0)\,\underline{x}_0 = \frac{1}{2}\,\underline{x}^T(t_e)\,\underline{S}\,\underline{x}(t_e) + \frac{1}{2}\int_{t_0}^{t_e}(\underline{x}^T\underline{Q}\,\underline{x}+\underline{u}^T\underline{R}\,\underline{u})dt.$$

Auf der rechten Seite steht nun gerade das dem Riccati-Entwurf zugrunde liegende Gütemaß, angewandt auf die optimale Lösung. D.h: Der optimale Wert J^* des Gütemaßes für die optimale Trajektorie, die zum Zeitpunkt t_0 im Anfangspunkt $\underline{x}_0$ startet, ist gegeben durch

$$J^* = \frac{1}{2}\,\underline{x}_0^T\,\underline{P}(t_0)\underline{x}_0.$$

Lösung der Aufgabe 8

Gesucht ist die zum Gütemaß

$$J = \frac{1}{2}\,\underline{x}_e^T\,\underline{S}\,\underline{x}_e + \frac{1}{2}\int_{t_o}^{t_e} e^{2\alpha t}(\underline{x}^T\,\underline{Q}\,\underline{x} + \underline{u}^T\,\underline{R}\,\underline{u})dt$$

und der Nebenbedingung

$$\dot{\underline{x}} = \underline{A}\,\underline{x} + \underline{B}\,\underline{u}$$

gehörende Riccatische Matrixdifferentialgleichung. Dazu wird das Gütemaß auf die Form

$$J = \frac{1}{2}\,\underline{x}_e^T\,\underline{S}\,\underline{x}_e + \frac{1}{2}\int_{t_o}^{t_e} \left[(\underline{x}e^{\alpha t})^T\underline{Q}(\underline{x}e^{\alpha t}) + (\underline{u}e^{\alpha t})^T\underline{R}(\underline{u}e^{\alpha t})\right]dt$$

gebracht und die Bezeichnung

$$\hat{\underline{x}}(t) = \underline{x}(t)e^{\alpha t},\ \hat{\underline{u}}(t) = \underline{u}(t)e^{\alpha t}$$

eingeführt. Mit

$$\hat{\underline{S}} = \underline{S}e^{-2\alpha t_e}$$

lautet dann das *Gütemaß:*

$$J = \frac{1}{2}\,\hat{\underline{x}}_e^T\,\hat{\underline{S}}\,\hat{\underline{x}}_e + \frac{1}{2}\int_{t_o}^{t_e} (\hat{\underline{x}}^T\,\underline{Q}\,\hat{\underline{x}} + \hat{\underline{u}}^T\,\underline{R}\,\hat{\underline{u}})dt. \qquad (\text{Ü } 12)$$

Als *Nebenbedingung* erhält man hierzu aus

$$\dot{\underline{x}} = \underline{A}\,\underline{x} + \underline{B}\,\underline{u}$$

mit $\underline{x} = \hat{\underline{x}}e^{-\alpha t}$ und $\underline{u} = \hat{\underline{u}}e^{-\alpha t}$:

$$\dot{\hat{\underline{x}}}e^{-\alpha t} - \alpha\hat{\underline{x}}e^{-\alpha t} = \underline{A}\,\hat{\underline{x}}e^{-\alpha t} + \underline{B}\,\hat{\underline{u}}e^{-\alpha t}$$

oder

$$\dot{\hat{\underline{x}}} = \hat{\underline{A}}\,\hat{\underline{x}} + \underline{B}\,\hat{\underline{u}} \quad \text{mit} \quad \hat{\underline{A}} = \underline{A} + \alpha\underline{I}. \tag{O 13}$$

Damit ist die ursprüngliche Aufgabenstellung auf die Minimierung des Gütemaßes (O 12) unter der Nebenbedingung (O 13) zurückgeführt. Wie in Abschnitt 3.3 des Textes gezeigt, gehört hierzu als optimales Regelungsgesetz

$$\hat{\underline{u}} = -\underline{R}^{-1}\underline{B}^T\underline{P}\,\hat{\underline{x}},$$

woraus mit $\hat{\underline{u}} = \underline{u}e^{\alpha t}$ und $\hat{\underline{x}} = \underline{x}e^{\alpha t}$

$$\underline{u} = -\underline{R}^{-1}\underline{B}^T\underline{P}\,\underline{x}$$

folgt. $\underline{P}(t)$ ist dabei die Lösung der zum Gütemaß (O 12) und zur Strecke (O 13) gehörenden Riccatischen Matrixdifferentialgleichung

$$\dot{\underline{P}} = \underline{P}\,\underline{B}\,\underline{R}^{-1}\underline{B}^T\underline{P} - \underline{P}\,\hat{\underline{A}} - \hat{\underline{A}}^T\underline{P} - \underline{Q}$$

mit der Endbedingung

$$\underline{P}(t_e) = \hat{\underline{S}}\,.$$

Eine zusätzliche Gewichtung des Integranden des quadratischen Gütemaßes mit $e^{2\alpha t}$ bewirkt also lediglich, daß in der Riccati-Gleichung

$$\underline{A} \text{ durch } \hat{\underline{A}} = \underline{A} + \alpha\underline{I}$$

und in der zugehörigen Endbedingung

$$\underline{S} \text{ durch } \hat{\underline{S}} = \underline{S}e^{-2\alpha t_e}$$

zu ersetzen ist, während für das optimale Regelungsgesetz unverändert

$$\underline{u} = -\underline{R}^{-1}\underline{B}^T\underline{P}\,\underline{x}$$

gilt.

Anmerkung: Durch unmittelbare Anwendung des Hamiltonformalismus' auf das hier zu untersuchende Optimierungsproblem gelangt man zum gleichen Resultat, wenn entsprechend Abschnitt 3.3 des Textes vorgegangen und dabei als Ansatz für den adjungierten Vektor

$$\underline{\psi} = -\underline{P}e^{2\alpha t}\,\underline{x}$$

verwendet wird.

Lösung der Aufgabe 9

Bezeichnet man die ersten n Komponenten des Vektors $\hat{\underline{v}}$ mit $\hat{\underline{v}}_1$ und die restlichen n Komponenten mit $\hat{\underline{v}}_2$, so lauten die transformierten Hamilton-Gleichungen

$$\dot{\hat{\underline{v}}}_1 = \hat{\underline{W}}_{11}\hat{\underline{v}}_1 + \hat{\underline{W}}_{12}\hat{\underline{v}}_2,$$

$$\dot{\hat{\underline{v}}}_2 = \hat{\underline{W}}_{21}\hat{\underline{v}}_1 + \hat{\underline{W}}_{22}\hat{\underline{v}}_2.$$

Mit $\hat{\underline{W}}_{21} = \underline{0}$ folgt hieraus

$$\dot{\hat{\underline{v}}}_2 = \hat{\underline{W}}_{22}\hat{\underline{v}}_2,$$

also

$$\hat{\underline{v}}_2(t) = e^{\hat{\underline{W}}_{22}t}\,\hat{\underline{v}}_2(0).$$

Dabei ist zu beachten, daß die Eigenwerte von $\hat{\underline{W}}_{22}$ gleich den *rechts* der j-Achse gelegenen Eigenwerten des Hamilton-Systems sind. Denn es gilt mit $\hat{\underline{W}}_{21} = \underline{0}$:

$$\det(s\underline{I}_{2n}-\underline{W}) = \det(s\underline{I}_{2n}-\hat{\underline{W}}) = \det(s\underline{I}_{n}-\hat{\underline{W}}_{11})\det(s\underline{I}_{n}-\hat{\underline{W}}_{22}),$$

d.h. die Eigenwerte des Hamilton-Systems setzen sich zusammen aus den Eigenwerten von $\hat{\underline{W}}_{11}$ und $\hat{\underline{W}}_{22}$. Da aber voraussetzungsgemäß $\hat{\underline{W}}_{11}$ die stabilen Eigenwerte enthalten soll und mit λ auch $-\lambda$ ein Eigenwert des Hamilton-Systems ist, müssen die Eigenwerte von $\hat{\underline{W}}_{22}$ gerade gleich den instabilen Eigenwerten des Hamilton-Systems sein.

Die Bestimmung von $\hat{\underline{v}}_2(0)$ erfolgt mit Hilfe des Endwertes $\hat{\underline{v}}_2(\infty)$: Da keine Eigenwerte des Hamilton-Systems auf der imaginären Achse der komplexen Ebene liegen sollen - und damit insbesondere auch keine in Null -, ist die Matrix $\underline{W}$ stets regulär. Aus der Gleichung

$$\underline{0} = \underline{W}\ \underline{v}(\infty)$$

für den eingeschwungenen Zustand folgt dann unmittelbar $\underline{v}(\infty) = \underline{0}$ und hieraus mit $\hat{\underline{v}} = \underline{T}^{-1}\underline{v}$ für den gesuchten Endwert: $\hat{\underline{v}}_2(\infty) = \underline{0}$. Da aber $e^{\hat{\underline{W}}_{22}t}$ mit zunehmendem t beliebig große Werte annimmt ($\hat{\underline{W}}_{22}$ enthält die *instabilen* Eigenwerte des Hamilton-Systems), kann $\hat{\underline{v}}_2(\infty) = \underline{0}$ nur für $\hat{\underline{v}}_2(0) = \underline{0}$ gelten. Somit hat man

$$\hat{\underline{v}}_2(t) \equiv \underline{0}\ .$$

Die Transformationsgleichungen ergeben sich daher zu

$$\underline{x} = \underline{T}_{11}\hat{\underline{v}}_1,$$

$$\underline{\psi} = \underline{T}_{21}\hat{\underline{v}}_1.$$

Daraus folgt zunächst

$$\underline{\hat{v}}_1 = \underline{T}_{11}^{-1}\underline{x},$$

was eingesetzt in die zweite Gleichung auf

$$\underline{\psi} = \underline{T}_{21}\underline{T}_{11}^{-1}\underline{x}$$

führt. Wie zu zeigen war, erhält man so aus $\underline{u}(t) = \underline{R}^{-1}\underline{B}^T\underline{\psi}(t)$ für das *optimale Regelungsgesetz:*

$$\underline{u}(t) = \underline{R}^{-1}\underline{B}^T\underline{T}_{21}\underline{T}_{11}^{-1}\underline{x}(t).$$

Das in Abschnitt 3.5 beschriebene Berechnungsverfahren für das optimale Regelungsgesetz ist ein Spezialfall des in dieser Aufgabe behandelten Transformationsverfahrens. Dort wird die Transformationsmatrix $\underline{T}$ aus den Eigenvektoren des Hamilton-Systems aufgebaut, so daß sich $\underline{\hat{W}}$ als Diagonalmatrix der Eigenwerte des Hamilton-Systems ergibt. Es gilt also in diesem Fall nicht nur $\underline{\hat{W}}_{21} = \underline{0}$, sondern auch $\underline{\hat{W}}_{12} = \underline{0}$ und

$$\underline{\hat{W}}_{11} = \begin{bmatrix} \lambda_1 & \cdots & 0 \\ \vdots & \ddots & \vdots \\ 0 & \cdots & \lambda_n \end{bmatrix} \text{ sowie } \underline{\hat{W}}_{22} = \begin{bmatrix} \lambda_{n+1} & \cdots & 0 \\ \vdots & \ddots & \vdots \\ 0 & \cdots & \lambda_{2n} \end{bmatrix}.$$

Dabei sind $\lambda_1,\ldots,\lambda_n$ die links der j-Achse, $\lambda_{n+1},\ldots,\lambda_{2n}$ die rechts der j-Achse gelegenen Eigenwerte des Hamilton-Systems.

Besitzt das Hamilton-System mehrfache Eigenwerte, so ist die Existenz linear unabhängiger Eigenvektoren nicht mehr gesichert und ihre numerische Bestimmung problematisch. Eine Transformation, die diesen Nachteil des Eigenvektorverfahrens nicht aufweist und zudem numerisch einfacher bestimmt werden kann, wurde erstmals von A.J. LAUB[1] angegeben. Sie verwendet anstelle der Eigenvektoren die sogenannten Schurvektoren und führt zu einer Matrix $\underline{\hat{W}}$ in oberer Dreiecksform.

Lösung der Aufgabe 10

Aus den Zustandsdifferentialgleichungen

$$\dot{x}_1 = x_2,$$

$$\dot{x}_2 = -\frac{1}{T} x_2 + \frac{K}{T} u$$

der Strecke erhält man zunächst

$$\underline{A} = \begin{bmatrix} 0 & 1 \\ 0 & -\frac{1}{T} \end{bmatrix} \quad \text{und} \quad \underline{b} = \begin{bmatrix} 0 \\ \frac{K}{T} \end{bmatrix}.$$

Mit

$$\underline{Q} = \begin{bmatrix} q_1 & 0 \\ 0 & q_2 \end{bmatrix} \quad \text{und} \quad \underline{b}r^{-1}\underline{b}^T = \begin{bmatrix} 0 & 0 \\ 0 & \frac{K^2}{rT^2} \end{bmatrix}$$

folgt dann für die Matrix $\underline{W}$ des Hamilton-Systems:

1 A.J. LAUB: A Schur Method for Solving Algebraic Riccati Equations. IEEE Transactions on Automatic Control (24) 1979, S. 913-921.

$$\underline{W} = \begin{bmatrix} \underline{A} & \underline{b}r^{-1}\underline{b}^T \\ \underline{Q} & -\underline{A}^T \end{bmatrix} = \begin{bmatrix} 0 & 1 & 0 & 0 \\ 0 & -\frac{1}{T} & 0 & \frac{K^2}{rT^2} \\ q_1 & 0 & 0 & 0 \\ 0 & q_2 & -1 & \frac{1}{T} \end{bmatrix}.$$

Ihre *Eigenwerte* ergeben sich aus

$$\det(\lambda \underline{I}_{2n} - \underline{W}) = \lambda^4 - \left(\frac{r+q_2K^2}{rT^2}\right)\lambda^2 + \frac{q_1K^2}{rT^2} = 0$$

über

$$\lambda^2 = \frac{r+q_2K^2}{2rT^2} \pm \sqrt{\left(\frac{r+q_2K^2}{2rT^2}\right)^2 - \frac{q_1K^2}{rT^2}}$$

zu

$$\lambda_{1,2} = -\sqrt{\frac{r+q_2K^2}{2rT^2} \pm \sqrt{\left(\frac{r+q_2K^2}{2rT^2}\right)^2 - \frac{q_1K^2}{rT^2}}},$$

$$\lambda_{3,4} = +\sqrt{\frac{r+q_2K^2}{2rT^2} \pm \sqrt{\left(\frac{r+q_2K^2}{2rT^2}\right)^2 - \frac{q_1K^2}{rT^2}}}.$$

Als nächstes müssen die zu den links der j-Achse gelegenen Eigenwerten λ_1 und λ_2 gehörenden Eigenvektoren $\underline{v}_1$ und $\underline{v}_2$ der Matrix $\underline{W}$ berechnet werden. Aus

$$(\lambda_i \underline{I}_{2n} - \underline{W})\underline{v}_i = \underline{0}, \quad i = 1,2,$$

erhält man dafür mit

$$\underline{v}_i = [v_{1i}, v_{2i}, v_{3i}, v_{4i}]^T$$

folgende Bestimmungsgleichungen:

$$\begin{aligned}
\lambda_i v_{1i} - v_{2i} & & &= 0,\\
\left(\lambda_i + \frac{1}{T}\right) v_{2i} & & - \frac{K^2}{rT^2} v_{4i} &= 0,\\
-q_1 v_{1i} & + \lambda_i v_{3i} & &= 0,\\
-q_2 v_{2i} + & v_{3i} & + \left(\lambda_i - \frac{1}{T}\right) v_{4i} &= 0.
\end{aligned}$$

Wählt man etwa $v_{1i} = 1$, so folgt hieraus für die gesuchten *Eigenvektoren* $\underline{v}_1$ und $\underline{v}_2$:

$$[\underline{v}_1, \underline{v}_2] = \left[\begin{array}{c|c} \underline{v}_{1x} & \underline{v}_{2x} \\ \hline \underline{v}_{1\psi} & \underline{v}_{2\psi} \end{array}\right] = \left[\begin{array}{c|c} 1 & 1 \\ \lambda_1 & \lambda_2 \\ \hline \frac{q_1}{\lambda_1} & \frac{q_1}{\lambda_2} \\ \frac{rT^2}{K^2} \lambda_1\left(\lambda_1 + \frac{1}{T}\right) & \frac{rT^2}{K^2} \lambda_2\left(\lambda_2 + \frac{1}{T}\right) \end{array}\right].$$

Mit

$$[\underline{v}_{1x}, \underline{v}_{2x}]^{-1} = \begin{bmatrix} 1 & 1 \\ \lambda_1 & \lambda_2 \end{bmatrix}^{-1} = \frac{1}{\lambda_2 - \lambda_1} \begin{bmatrix} \lambda_2 & -1 \\ -\lambda_1 & 1 \end{bmatrix}$$

lautet dann gemäß Gl. (3.75) das *optimale Regelungsgesetz:*

$$u = r^{-1}\left[0\ ,\frac{K}{T}\right]\begin{bmatrix} \frac{q_1}{\lambda_1} & \frac{q_1}{\lambda_2} \\ \frac{rT^2}{K^2}\lambda_1\left(\lambda_1+\frac{1}{T}\right) & \frac{rT^2}{K^2}\lambda_2\left(\lambda_2+\frac{1}{T}\right)\end{bmatrix} \cdot$$

$$\cdot \frac{1}{\lambda_2-\lambda_1}\begin{bmatrix}\lambda_2 & -1 \\ -\lambda_1 & 1\end{bmatrix}\begin{bmatrix}x_1 \\ x_2\end{bmatrix}$$

oder ausmultipliziert

$$u = -\frac{T}{K}\lambda_1\lambda_2 x_1 + \frac{T}{K}\left(\lambda_1+\lambda_2+\frac{1}{T}\right)x_2 .$$

Wegen

$$\lambda_1\lambda_2 = \frac{K}{T}\sqrt{\frac{q_1}{r}}$$

und

$$(\lambda_1+\lambda_2)^2 = \frac{r+q_2K^2}{rT^2} + 2\,\frac{K}{T}\sqrt{\frac{q_1}{r}}, \quad \text{also}$$

$$\lambda_1+\lambda_2 = -\frac{K}{T}\sqrt{\frac{1}{K^2}+\frac{q_2}{r}+2\,\frac{T}{K}\sqrt{\frac{q_1}{r}}},$$

wird daraus schließlich

$$u = -\sqrt{\frac{q_1}{r}}\,x_1 - \left(\sqrt{\frac{1}{K^2}+2\,\frac{T}{K}\sqrt{\frac{q_1}{r}}+\frac{q_2}{r}}-\frac{1}{K}\right)x_2 .$$

Die folgenden Bilder zeigen die Verläufe der Zustandsgrößen x_1 und x_2 sowie der Stellgröße u des optimal geregelten Systems mit K = 2 und T = 1 für die beiden Fälle

a) $q_1 = q_2 = r = 1$,

b) $q_1 = 16$, $q_2 = r = 1$.

Als Anfangswerte wurden $x_1(0) = x_2(0) = 1$ gewählt. Wie zu erkennen ist, führt die höhere Gewichtung von x_1 im Falle b) zu einem erheblich schnelleren Einschwingen dieser Zustandsvariablen, allerdings auf Kosten größerer Auslenkungen der Zustandsgröße x_2 und der Stellgröße u.

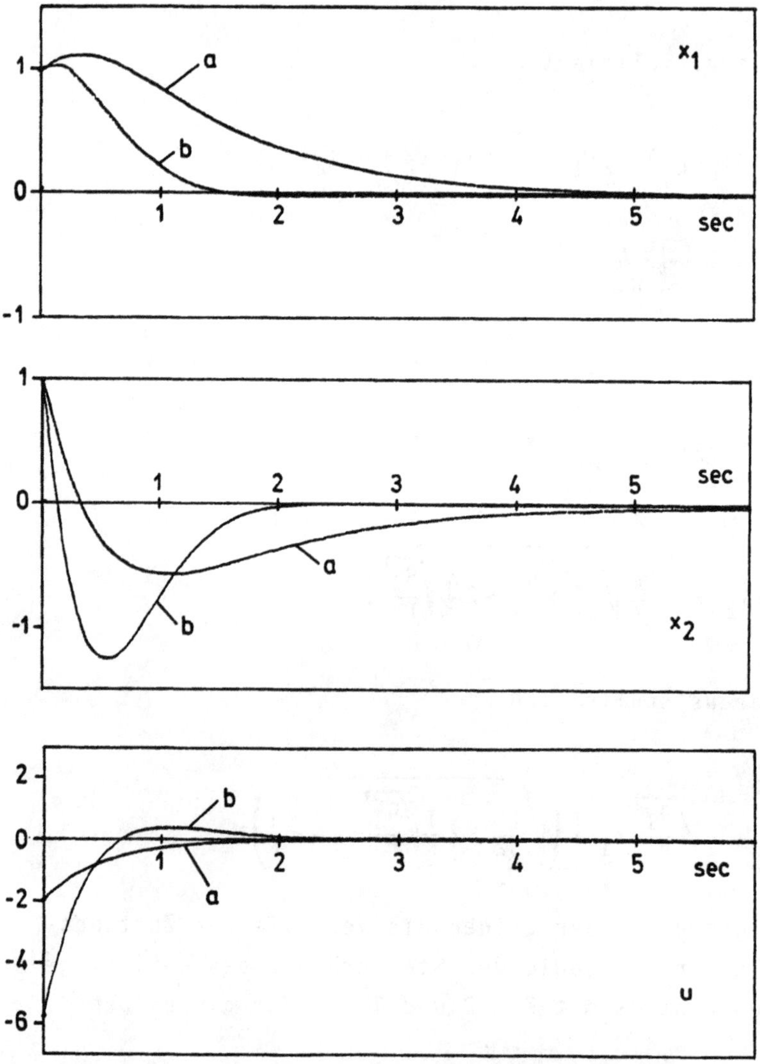

LÖSUNG DER AUFGABE 11

Die Aufgabe besteht hier darin, für das gegebene System 2. Ordnung mit den reellen Polen $s = 0$ und $s = -\frac{1}{T}$ das zeitoptimale Regelungsgesetz zu bestimmen. Die Strecke wird dabei durch

$$X(s) = \frac{V}{s(1+Ts)} U(s),$$

also durch die Differentialgleichung

$$\ddot{x}(t) + \frac{1}{T}\dot{x}(t) = \frac{V}{T} u(t)$$

beschrieben. Sie geht über in

$$\ddot{x}_d(t) + \frac{1}{T}\dot{x}_d(t) = -\frac{V}{T} u(t),$$

wenn man beachtet, daß w im betrachteten Zeitintervall $t > 0$ konstant ist und daher wegen $x_d = w-x$ sowohl $\dot{x}_d = -\dot{x}$ als auch $\ddot{x}_d = -\ddot{x}$ gilt. Mit

$$x_1 = x_d, \quad x_2 = \dot{x}_d$$

lauten dann die *Zustandsdifferentialgleichungen der Strecke:*

$$\dot{x}_1 = x_2,$$

$$\dot{x}_2 = -\frac{1}{T} x_2 - \frac{V}{T} u.$$

Wie in Abschnitt 5.4 sind hierbei *Anfangs- und Endzustand* durch

$$\underline{x}(0) = \begin{bmatrix} w_\Delta \\ 0 \end{bmatrix}, \quad \underline{x}(t_e) = \underline{0}$$

gegeben. Der Zustandspunkt startet also auf der x_1-Achse und soll in kürzestmöglicher Zeit t_e in den Ursprung der Zustandsebene gebracht werden.

Da die zeitoptimale Steuerfunktion nur die Werte +M und -M annimmt, also

$$u = \varepsilon M, \quad \varepsilon = +1 \text{ oder } -1,$$

gilt, wird aus den Zustandsdifferentialgleichungen

$$\dot{x}_1 = x_2,$$

$$\dot{x}_2 = -\frac{1}{T} x_2 - \frac{\varepsilon K}{T}, \quad K = VM.$$

Für die zugehörigen *Trajektorien* folgt aus

$$\frac{\dot{x}_2}{\dot{x}_1} = \frac{dx_2}{dx_1} = -\frac{x_2+\varepsilon K}{Tx_2}$$

nach Trennung der Variablen

$$dx_1 = -\frac{Tx_2}{x_2+\varepsilon K}\,dx_2 = -\frac{T(x_2+\varepsilon K)-\varepsilon TK}{x_2+\varepsilon K}\,dx_2,$$

also

$$dx_1 = -T dx_2 + \frac{\varepsilon TK}{x_2+\varepsilon K}\,dx_2.$$

Die Integration ergibt

$$x_1 = -Tx_2 + \varepsilon TK \ln|x_2+\varepsilon K| + c$$

mit dem Integrationsparameter c. Somit ist für

$u = +M$, d.h. $\varepsilon = +1$: $x_1 = -Tx_2 + TK\,\ell n|x_2+K| + c_1$,

$u = -M$, d.h. $\varepsilon = -1$: $x_1 = -Tx_2 - TK\,\ell n|x_2-K| + c_2$.

Zum Zeichnen der Trajektorien setzt man zunächst die Integrationsparameter c_1 und c_2 zu Null. Die Kurve für $\varepsilon = +1$ erhält man dann durch graphische Addition von $x_1 = -Tx_2$ und $x_1 = TK\,\ell n|x_2+K|$ über der x_2-Achse.

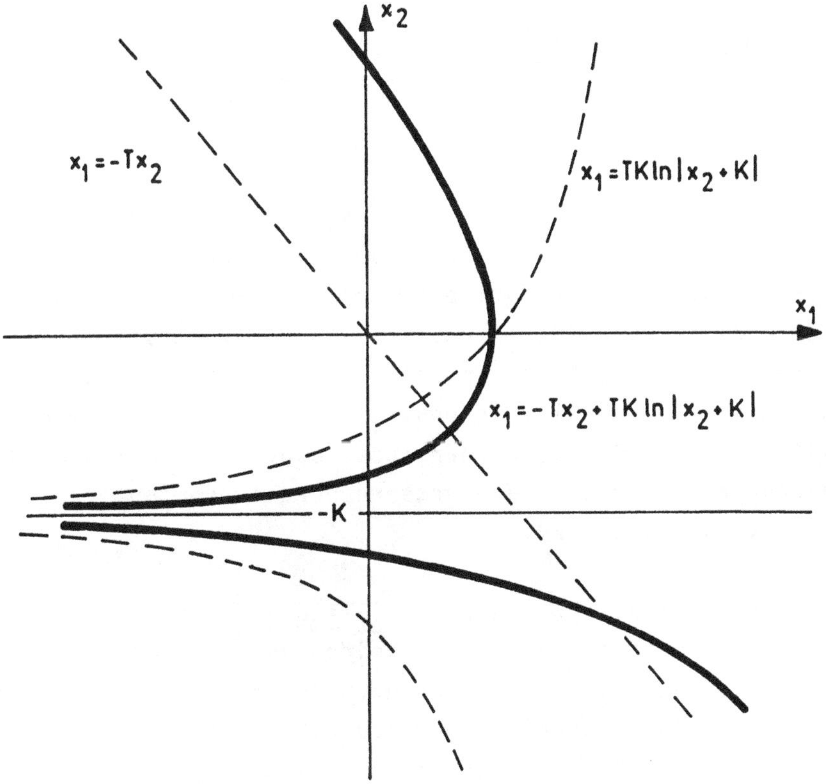

Spiegelt man die so erhaltene Kurve am Nullpunkt, so ergibt sich die Kurve für $\varepsilon = -1$. Die Hinzunahme der Integrationsparameter c_1 und c_2 bewirkt eine Parallelverschiebung dieser Kurven entlang der x_1-Achse, so daß sich folgendes Trajektorienbild ergibt:

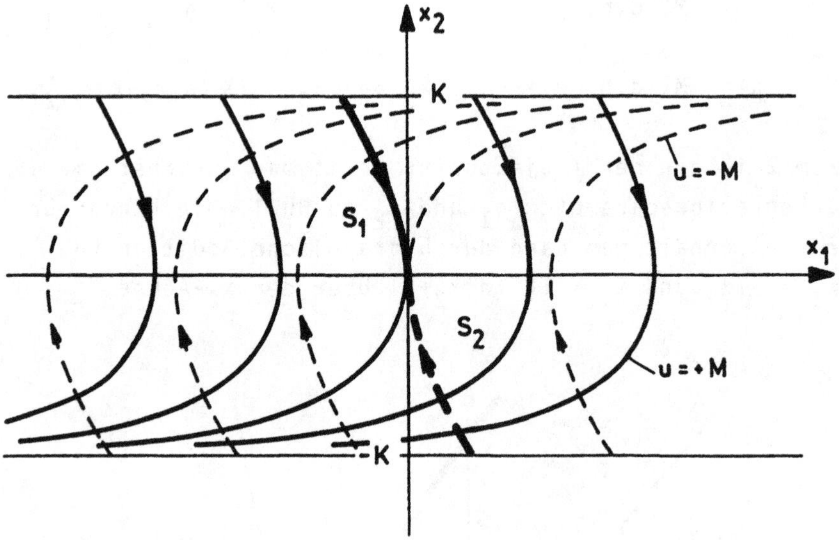

Hierbei ist nur der Bereich $-K \leqq x_2 \leqq K$ der Zustandsebene von Interesse, da der Zustandspunkt auf der x_1-Achse starten soll und die dort beginnenden Trajektorien sämtlich innerhalb des Streifens $-K \leqq x_2 \leqq K$ verlaufen. Die eingezeichnete Richtung ergibt sich unmittelbar aus der Zustandsdifferentialgleichung $\dot{x}_1 = x_2$. Denn mit $x_2 > 0$ gilt auch $\dot{x}_1 > 0$, so daß der Zustandspunkt in der oberen Halbebene nach rechts und entsprechend in der unteren nach links laufen muß.

Soll der Zustandspunkt nach $\underline{x}(t_e) = \underline{0}$ streben, so muß er sich zuletzt auf einer der beiden Nullpunktstrajektorien S_1 oder S_2 bewegen. Da nach dem Feldbaumschen Satz höchstens eine Umschaltung erforderlich ist, um das gegebene System 2. Ordnung aus einem beliebigen Anfangszustand $\underline{x}(0)$ in den gewünschten Endzustand $\underline{x}(t_e) = \underline{0}$ zu bringen, muß diese Umschaltung auf S_1 oder S_2 erfolgen. Diese beiden Trajektorienstücke bilden daher zusammen die optimale Schaltlinie $S(x_2)$. Liegt der Zustandspunkt $\underline{x}$ rechts von ihr, so muß $u = +M$ sein, damit er auf die Schaltlinie zuläuft und mit einer Umschaltung nach

$\underline{x}(t_e) = \underline{0}$ gelangt. Entsprechend muß $u = -M$ sein, wenn der Zustandspunkt $\underline{x}$ links von der Schaltlinie liegt. Insgesamt muß also gelten

$$u^* = \begin{cases} +M & \text{für} \quad x_1 > S(x_2) \quad \text{bzw.} \quad x_1 - S(x_2) > 0, \\ -M & \text{für} \quad x_1 < S(x_2) \quad \text{bzw.} \quad x_1 - S(x_2) < 0. \end{cases}$$

D.h: Das *zeitoptimale Regelungsgesetz* ist durch

$$u^* = M \operatorname{sgn} [x_1 - S(x_2)]$$

gegeben.

Zu bestimmen bleibt noch die aus S_1 und S_2 bestehende optimale Schaltlinie $S(x_2)$. S_1 ist diejenige Kurve aus der Trajektorienschar zu $u = +M$, die durch den Ursprung der Zustandsebene geht. Mit $x_1 = x_2 = 0$ ergibt sich aus der allgemeinen Trajektoriengleichung für $u = +M$ die zugehörige Integrationskonstante c_1 zu

$$c_1 = -TK \ln|K| .$$

Damit lautet die Gleichung für S_1:

$$x_1 = -Tx_2 + TK \ln\left|\frac{x_2+K}{K}\right|$$

bzw.

$$x_1 = -Tx_2 + TK \ln\left(1 + \frac{x_2}{K}\right), \text{ da } x_2 > 0.$$

Entsprechend erhält man für S_2:

$$x_1 = -Tx_2 - TK \ln\left(1 - \frac{x_2}{K}\right), \; x_2 < 0.$$

Die *optimale Schaltlinie* ist daher durch

$$S(x_2) = -Tx_2 + \operatorname{sgn} x_2 \cdot TK\, \ell n\left(1 + \frac{|x_2|}{K}\right)$$

gegeben und besitzt folgende Gestalt:

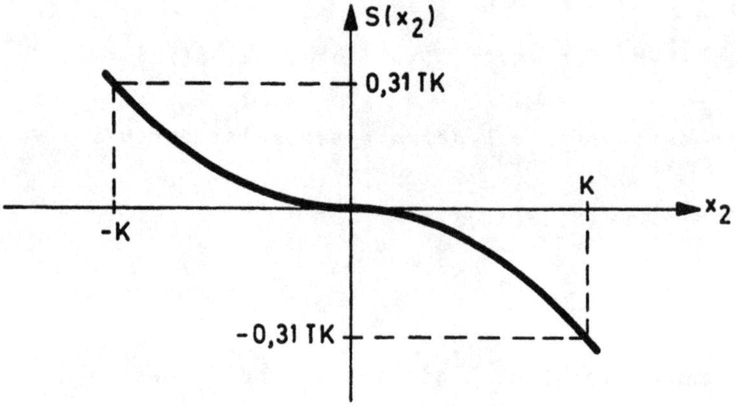

Damit ist der zeitoptimale Regler vollständig bestimmt. Genau wie bei dem in Abschnitt 5.4 behandelten Beispiel bestehen auch hier zwei Möglichkeiten zu seiner *Realisierung:* Zum einen durch Differentiation von $x_1 = x_d$, womit

$$u^* = M \operatorname{sgn} [x_d - S(\dot{x}_d)]$$

wird; zum anderen durch zusätzliche Rückführung von $\dot{x} = -x_2$, wodurch

$$u^* = M \operatorname{sgn} [x_d - S(-\dot{x})]$$

oder wegen $S(-\dot{x}) = -S(\dot{x})$

$$u^* = M \operatorname{sgn} [x_d + S(\dot{x})]$$

wird.

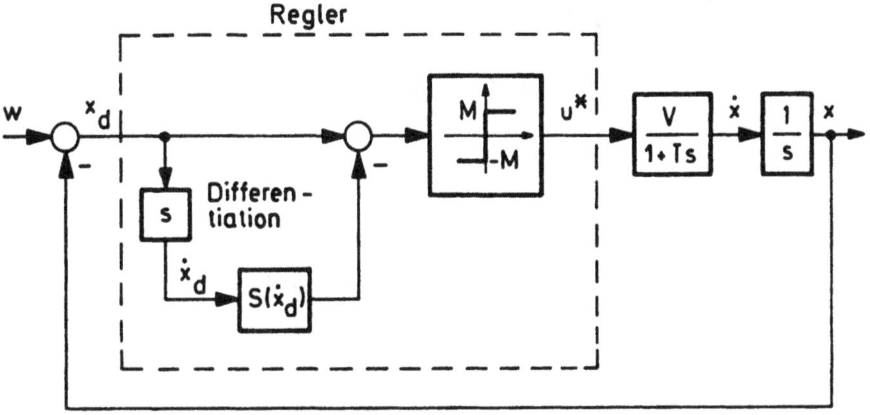

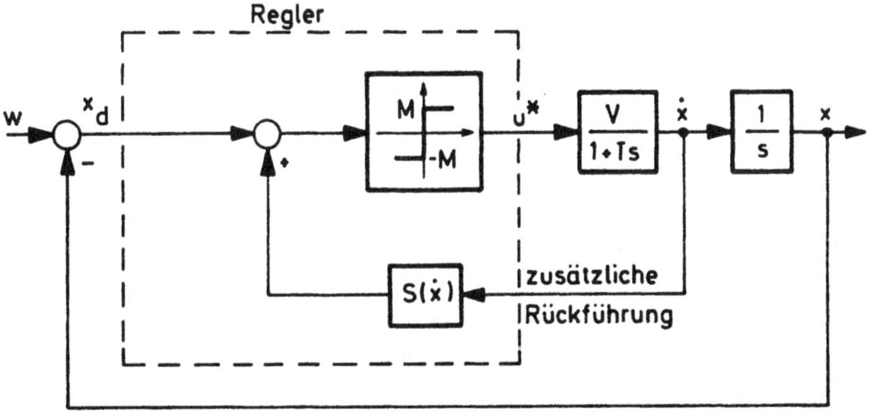

Will man die Nachbildung der nichtlinearen Schaltlinie umgehen, so bietet sich hier im interessierenden Bereich $-K \leqq x_2 \leqq K$ eine Approximation durch die Gerade

$$\tilde{S}(x_2) = -0{,}31Tx_2$$

an. Das zugehörige *suboptimale Regelungsgesetz* lautet dann

$$u^* = M \operatorname{sgn} [x_1+0{,}31Tx_2]$$

bzw.

$$u^* = M \operatorname{sgn} [x_d + 0{,}31T \dot{x}_d].$$

Es läßt sich in einfacher Weise mit Hilfe des (idealen) PD-Reglers

$$G_K(s) = 1 + 0{,}31Ts$$

und nachgeschaltetem Zweipunktglied realisieren.

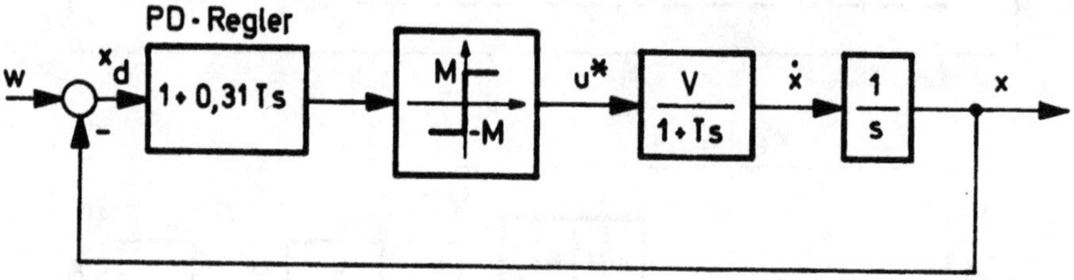

LÖSUNG DER AUFGABE 12

Gesucht sind Umschaltzeitpunkt t_1 und Endzeitpunkt t_e der in Übungsaufgabe 11 entworfenen zeitoptimalen Regelung. Für die zugehörige Strecke gilt

$$\underline{\dot{x}} = \underline{A}\,\underline{x} + \underline{b}u, \quad \underline{x}(0) = \underline{x}_0,$$

mit

$$\underline{A} = \begin{bmatrix} 0 & 1 \\ 0 & -\frac{1}{T} \end{bmatrix}, \quad \underline{b} = \begin{bmatrix} 0 \\ -\frac{V}{T} \end{bmatrix}, \quad \underline{x}_0 = \begin{bmatrix} W_\Delta \\ 0 \end{bmatrix}.$$

t_1 und t_e lassen sich durch Auswertung von Gleichung (5.28) bestimmen. Mit $n = 2$ und $t_n = t_e$ lautet sie hier:

$$\underline{F}(t_1)\underline{b} - \frac{1}{2}\underline{F}(t_e)\underline{b} = \frac{1}{2}\underline{F}(0)\underline{b} - \frac{\underline{x}_0}{2\varepsilon M}. \qquad (\text{Ü } 14)$$

Dabei ist $\underline{F}(t)$ eine Stammfunktion zu

$$\underline{\phi}(-\tau) = e^{-\underline{A}\tau} = \begin{bmatrix} 1 & T\left(1-e^{\tau/T}\right) \\ 0 & e^{\tau/T} \end{bmatrix},$$

welche in einfacher Weise durch Laplace-Rücktransformation von

$$(s\underline{I} + \underline{A})^{-1} = \begin{bmatrix} s & 1 \\ 0 & s-\frac{1}{T} \end{bmatrix}^{-1} = \begin{bmatrix} \frac{1}{s} & T\left(\frac{1}{s} - \frac{1}{s-1/T}\right) \\ 0 & \frac{1}{s-1/T} \end{bmatrix}$$

bestimmt werden kann. Es gilt also

$$\underline{F}(t) = \int \underline{\phi}(-\tau)d\tau = \begin{bmatrix} t & T\left(t-Te^{t/T}\right) \\ 0 & Te^{t/T} \end{bmatrix}.$$

Damit folgen aus (Ü 14) die beiden *Bestimmungsgleichungen*

$$t_e - 2t_1 + T\left(2e^{t_1/T} - e^{t_e/T}\right) = T - \frac{W_\Delta}{\varepsilon K}, \tag{Ü 15}$$

$$2e^{t_1/T} - e^{t_e/T} = 1, \tag{Ü 16}$$

wobei $K = VM$.

(Ü 16) eingesetzt in (Ü 15) ergibt

$$t_e - 2t_1 + T = T - \frac{W_\Delta}{\varepsilon K},$$

also

$$t_e = 2t_1 - \frac{W_\Delta}{\varepsilon K}. \qquad (0\ 17)$$

Unter Verwendung der Abkürzungen

$$\alpha = e^{t_1/T}, \quad \beta = e^{W_\Delta/\varepsilon KT} \qquad (0\ 18)$$

wird mit (0 17) aus (0 16):

$$2\alpha - \frac{\alpha^2}{\beta} = 1$$

oder

$$\alpha^2 - 2\beta\alpha + \beta = 0,$$

Diese Gleichung besitzt die beiden Lösungen

$$\alpha_1 = \beta + \sqrt{\beta^2 - \beta} = \beta\left(1 + \sqrt{1 - \frac{1}{\beta}}\right) > \beta,$$

$$\alpha_2 = \beta - \sqrt{\beta^2 - \beta} = \beta\left(1 - \sqrt{1 - \frac{1}{\beta}}\right) < \beta.$$

Da $\alpha = e^{t_1/T}$ reell ist, muß der Radikand positiv und daher

$$\beta = e^{\frac{W_\Delta}{\varepsilon KT}} > 1$$

sein. Dies ist genau dann erfüllt, wenn

$$\frac{W_\Delta}{\varepsilon KT} > 0,$$

also

$$\varepsilon = \begin{Bmatrix} +1 & \text{für} & W_\Delta > 0 \\ & & \\ -1 & \text{für} & W_\Delta < 0 \end{Bmatrix} = \operatorname{sgn} W_\Delta$$

gilt. Damit folgt

$$\frac{W_\Delta}{\varepsilon} = \frac{W_\Delta}{\operatorname{sgn} W_\Delta} = |W_\Delta| .$$

Weiterhin muß $t_1 < t_e$ gelten, was mit (0 17) auf

$$t_1 > \frac{|W_\Delta|}{K}$$

oder

$$\alpha = e^{\frac{t_1}{T}} > \beta = e^{\frac{|W_\Delta|}{KT}}$$

führt. Daher scheidet die Lösung $\alpha_2 < \beta$ aus und es folgt für den *Umschaltzeitpunkt*

$$t_1 = T \ln \alpha_1 = T \ln \beta + T \ln \left(1+\sqrt{1 - \frac{1}{\beta}}\right).$$

Wegen (0 18) und $\frac{W_\Delta}{\varepsilon} = |W_\Delta|$ wird daraus

$$t_1 = \frac{|W_\Delta|}{K} + T \ln \left(1 + \sqrt{1-e^{-\frac{|W_\Delta|}{KT}}}\right).$$

Dies eingesetzt in (0 17) ergibt dann für den *Endzeitpunkt*

$$t_e = \frac{|W_\Delta|}{K} + 2T \ln \left(1 + \sqrt{1-e^{-\frac{|W_\Delta|}{KT}}}\right).$$

Lösung der Aufgabe 13

Das zu betrachtende System wird beschrieben durch die *Zustandsdifferentialgleichungen*

$$\dot{x}_1 = x_2 + u_1,$$

$$\dot{x}_2 = -x_1 + u_2.$$

Da seine Eigenwerte $\lambda_{1,2} = \pm j$ nicht reell sind, kann die Berechnung der zeitoptimalen Regelung nicht mit Hilfe des Feldbaumschen Satzes erfolgen.

Ausgehend von

$$H = -1 + \psi_1(x_2+u_1) + \psi_2(-x_1+u_2)$$

folgt aus der Maximumsforderung

$$H \overset{!}{=} \max_{u_1,u_2}$$

zunächst

$$\tilde{H} = \psi_1 u_1 + \psi_2 u_2 \overset{!}{=} \max_{u_1,u_2}.$$

Diese Summe ist sicherlich dann maximal, wenn jeder der beiden Summanden seinen größtmöglichen Wert annimmt, d.h.

$$u_1^* = M \operatorname{sgn} \psi_1,$$

$$u_2^* = M \operatorname{sgn} \psi_2$$

gilt.

Weiterhin ist

$$\dot{\psi}_1 = -\frac{\partial H}{\partial x_1} = \psi_2,$$

$$\dot{\psi}_2 = -\frac{\partial H}{\partial x_2} = -\psi_1,$$

also z.B.

$$\ddot{\psi}_1 + \psi_1 = 0.$$

Daraus folgt

$$\psi_1 = c_1 \sin t + c_2 \cos t$$

oder

$$\psi_1 = A\sin(t-\alpha), \quad A > 0,$$

und damit

$$\psi_2 = \dot{\psi}_1 = A\cos(t-\alpha), \; A > 0.$$

Man erhält so für die *zeitoptimalen Steuerfunktionen:*

$$u_1^*(t) = M \operatorname{sgn}[\sin(t-\alpha)],$$

$$u_2^*(t) = M \operatorname{sgn}[\cos(t-\alpha)].$$

Ihren prinzipiellen Verlauf für $0 < \alpha < \frac{\pi}{2}$ zeigt folgendes Bild:

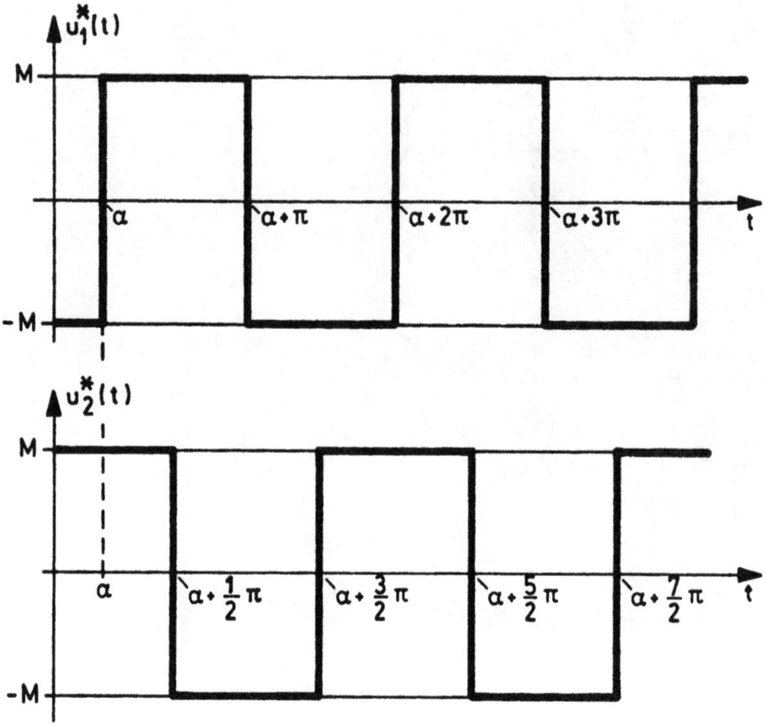

(u_1^*, u_2^*) kann also vier verschiedene Wertepaare annehmen:

$$(M,M); \; (M,-M); \; (-M,-M); \; (-M,M).$$

Beginnt der dynamische Vorgang, wie im voranstehenden Bild dargestellt, etwa mit $(u_1^*, u_2^*) = (-M,M)$, so setzt er sich gemäß diesem Bild mit $(u_1^*, u_2^*) = (M,M), (M,-M), (-M,-M)$, dann wieder mit $(-M,M)$ usw. fort. Diese zyklische Reihenfolge wird stets eingehalten, ganz gleich, wie der Beginn ist.

Für die Trajektorien des Systems in der Zustandsebene erhält man aus

$$\frac{\dot{x}_2}{\dot{x}_1} = \frac{dx_2}{dx_1} = \frac{-x_1+u_2^*}{x_2+u_1^*}$$

durch Trennung der Variablen:

$$(x_2+u_1^*)dx_2 = (-x_1+u_2^*)dx_1,$$

$$\frac{1}{2}x_2^2 + u_1^*x_2 = -\frac{1}{2}x_1^2 + u_2^*x_1 + \text{const},$$

$$x_2^2 + 2u_1^*x_2 = -(x_1^2-2u_2^*x_1) + \text{const},$$

$$(x_1-u_2^*)^2 + (x_2+u_1^*)^2 = \text{const}.$$

Die möglichen *Trajektorien des Systems* sind somit Kreise um die Mittelpunkte

$$P_{M,M} = (M,-M) \quad \text{für} \quad (u_1^*,u_2^*) = (M,M),$$

$$P_{M,-M} = (-M,-M) \quad \text{für} \quad (u_1^*,u_2^*) = (M,-M),$$

$$P_{-M,-M} = (-M,M) \quad \text{für} \quad (u_1^*,u_2^*) = (-M,-M),$$

$$P_{-M,M} = (M,M) \quad \text{für} \quad (u_1^*,u_2^*) = (-M,M).$$

Nach dem, was zuvor über die Aufeinanderfolge der Wertepaare (u_1^*,u_2^*) gesagt wurde, bewegt sich der Zustandspunkt der optimalen Trajektorie nacheinander auf Bögen der Kreise um

$$P_{-M,M},\ P_{M,M},\ P_{M,-M},\ P_{-M,-M},\ P_{-M,M}$$

und so zyklisch weiter. Dies wird durch die Pfeile im nachstehenden Bild angedeutet:

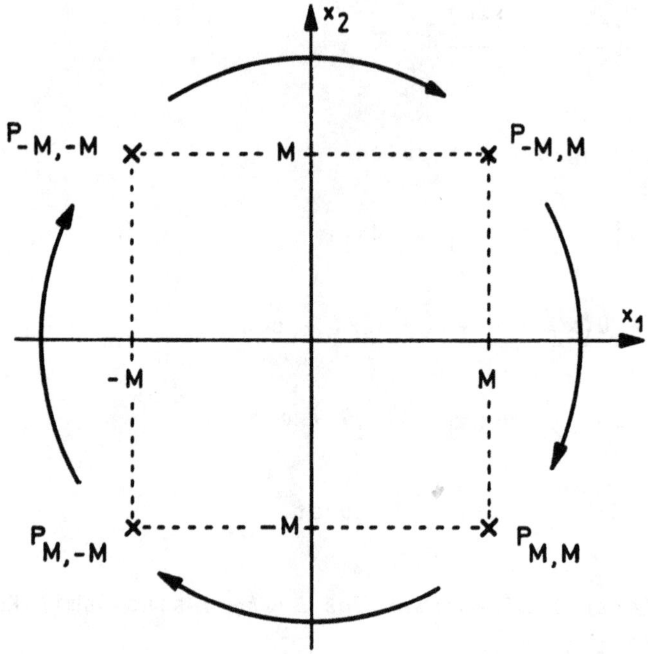

Dabei wird jede Trajektorie im Uhrzeigersinn durchlaufen. Denn gemäß der ersten Zustandsdifferentialgleichung

$$\dot{x}_1 = x_2 + u_1$$

wächst x_1, wenn $x_2 + u_1 > 0$ bzw. $x_2 > -u_1$ gilt. Dies trifft jedoch gerade für die oberen Halbkreisbögen zu, so daß dort der Zustandspunkt nach rechts wandert, und entsprechend dann auf den unteren Halbkreisbögen nach links.

Weiterhin folgt aus den Zustandsdifferentialgleichungen, daß jeder Kreis in der Zeit $T = 2\pi$ durchlaufen wird. Denn führt man die neuen Variablen

$$\xi_1 = x_1 - u_2^*, \quad \xi_2 = x_2 + u_1^*$$

ein, so wird aus den Zustandsdifferentialgleichungen wegen $\dot{\xi}_1 = \dot{x}_1$, $\dot{\xi}_2 = \dot{x}_2$ (u_1^*, u_2^* sind für einen Kreis konstant):

$$\dot{\xi}_1 = \xi_2, \quad \dot{\xi}_2 = -\xi_1,$$

also

$$\ddot{\xi}_1 + \xi_1 = 0.$$

Diese Differentialgleichung ist vom Typ der ungedämpften Schwingungsdifferentialgleichung mit $\omega_0^2 = 1$. Daher ist die *Umlaufzeit*

$$T = \frac{2\pi}{\omega_0} = 2\pi.$$

Wie man weiter aus den angegebenen Verläufen der zeitoptimalen Steuerfunktionen $u_1^*(t)$ und $u_2^*(t)$ entnimmt, wird im zeitlichen Abstand $\Delta t = \frac{\pi}{2}$ von einem Wertepaar (u_1^*, u_2^*) auf das nächste umgeschaltet. *Der Zustandspunkt der optimalen Trajektorie durchläuft daher zwischen zwei Umschaltungen genau einen Viertelkreis.*

Um nun die optimale Trajektorie zu erhalten, geht man den Weg des Zustandspunktes in umgekehrter Richtung. Er möge in den Zielpunkt (0,0) mit $(u_1^*, u_2^*) = (-M, M)$ einlaufen. Dann durchläuft er zuletzt den zum Mittelpunkt $P_{-M,M}$ gehörenden Viertelkreis $U_1 0$, etwa von dem im folgenden Bild eingezeichneten Punkt W_1 ab. Während der vorhergehenden Schaltperiode muß der Zustandspunkt gemäß der angegebenen Umschaltreihenfolge auf dem durch W_1 gehenden Kreis um $P_{-M,-M}$ gelaufen sein, und zwar über einen Viertelkreis. Man gelangt so rückwärts zum Punkt W_2. Dort muß die vorletzte Umschaltung erfolgt sein. Davor muß der Zustandspunkt auf dem durch W_2 gehenden Kreis um $P_{M,-M}$ gelaufen sein, und zwar wieder über einen Viertelkreis.

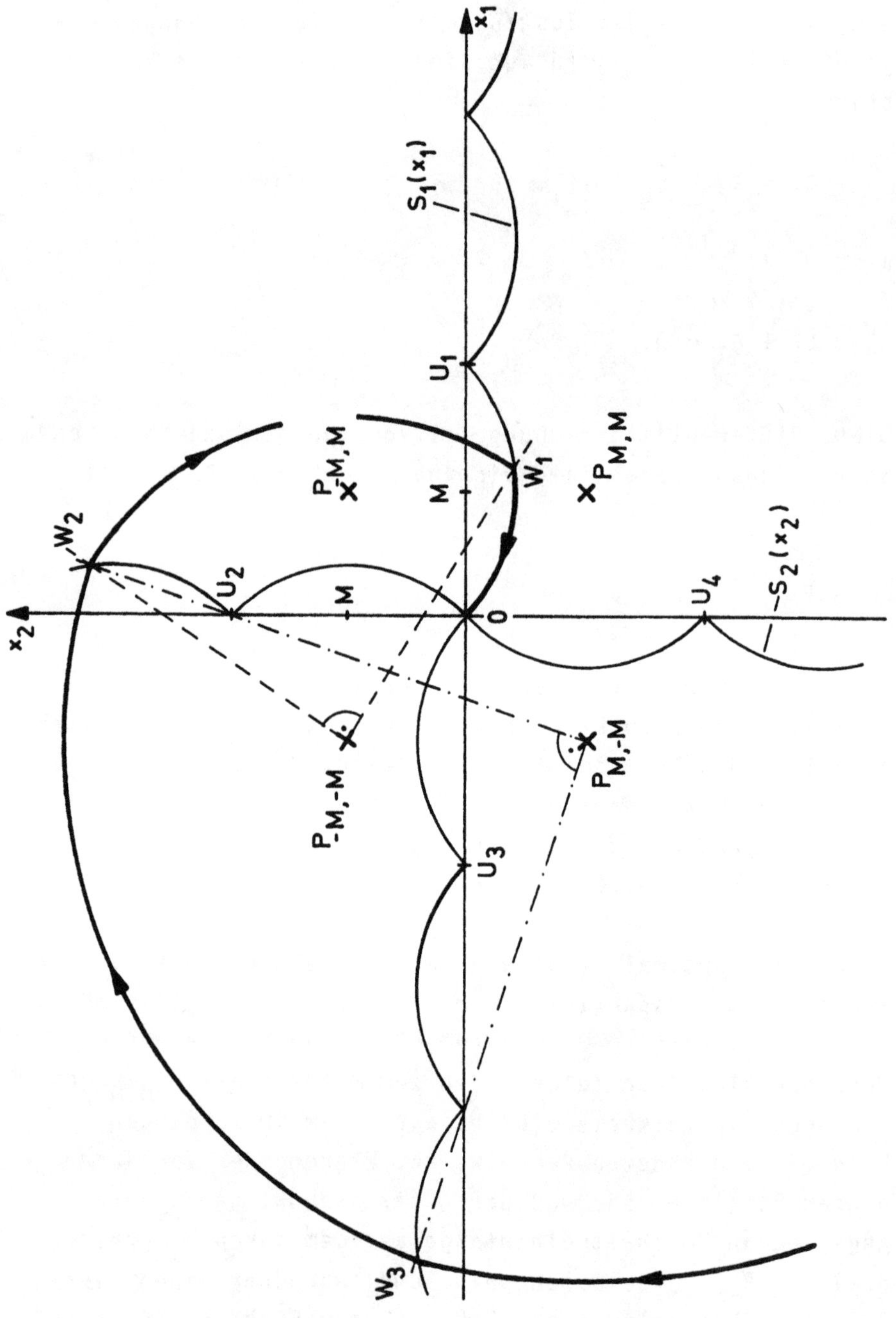

Zur Konstruktion der optimalen Trajektorie
und der optimalen Schaltlinien

Damit gelangt man zum Punkt W_3, der die drittletzte Umschaltung markiert. In dieser Weise fortfahrend erhält man als *optimale Trajektorie* die dick ausgezogene Kurve mit den Umschaltpunkten W_1, W_2, $W_3, \ldots$.

Denkt man sich die zuvor geschilderte Konstruktion für jede beliebige Lage des Punktes W_1 auf den vier nach Null führenden Kreisbögen $U_1 0$, $U_2 0$, $U_3 0$ und $U_4 0$ durchgeführt, so ergibt die Gesamtheit aller Umschaltpunkte die beiden aus Viertelkreisen zusammengesetzten *optimalen Schaltlinien* $S_1(x_1)$ und $S_2(x_2)$. $S_1(x_1)$ verläuft dabei entlang der x_1-Achse, $S_2(x_2)$ entlang der x_2-Achse. Sie teilen die Zustandsebene in vier Bereiche auf, wobei in dem durch $x_1 > S_2(x_2)$, $x_2 > S_1(x_1)$ gekennzeichneten Bereich der Zustandspunkt auf einem Kreisbogen um $P_{-M,-M}$ verläuft. Dort gilt also $u_1^* = -M$ und $u_2^* = -M$. Für die anderen Bereiche gilt Entsprechendes.

Somit erhält man als *zeitoptimales Regelungsgesetz:*

$$u_1^* = -M, \; u_2^* = -M \quad \text{für} \quad x_1 > S_2(x_2), \; x_2 > S_1(x_1),$$

$$u_1^* = +M, \; u_2^* = -M \quad \text{für} \quad x_1 < S_2(x_2), \; x_2 > S_1(x_1),$$

$$u_1^* = +M, \; u_2^* = +M \quad \text{für} \quad x_1 < S_2(x_2), \; x_2 < S_1(x_1),$$

$$u_1^* = -M, \; u_2^* = +M \quad \text{für} \quad x_1 > S_2(x_2), \; x_2 < S_1(x_1),$$

insgesamt also

$$u_1^* = M \operatorname{sgn} [S_2(x_2) - x_1],$$

$$u_2^* = M \operatorname{sgn} [S_1(x_1) - x_2].$$

Das zeitoptimal geregelte System hat damit folgendes Aussehen:

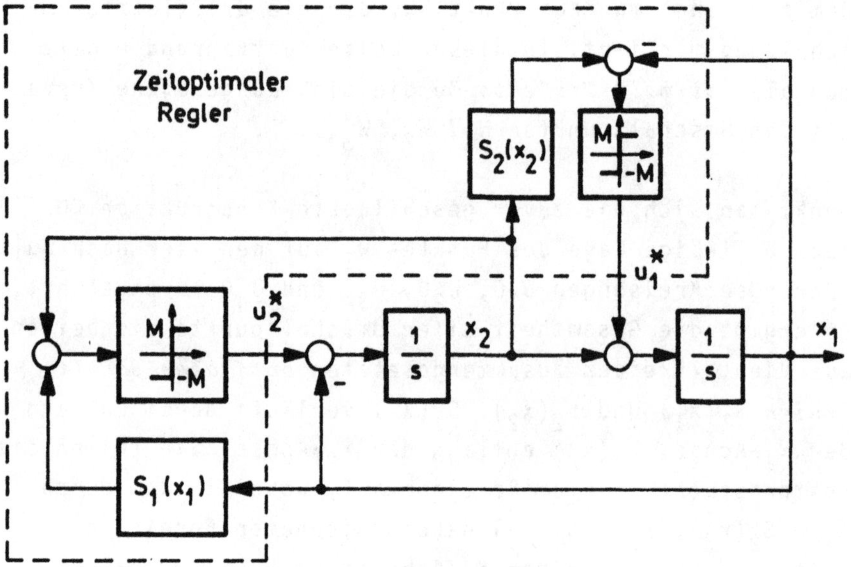
Zeitoptimaler
Regler
$S_2(x_2)$
M
-M
u_1^*
M
-M
u_2^*
1/s
x_2
1/s
x_1
$S_1(x_1)$

LÖSUNG DER AUFGABE 14

Die Optimierungsaufgabe besteht hier darin, durch geeignete Wahl der Fangrate u das *Gütemaß*

$$J = -E = \int_0^{t_e} (-ux)dt, \quad t_e \text{ gegeben,}$$

zu minimieren. Dabei ist die Fangrate auf Werte

$$0 \leqq u \leqq a$$

beschränkt und mit der Populationsgröße x über die *Zustandsdifferentialgleichung*

$$\dot{x} = ax - bx^2 - ux$$

verknüpft. Als *Randbedingungen* hat man

$$x(0) = x_0, \quad x(t_e) \text{ frei.}$$

a) Die möglichen Werte der optimalen Steuerfunktion $u^*(t)$ erhält man durch Auswertung der Maximumsforderung

$$H = ux + \psi(ax-bx^2-ux) \stackrel{!}{=} \max_u .$$

Mit

$$\tilde{H} = ux - \psi ux = u(1-\psi)x$$

und

$$0 \leqq u \leqq a$$

folgt hieraus

$$u^*(t) = \begin{cases} 0 & \text{für} \quad (1-\psi)x < 0, \\ a & \text{für} \quad (1-\psi)x > 0 \end{cases}$$

bzw. wegen $x > 0$:

$$u^*(t) = \begin{cases} 0 & \text{für} \quad 1-\psi < 0, \\ a & \text{für} \quad 1-\psi > 0. \end{cases}$$

Die Umschaltbedingung lautet somit $\psi(t) = 1$. Gilt sie in einem ganzen Zeitintervall I_S aus $[0,t_e]$, ist dort also

$$\psi(t) \equiv 1,$$

so liegt der *singuläre Fall des Maximumprinzips* vor. Wegen

$$\dot{\psi} = -\frac{\partial H}{\partial x} = -\left[u + \psi(a-2bx-u)\right],$$

also

$$\dot{\psi} = (\psi-1)u + 2b\psi\left(x - \frac{a}{2b}\right)$$

gilt dann:

$$0 = 2b\left(x_S - \frac{a}{2b}\right)$$

oder

$$x_S = \frac{a}{2b}.$$

Die Populationsgröße x ist daher im singulären Fall konstant, so daß die Zustandsdifferentialgleichung übergeht in

$$0 = ax_S - bx_S^2 - u_S x_S.$$

Wegen $x_S > 0$ folgt hieraus für die singuläre Fangrate

$$u_S = a - bx_S = \frac{a}{2}.$$

Sie ist kleiner als die maximal zulässige Fangrate $u_{max} = a$, d.h. der durch

$$u^* = \frac{a}{2}, \quad x^* = \frac{a}{2b}, \quad \psi^* = 1$$

gekennzeichnete singuläre Fall kann hier Bestandteil der optimalen Lösung sein.

Für die *optimale Steuerfunktion* gilt dann:

$$u^*(t) = \begin{cases} 0 & \text{für} \quad \psi > 1, \\ \frac{a}{2} & \text{für} \quad \psi \equiv 1 \text{ in } I_S, \\ a & \text{für} \quad \psi < 1. \end{cases}$$

b) Aus der Zustandsdifferentialgleichung wird im eingeschwungenen Zustand wegen $\dot{x} = 0$ die algebraische Gleichung

$$0 = ax_R - bx_R^2 - u_R x_R.$$

Für die stationäre Fangquote $z_R = u_R x_R$ gilt somit

$$z_R = ax_R - bx_R^2.$$

Sie wird maximal, wenn

$$\frac{dz_R}{dx_R} = a - 2bx_R = 0,$$

also

$$x_R = \frac{a}{2b}$$

gilt. Dies ist die gesuchte *ökologisch optimale Populationsgröße*. Wie sich durch Einsetzen in die Zustandsdifferentialgleichung leicht zeigen läßt, liegt ihr die stationäre Fangrate

$$u_R = \frac{a}{2}$$

zugrunde.

Ein Vergleich mit den Ergebnissen des vorigen Aufgabenteils macht deutlich, daß diese Stationärwerte gerade dem singulären Fall des Maximumprinzips entsprechen. Will man also *auf Dauer*, d.h. ohne dabei die betrachtete Population zu zerstören, möglichst große Erträge erzielen, so ist die dem singulären Fall zugeordnete stationäre Populationsgröße

$$x_S = x_R = \frac{a}{2b}$$

anzustreben.

Hierdurch wird plausibel, daß die gesuchte *langfristig* ertragsoptimale Fangstrategie den singulären Lösungsanteil enthalten muß.

c) Für die *optimale Steuerfunktion* $u^*(t)$ erhält man aufgrund der vorigen Überlegungen die nachstehend angegebenen Verläufe, je nachdem, ob $x_0 > x_R$, $x_0 = x_R$ oder $x_0 < x_R$ gilt.

Ist also $x_0 \neq x_R$, so wird zunächst $u^* = a$ bzw. $u^* = 0$ aufgeschaltet, um die Populationsgröße auf den langfristig günstigsten Wert x_R zu bringen. Bei Erreichen dieses Wertes erfolgt dann die erste Umschaltung, und zwar auf die zu x_R gehörende stationäre Fangrate $u^* = u_R = \frac{a}{2}$. Ist $x_0 = x_R$, so beginnt man unmittelbar mit dieser Fangrate. Da der Ertrag maximal werden soll, behält man $u^* = u_R$ bis kurz vor Ende des Betrachtungszeitraums bei und schaltet erst dort auf maximale Fangrate $u^* = a$. Denn hierbei sinkt die Populationsgröße unter den Wert x_R ab, was dann jedoch ohne Belang ist, da die Verhältnisse über t_e hinaus nicht interessieren.

Entsprechend setzt sich die *optimale Trajektorie* $x^*(t)$ aus zwei bzw. drei Teilstücken zusammen.

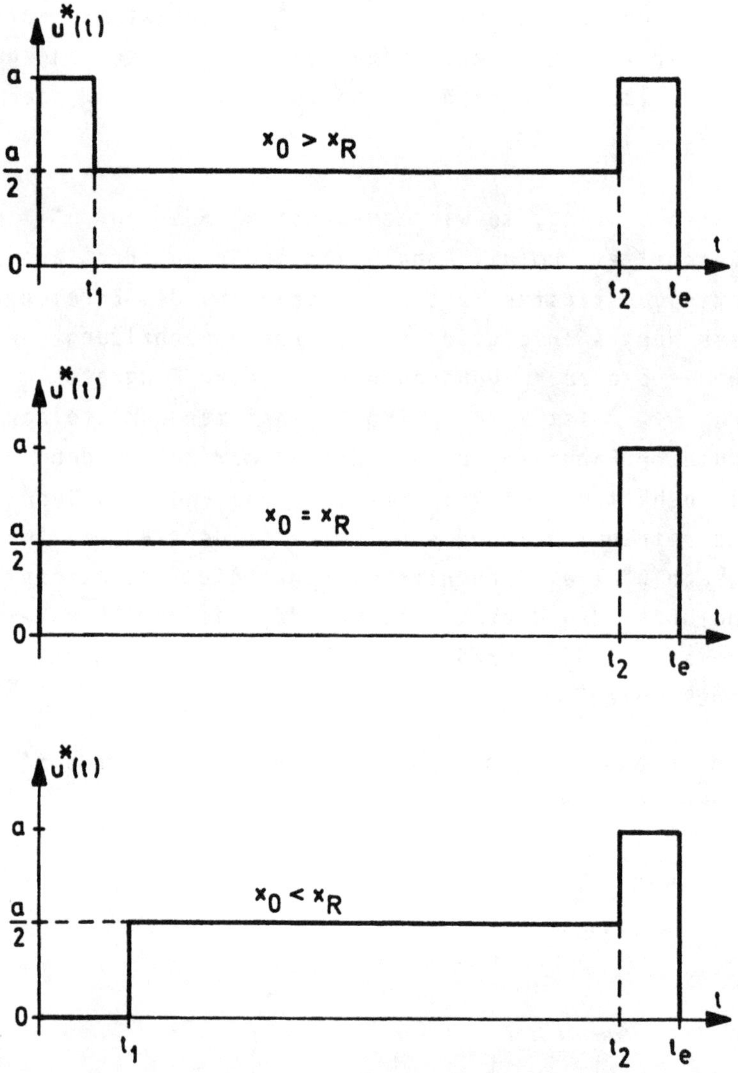

Verläufe der ertragsoptimalen Fangrate $u^*(t)$ für $x_o > x_R$, $x_o = x_R$ und $x_o < x_R$

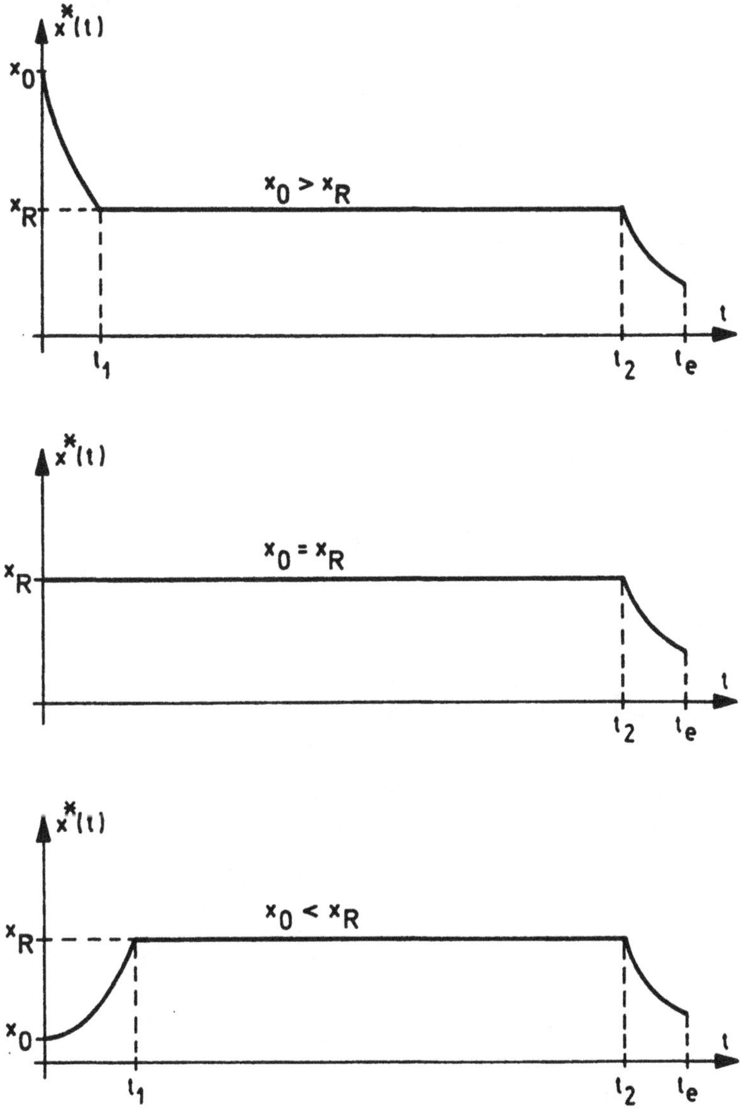

Verläufe der ertragsoptimalen Populationsgröße $x^*(t)$ für $x_o > x_R$, $x_o = x_R$ und $x_o < x_R$

Für $u^* = a$ folgt aus der Zustandsdifferentialgleichung

$$\dot{x} = - bx^2 \quad \text{oder} \quad \frac{dx}{x^2} = -bdt.$$

Hieraus erhält man

$$- \frac{1}{x} = - bt + c_1$$

bzw.

$$x(t) = \frac{1}{bt-c_1}. \qquad \text{(Ü 19)}$$

Für $u^* = 0$ gilt

$$\dot{x} = ax - bx^2 = -bx\left(x - \frac{a}{b}\right)$$

oder

$$\frac{dx}{x\left(x - \frac{a}{b}\right)} = -bdt.$$

Zerlegt man die linke Seite dieser Gleichung in Partialbrüche, so folgt

$$\frac{dx}{x} - \frac{dx}{x - \frac{a}{b}} = adt,$$

also

$$\ln \left| \frac{x}{x - \frac{a}{b}} \right| = at + \tilde{c}_2$$

oder

$$\left| \frac{x}{x - \frac{a}{b}} \right| = c_2 e^{at}.$$

Da $u^* = 0$ nur im Bereich $0 < x < x_R = \frac{a}{2b}$ gilt, ist stets $x - \frac{a}{b} < 0$ und somit

$$\left|\frac{x}{x-\frac{a}{b}}\right| = \frac{x}{\frac{a}{b}-x}.$$

Man erhält dann

$$\frac{x}{\frac{a}{b}-x} = c_2 e^{at}$$

oder aufgelöst nach x:

$$x(t) = \frac{a}{b}\,\frac{1}{1+\frac{1}{c_2}e^{-at}}. \qquad (\text{Ü }20)$$

Ist also $x_o > x_R$, so verläuft der Zustandspunkt der optimalen Trajektorie zunächst auf einer Hyperbel gemäß (Ü 19). Wegen

$$x(0) = -\frac{1}{c_1} = x_0,$$

also

$$c_1 = -\frac{1}{x_0},$$

gilt dann für dieses Teilstück der optimalen Trajektorie:

$$x^*(t) = \frac{x_0}{1+x_0 bt}, \qquad 0 \leqq t \leqq t_1.$$

Im Umschaltzeitpunkt t_1 nimmt x^* gerade den Wert $x_R = \frac{a}{2b}$ an, d.h.

$$x^*(t_1) = \frac{x_0}{1+x_0 bt_1} = \frac{a}{2b}.$$

Hieraus folgt sofort

$$t_1 = \frac{2}{a} - \frac{1}{bx_0} .$$

t_1 ist stets positiv, da nach Voraussetzung $x_0 > x_R = \frac{a}{2b}$.

Für $x_0 < x_R$ ist das erste Teilstück der optimalen Trajektorie durch (0 20) gegeben, wobei die Integrationskonstante c_2 aus der Anfangsbedingung $x(0) = x_0$ zu bestimmen ist. Man erhält so

$$x^*(t) = \frac{a}{b} \frac{x_0}{x_0 + \left(\frac{a}{b} - x_0\right)e^{-at}} , \quad 0 \leqq t \leqq t_1 .$$

Im Umschaltzeitpunkt t_1 ist

$$x^*(t_1) = x_R = \frac{a}{2b} ,$$

woraus die Beziehung

$$t_1 = \frac{1}{a} \ln\left(\frac{a}{bx_0} - 1\right)$$

folgt. Wegen $x_0 < x_R = \frac{a}{2b}$ ist dabei das Argument der $\ln$-Funktion stets > 1, t_1 also positiv.

Im Sonderfall $x_0 = x_R = \frac{a}{2b}$ wird $t_1 = 0$, so daß von vornherein $u^* = \frac{a}{2}$ aufzuschalten ist. Für $x_0 \neq x_R$ vergeht hingegen eine endliche Zeitspanne, bis die Populationsgröße den Wert $x^* = x_R$ erreicht hat. Danach bleibt sie bis zum Zeitpunkt t_2 konstant, da $u^* = \frac{a}{2} = u_R$ und $x^* = \frac{a}{2b} = x_R$ Stationärwerte des Systems sind (vergleiche Teilaufgabe b).

Im *Bereich* $t_2 \leqq t \leqq t_e$ nimmt die Population wegen $u^* = a$ gemäß (Ü 19) ab. Mit

$$x^*(t_2) = x_R = \frac{a}{2b}$$

gilt dann:

$$x^*(t) = \frac{a}{2b} \frac{1}{1 + \frac{a}{2}(t-t_2)}, \quad t_2 \leqq t \leqq t_e. \qquad (Ü\ 21)$$

Um den Umschaltzeitpunkt t_2 zu bestimmen, wird die Schaltbedingung

$$\psi(t_2) = 1$$

(vergleiche Teilaufgabe a) ausgewertet. Durch Einsetzen von $u^* = a$ und x^* gemäß (Ü 21) in die adjungierte Differentialgleichung

$$\dot{\psi} = - \frac{\partial H}{\partial x} = - u - \psi(a-2bx-u)$$

erhält man zur Berechnung von $\psi(t)$ folgende lineare, zeitvariante Differentialgleichung 1. Ordnung:

$$\dot{\psi} - \frac{a}{1 + \frac{a}{2}(t-t_2)} \psi + a = 0.$$

Sie läßt sich durch Variation der Konstanten lösen (vgl. [40], Abschnitt 3.1.3.1). Dazu bestimmt man zunächst die allgemeine Lösung der zugehörigen homogenen Differentialgleichung

$$\dot{\psi}_h - \frac{a}{1 + \frac{a}{2}(t-t_2)} \psi_h = 0.$$

Sie ergibt sich aus

$$\frac{d\psi_h}{\psi_h} = \frac{a}{1+\frac{a}{2}(t-t_2)}\, dt$$

zu

$$\psi_h(t) = \tilde{c}\left[1+\frac{a}{2}(t-t_2)\right]^2, \quad \tilde{c} = \text{const.}$$

Ersetzt man nun hierin $\tilde{c}$ durch f(t), so folgt nach Einsetzen in die inhomogene Differentialgleichung:

$$\dot{f} = -a\left[1+\frac{a}{2}(t-t_2)\right]^{-2},$$

also

$$f(t) = 2\left[1+\frac{a}{2}(t-t_2)\right]^{-1} + c, \quad c = \text{const.}$$

Damit wird

$$\psi(t) = f(t)\left[1+\frac{a}{2}(t-t_2)\right]^2 =$$

$$= 2\left[1+\frac{a}{2}(t-t_2)\right] + c\left[1+\frac{a}{2}(t-t_2)\right]^2.$$

Da $x(t_e)$ frei ist, gilt die Transversalitätsbedingung

$$\psi(t_e) = 0.$$

Hieraus folgt

$$c = -2\left[1+\frac{a}{2}(t_e-t_2)\right]^{-1},$$

und man erhält für die adjungierte Variable:

$$\psi(t) = a(t_e - t)\,\frac{2+a(t-t_2)}{2+a(t_e-t_2)}\,, \quad t_2 \leq t \leq t_e\,.$$

Einsetzen in die Schaltbedingung $\psi(t_2) = 1$ und Auflösen nach t_2 führt schließlich auf

$$t_2 = t_e - \frac{2}{a}\,.$$

Aus (Ü 21) folgt dann für den Endwert

$$x(t_e) = \frac{a}{4b} = \frac{1}{2}\,x_R\,.$$

Damit sind die im vorhergehenden dargestellten zeitlichen *Verläufe der ertragsoptimalen Fangrate $u^*(t)$ und der ertragsoptimalen Populationsgröße $x^*(t)$* vollständig bestimmt. Zusammenfassend gilt:

I) $\underline{0 \leq t \leq t_1:}$

$$\left.\begin{aligned} u^* &= a,\\ x^* &= \frac{x_0}{1+bx_0t},\\ t_1 &= \frac{2}{a} - \frac{1}{bx_0}, \end{aligned}\right\} \quad \text{falls } x_0 > x_R.$$

$$\left.\begin{aligned} u^* &= 0\\ x^* &= \frac{a}{b}\,\frac{x_0}{x_0 + \left(\frac{a}{b} - x_0\right)e^{-at}},\\ t_1 &= \frac{1}{a}\,\ln\left(\frac{a}{bx_0} - 1\right), \end{aligned}\right\} \quad \text{falls } x_0 < x_R.$$

II) $t_1 \leqq t \leqq t_2$ bzw. $0 \leqq t \leqq t_2$, falls $x_0 = x_R$:

$$u^* = u_R = \frac{a}{2},$$

$$x^* = x_R = \frac{a}{2b},$$

$$t_2 = t_e - \frac{2}{a}.$$

III) $t_2 \leqq t \leqq t_e$:

$$u^* = a,$$

$$x^* = \frac{a}{4b}\,\frac{1}{1+\frac{a}{4}(t-t_e)},$$

$$x^*(t_e) = \frac{1}{2}\,x_R = \frac{a}{4b}.$$

LÖSUNG DER AUFGABE 15

a) Offensichtlich sind bei dem zu betrachtenden System sowohl die Zustandsgröße x als auch die Steuergröße u beschränkt. Bei der Anwendung der Dynamischen Programmierung muß daher darauf geachtet werden, daß mit x_k auch x_{k+1} im zulässigen Bereich X liegt. Wie Tabelle Ü 1 zeigt, führen die Kombinationen

x_k \ u_k	0	1	2	3
0	0	2	4	~~6~~
1	2	3	4	5
2	4	4	4	4
3	~~6~~	5	4	3
4	~~8~~	~~6~~	4	2
5	~~10~~	~~7~~	4	1

Tabelle Ü 1 Auswertung der Systemgleichung $x_{k+1} = 2x_k + (2-x_k)u_k$

$(x_k,u_k) = (0,3),(3,0),(4,0),(4,1),(5,0),(5,1)$ auf einen Wert x_{k+1} außerhalb des zulässigen Bereichs X und sind somit von vornherein auszuschließen.

Die Berechnung des optimalen Regelungsgesetzes $u_k = r_k(x_k)$ erfolgt rekursiv durch Auswertung der Bellmanschen Rekursionsformel (7.17). Mit

$$I_k = (2-x_k)u_k, \quad k = 0,1,2,3,$$

lautet sie hier:

$$J_k^*(x_k) = \min_{u_k} \left[(2-x_k)u_k + J_{k+1}^*(x_{k+1})\right], \quad k = 3,2,1,0.$$

Die Rekursion beginnt mit $k = N-1 = 3$. Wegen $J_N^*(x_N) = 0$ ist daher zunächst die Beziehung

$$J_3^*(x_3) = \min_{u_3} \left[(2-x_3)u_3\right]$$

auszuwerten. In Tabelle Ü 2 ist für jedes zulässige Wertepaar (x_3,u_3) der zugehörige Wert des Minimanden $(2-x_3)u_3$ eingetragen. Ist etwa $x_3 = 4$, so wird der

x_3 \ u_3	0	1	2	3	$J_3^*(x_3)$	$u_3^*=r_3(x_3)$
0	0	2	4	×	0	0
1	0	1	2	3	0	0
2	0	0	0	0	0	0/1/2/3
3	×	-1	-2	-3	-3	3
4	×	×	-4	-6	-6	3
5	×	×	-6	-9	-9	3

Tabelle Ü 2 Wertetabelle für $(2-x_3)$ zur Bestimmung von $J_3^*(x_3)$ und $u_3^* = r_3(x_3)$

kleinste Wert für $u_3 = 3$ angenommen, so daß $u_3^* = r_3(4) = 3$ und $J_3^*(4) = -6$ gilt. Geht man entsprechend für die übrigen Werte von x_3 vor, so erhält man die in den letzten beiden Spalten von Tabelle Ü 2 angegebenen Werte für die minimale Gütefunktion $J_3^*(x_3)$ und die zugehörige optimale Steuerfunktion $u_3^* = r_3(x_3)$.[1]

Im zweiten Rekursionsschritt ist nunmehr die Beziehung

$$J_2^*(x_2) = \min_{u_2} \left[(2-x_2)u_2 + J_3^*(x_3)\right]$$

auszuwerten. Mit Tabelle Ü 1 wird zunächst für jedes zulässige Wertepaar (x_2,u_2) der durch die Systemgleichung festgelegte Wert x_3 bestimmt und hiermit dann aus Tabelle Ü 2 der zugehörige Wert für $J_3^*(x_3)$ abgelesen. Ist etwa $(x_2,u_2) = (3,1)$, so folgt aus Tabelle Ü 1 $x_3 = 5$ und hiermit aus Tabelle Ü 2 $J_3^*(5) = -9$. Für die zu minimierende Funktion $(2-x_2)u_2 + J_3^*(x_3)$ erhält man so den Wert $(2-3)1 + (-9) = -10$. Geht man entsprechend für alle übrigen Kombinationen (x_2,u_2) vor, so ergeben sich die ersten fünf Spalten der Tabelle Ü 3. Durch Absuchen der einzelnen Zeilen läßt sich daraus zu jedem Wert x_2 der bezüglich u_2 minimale Wert $J_2^*(x_2)$ der Gütefunktion und der zugehörige Wert $u_2^* = r_2(x_2)$ der optimalen Steuerfunktion bestimmen. Diese Werte sind wiederum in den letzten beiden Spalten der Tabelle Ü 3 aufgeführt.

1 Für $x_3 = 2$ ist $u_3^* = r_3(x_3)$ mehrdeutig.

x_2 \ u_2	0	1	2	3	$J_2^*(x_2)$	$u_2^*=r_2(x_2)$
0	0	2	-2	×	-2	2
1	0	-2	-4	-6	-6	3
2	-6	-6	-6	-6	-6	0/1/2/3
3	×	-10	-8	-6	-10	1
4	×	×	-10	-6	-10	2
5	×	×	-12	-9	-12	2

Tabelle Ü 3 Wertetabelle für $(2-x_2)u_2 + J_3^*(x_3)$ zur Bestimmung von $J_2^*(x_2)$ und $u_2^* = r_2(x_2)$

In gleicher Weise hat man im dritten und vierten Rekursionsschritt die Beziehungen

$$J_1^*(x_1) = \min_{u_1} \left[(2-x_1)u_1+J_2^*(x_2)\right]$$

und

$$J_0^*(x_0) = \min_{u_0} \left[(2-x_0)u_0+J_1^*(x_1)\right]$$

auszuwerten. Hierbei ergeben sich die Wertetabellen Ü 4 und Ü 5 mit den eingetragenen Minimalwerten $J_1^*(x_1)$ und $J_0^*(x_0)$ sowie den zugehörigen optimalen Steuerwerten $u_1^* = r_1(x_1)$ und $u_0^* = r_0(x_0)$.

x_1 \ u_1	0	1	2	3	$J_1^*(x_1)$	$u_1^*=r_1(x_1)$
0	-2	-4	-6	×	-6	2
1	-6	-9	-8	-9	-9	1/3
2	-10	-10	-10	-10	-10	0/1/2/3
3	×	-13	-12	-13	-13	1/3
4	×	×	-14	-12	-14	2
5	×	×	-16	-15	-16	2

Tabelle Ü 4 Wertetabelle für $(2-x_1)u_1 + J_2^*(x_2)$ zur Bestimmung von $J_1^*(x_1)$ und $u_1^* = r_1(x_1)$

x_0 \ u_0	0	1	2	3	$J_0^*(x_0)$	$u_0^*=r_0(x_0)$
0	-6	-8	-10	×	-10	2
1	-10	-12	-12	-13	-13	3
2	-14	-14	-14	-14	-14	0/1/2/3
3	×	-17	-16	-16	-17	1
4	×	×	-18	-16	-18	2
5	×	×	-20	-18	-20	2

Tabelle Ü 5 Wertetabelle für $(2-x_0)u_0 + J_1^*(x_1)$ zur Bestimmung von $J_0^*(x_0)$ und $u_0^* = r_0(x_0)$

Aus den letzten Spalten der Tabellen Ü 2 bis Ü 5 läßt sich nunmehr das optimale Regelungsgesetz ablesen. Zusammengefaßt erhält man so für $u_k^* = r_k(x_k)$, $k = 0,1,2,3$, die Wertetabelle Ü 6.

x_k	$u_0^* = r_0(x_0)$	$u_1^* = r_1(x_1)$	$u_2^* = r_2(x_2)$	$u_3^* = r_3(x_3)$
0	2	2	2	0
1	3	1/3	3	0
2	0/1/2/3	0/1/2/3	0/1/2/3	0/1/2/3
3	1	1/3	1	3
4	2	2	2	3
5	2	2	2	3

Tabelle Ü 6 Wertetabelle für das optimale Regelungsgesetz $u_k^* = r_k(x_k)$, $k = 0,1,2,3$

b) Mit Hilfe der Wertetabelle Ü 6 für das optimale Regelungsgesetz und der Wertetabelle Ü 1 für die Systemgleichung können in einfacher Weise zu einem gegebenen Anfangswert $x_0 \in X$ die zugehörige optimale Steuerfolge $(u_0^*, u_1^*, u_2^*, u_3^*)$ und die zugehörige optimale Trajektorie $(x_0^*, x_1^*, x_2^*, x_3^*, x_4^*)$ bestimmt werden. Ist beispielsweise $x_0 = 3$, so liest man aus Tabelle Ü 6 für $u_0^* = r_0(x_0)$ den Wert 1 ab, womit man gemäß Tabelle Ü 1 nach $x_1 = 5$ gelangt. Hierfür erhält man wiederum aus Tabelle Ü 6 $u_1^* = r_1(5) = 2$ und der Systemzustand wechselt nach $x_2 = 4$. In dieser Weise fortfahrend ergeben sich abwechselnd die Werte u_k^* der optimalen Steuerfolge und die Punkte x_k^* der optimalen Trajektorie zum betrachteten Anfangswert $x_0 = 3$. Sie sind in der Tabelle Ü 7 für alle zulässigen Anfangswerte $x_0 \in X$ zusammengestellt.

x_0	$(u_0^*, u_1^*, u_2^*, u_3^*)$	$(x_0^*, x_1^*, x_2^*, x_3^*, x_4^*)$
0	(2,2,2,3)	(0,4,4,4,2)
1	(3,2,2,3)	(1,5,4,4,2)
2	(0/1/2/3,2,2,3)	(2,4,4,4,2)
3	(1,2,2,3)	(3,5,4,4,2)
4	(2,2,2,3)	(4,4,4,4,2)
5	(2,2,2,3)	(5,4,4,4,2)

Tabelle Ü 7 Optimale Steuerfolgen $(u_0^*, u_1^*, u_2^*, u_3^*)$ und zugehörige optimale Trajektorien $(x_0^*, x_1^*, x_2^*, x_3^*, x_4^*)$

Wie man sieht, setzen sich die optimale Steuerfunktion und die optimale Trajektorie aus drei Teilstücken zusammen. Zunächst wird das System aus dem Anfangszustand x_0 nach $x = 4$ gebracht, dann dort mit $u = 2$ solange gehalten, bis im letzten Schritt durch Umschaltung auf $u = 3$ der Endwert $x_e = 2$ erreicht wird. Es sind also nur die Anfangsverläufe bis zum Erreichen von $x = 4$ abhängig vom jeweiligen Anfangswert x_0, während die Endverläufe für alle $x_0 \in X$ gleich sind.

Lösung der Aufgabe 16

Gegeben ist das durch

$$\underline{\dot{x}} = \underline{A}\,\underline{x} + \underline{B}\,\underline{u}, \quad \underline{x}(t_0) = \underline{x}_0$$

und

$$J = \frac{1}{2}\,\underline{x}^T(t_e)\underline{S}\,\underline{x}(t_e) + \frac{1}{2}\int_{t_0}^{t_e} (\underline{x}^T\underline{Q}\,\underline{x} + \underline{u}^T\underline{R}\,\underline{u})dt$$

beschriebene Optimierungsproblem. Hierfür lautet die Bellmansche Funktionalgleichung in der Form (7.62):

$$\frac{\partial J^*}{\partial t} = \max_{\underline{u}} H\left(\underline{x}, -\frac{\partial J^*}{\partial \underline{x}}, \underline{u}, t\right)$$

mit

$$H\left(\underline{x}, -\frac{\partial J^*}{\partial \underline{x}}, \underline{u}, t\right) =$$

$$= -\frac{1}{2}\,\underline{x}^T\underline{Q}\,\underline{x} - \frac{1}{2}\,\underline{u}^T\underline{R}\,\underline{u} - \left(\frac{\partial J^*}{\partial \underline{x}}\right)^T\underline{A}\,\underline{x} - \left(\frac{\partial J^*}{\partial \underline{x}}\right)^T\underline{B}\,\underline{u}\,.$$

Da $\underline{u}$ nicht beschränkt ist, muß im Maximum der Hamiltonfunktion

$$\frac{\partial H}{\partial \underline{u}} = -\underline{R}\,\underline{u} - \underline{B}^T\frac{\partial J^*}{\partial \underline{x}} = \underline{0}$$

gelten. Hieraus folgt

$$\underline{u}^* = -\underline{R}^{-1}\underline{B}^T\frac{\partial J^*}{\partial \underline{x}},$$

wobei $\underline{R}$ aufgrund der vorausgesetzten positiven Definitheit stets regulär ist. Daß dieser Wert für $\underline{u}$ in der Tat das Maximum von H bezüglich $\underline{u}$ liefert, kann durch Einsetzen von $\underline{u} = \underline{u}^* + \Delta\underline{u}$ in die Hamiltonfunktion gezeigt werden. Man erhält

$$H = -\frac{1}{2}\Delta\underline{u}^T\underline{R}\,\Delta\underline{u} - \frac{1}{2}\underline{x}^T\underline{Q}\,\underline{x} - \left(\frac{\partial J^*}{\partial \underline{x}}\right)^T\underline{A}\,\underline{x} + \frac{1}{2}\left(\frac{\partial J^*}{\partial \underline{x}}\right)^T\underline{B}\,\underline{R}^{-1}\underline{B}^T\frac{\partial J^*}{\partial \underline{x}}\,.$$

Da $\underline{R}$ positiv definit ist, ist der quadratische Ausdruck $-\frac{1}{2}\Delta\underline{u}^T\underline{R}\,\Delta\underline{u}$ für alle $\Delta\underline{u} \neq \underline{0}$ negativ, so daß H genau dann maximal (bezüglich $\Delta\underline{u} = \underline{u} - \underline{u}^*$) wird, wenn $\Delta\underline{u} = \underline{0}$, also $\underline{u} = \underline{u}^*$ gilt.

$\underline{u}^*$ eingesetzt in die Bellmansche Funktionalgleichung führt dann auf

$$\frac{\partial J^*}{\partial t} = -\frac{1}{2}\underline{x}^T\underline{Q}\,\underline{x} - \left(\frac{\partial J^*}{\partial \underline{x}}\right)^T\underline{A}\,\underline{x} + \frac{1}{2}\left(\frac{\partial J^*}{\partial \underline{x}}\right)^T\underline{B}\,\underline{R}^{-1}\underline{B}^T\frac{\partial J^*}{\partial \underline{x}}\,,$$

wobei als Anfangsbedingung

$$J^*(\underline{x},t_e) = \frac{1}{2}\underline{x}^T\underline{S}\,\underline{x}$$

gilt. Macht man entsprechend dieser Anfangsbedingung für $J^*(\underline{x},t)$ den *Ansatz*

$$J^*(\underline{x},t) = \frac{1}{2}\underline{x}^T\underline{P}(t)\,\underline{x}$$

mit $\underline{P}(t)$ als symmetrischer Matrix und

$$\underline{P}(t_e) = \underline{S},$$

so folgt wegen $\frac{\partial J^*}{\partial t} = \frac{1}{2}\underline{x}^T\dot{\underline{P}}\,\underline{x}$ und $\frac{\partial J^*}{\partial \underline{x}} = \underline{P}\,\underline{x}$:

$$\frac{1}{2}\underline{x}^T\dot{\underline{P}}\,\underline{x} = -\frac{1}{2}\underline{x}^T\underline{Q}\,\underline{x} - \underline{x}^T\underline{P}\,\underline{A}\,\underline{x} + \frac{1}{2}\underline{x}^T\underline{P}\,\underline{B}\,\underline{R}^{-1}\underline{B}^T\underline{P}\,\underline{x}\,.$$

Da $\underline{P}$, $\underline{Q}$ und $\underline{R}$ symmetrisch sind, wird hieraus durch Transposition

$$\frac{1}{2}\,\underline{x}^T\dot{\underline{P}}\,\underline{x} = -\frac{1}{2}\,\underline{x}^T\underline{Q}\,\underline{x} - \underline{x}^T\underline{A}^T\underline{P}\,\underline{x} + \frac{1}{2}\,\underline{x}^T\underline{P}\,\underline{B}\,\underline{R}^{-1}\underline{B}^T\underline{P}\,\underline{x}\,.$$

Addiert man nun die beiden letzten Gleichungen und ordnet sie um, so ergibt sich

$$\underline{x}^T\dot{\underline{P}}\,\underline{x} = \underline{x}^T\underline{P}\,\underline{B}\,\underline{R}^{-1}\underline{B}^T\underline{P}\,\underline{x} - \underline{x}^T\underline{P}\,\underline{A}\,\underline{x} - \underline{x}^T\underline{A}^T\underline{P}\,\underline{x} - \underline{x}^T\underline{Q}\,\underline{x}\,.$$

Soll diese Gleichung für *beliebiges* $\underline{x}$ gelten, so muß offensichtlich die Matrix $\underline{P}(t)$ der Differentialgleichung

$$\dot{\underline{P}} = \underline{P}\,\underline{B}\,\underline{R}^{-1}\underline{B}^T\underline{P} - \underline{P}\,\underline{A} - \underline{A}^T\underline{P} - \underline{Q}$$

mit der Anfangsbedingung

$$\underline{P}(t_e) = \underline{S}$$

genügen. Dies ist jedoch gerade die Riccatische Matrixdifferentialgleichung.

Weiterhin folgt aus

$$\underline{u}^* = -\,\underline{R}^{-1}\underline{B}^T\,\frac{\partial J^*}{\partial \underline{x}}$$

mit $J^* = \frac{1}{2}\,\underline{x}^T\underline{P}\,\underline{x}$, also $\frac{\partial J^*}{\partial \underline{x}} = \underline{P}\,\underline{x}$:

$$\underline{u}^* = -\,\underline{R}^{-1}\underline{B}^T\underline{P}\,\underline{x}\,.$$

Wie zu zeigen war, lautet somit das *optimale Regelungsgesetz*

$$\underline{u}^*(t) = -\,\underline{R}^{-1}\underline{B}^T\underline{P}(t)\,\underline{x}(t),$$

wobei $\underline{P}(t)$ die symmetrische Lösungsmatrix der Riccatischen Matrixdifferentialgleichung mit dem Anfangswert $\underline{P}(t_e) = \underline{S}$ ist.

Bücher zum Thema

Lehrbücher der Variationsrechnung (ohne Maximumprinzip und Dynamische Programmierung).

[1] Bolza, O.: Vorlesungen über Variationsrechnung. 2. Auflage, Chelsea Publishing Company, New York. Ohne Jahreszahl (715 Seiten).
Es handelt sich dabei um den verbesserten und ergänzten Text der 1. Auflage von 1909. Partienweise aber immer noch sehr lesenswert.

[2] Funk, P.: Variationsrechnung und ihre Anwendung in Physik und Technik. Springer, 1962 (676 Seiten).
Ausführliche und angenehm lesbare Darstellung, die auch auf die geschichtliche Entwicklung der Variationsrechnung eingeht. Befaßt sich nicht mit Anwendungen in der Regelungs- und Steuerungstechnik.

[3] Grüß, G.: Variationsrechnung. Quelle und Meyer. 2. Auflage, 1955 (282 Seiten).
Leider ist von diesem schönen und auch für Anwender gut lesbaren kleinen Buch keine weitere Auflage erschienen.

[4] Klingbeil, E.: Variationsrechnung. Bibliographisches Institut, 2. Auflage, 1988 (331 Seiten).

Allgemeine mathematische Lehrbücher, in denen die Variationsrechnung behandelt wird (ebenfalls ohne Maximumprinzip und Dynamische Programmierung).

[5] Duschek, A.: Vorlesungen über höhere Mathematik. Dritter Band, Teil IV (Variationsrechnung), ca. 90 Seiten. Springer, Wien, 2. Auflage, 1960.
Bringt nur notwendige Bedingungen.

[6] Smirnow, W.I.: Lehrgang der höheren Mathematik. Verlag Harri Deutsch, 1988.
Teil IV/1, Kapitel II (Variationsrechnung), ca. 90 Seiten.
Hier auch einige Beispiele zur Verwendung der Direkten Methoden der Variationsrechnung.

Bücher zur Optimierung dynamischer Systeme.

[7] Athans, M. - Falb, P.L.: Optimal Control. McGraw-Hill, 1966 (879 Seiten).
Sehr ausführliches Lehrbuch, das auch die mathematischen Grundlagen bringt. Keine Dynamische Programmierung.

[8] Bieß, G. - Erfurth, H. - Zeidler, G.: Optimale Prozesse und Systeme. Verlag Harri Deutsch, 1980 (108 Seiten).
Für den Anwender gedachte Zusammenstellung von Formeln und Verfahren, ohne Herleitung, aber mit Angabe der exakten Voraussetzungen.

[9] Bryson, A.E. - Ho, Y.-C.: Applied Optimal Control. J. Wiley, 1975, Kapitel 1-8 (ca. 270 Seiten).
Bringt überdies Differentialspiele und stochastische Optimierung.

[10] Fan, L.-T.: The Continuous Maximum Principle. J. Wiley, 1966 (411 Seiten).

[11] Hsu, J.C. - Meyer, A.U.: Modern Control Principles and Applications. McGraw-Hill, 1968. Part III: Optimum System Performance Analysis (ca.220 Seiten).

[12] Kirk, D.E.: Optimal Control Theory, An Introduction. Prentice Hall, 1970 (452 Seiten).
Als gut lesbare und schon recht weit gehende Einführung sehr geeignet. Bringt auch numerische Methoden (ca. 100 Seiten).

[13] Owens, D.M.: Multivariable and Optimal Systems. Academic Press, 1981. Optimierung in Kapitel 4, 5, 6 (ca. 140 Seiten).

[14] Petrov, J.P.: Variational Methods in Optimum Control Theory. Academic Press, 1968 (216 Seiten).
Gut lesbar. Dynamische Programmierung wird allerdings nur gestreift.

[15] Tolle, H.: Optimierungsverfahren. Springer, 1971 (291 Seiten).
Geht vom Caratheodoryschen Zugang zur Variationsrechnung aus. Bringt auch numerische Methoden.

[16] Tu, P.N.V.: Introductory Optimization Dynamics. Springer-Verlag, 1984 (387 Seiten).
Bringt auch die hinreichenden Bedingungen der Variationsrechnung. Zahlreiche Beispiele aus den Wirtschaftswissenschaften.

[17] Weihrich, G.: Optimale Regelung linearer deterministischer Prozesse. R. Oldenbourg Verlag, 1973 (200 Seiten).
Einführende Darstellung, die auch optimale Systeme

mit Führungs- und Störsignalen behandelt. Keine dynamische Programmierung.

Bücher über spezielle Themenkreise aus der Optimierung.

Optimierung linearer Systeme

[18] Anderson, B.D.O. - Moore, J.B.: Linear Optimal Control. Prentice Hall, 1971 (399 Seiten).

[19] Kwakernaak, H. - Siwan, R.: Linear Optimal Control Systems. Wiley-Interscience, 1972 (575 Seiten).

[20] Schwarz, H.: Optimale Regelung linearer Systeme. Bibliographisches Institut, 1976 (242 Seiten).

Dynamische Programmierung

[21] Bellman, R.E. - Dreyfus, S.E.: Applied Dynamic Programming. Princeton University Press, 2. Auflage, 1964 (361 Seiten).

[22] Larson, R.E. - Casti, J.L.: Principles of Dynamic Programming I (1978, 330 Seiten) II (1982, 497 Seiten). Verlag Marcel Dekker.
Gut lesbare Darstellung, die ausführlich auf die Berechnungsmethoden eingeht.

[23] Jacobs, O.L.R.: An Introduction to Dynamic Programming. Chapman and Hall, 1967 (126 Seiten).

[24] Schneider, G. - Mikolcic, H.: Einführung in die Methode der dynamischen Programmierung.
R. Oldenbourg Verlag, 1972 (106 Seiten).
Ausführliche, gut lesbare Einführung, die sich im Unterschied zu [23] auf diskrete Zeit beschränkt.

Stärker mathematisch orientierte Bücher über Optimierung.

[25] Bellman, R.: Dynamic Programming. Princeton University Press. 4. Auflage, 1965 (340 Seiten).

[26] Boltjanski, W.G.: Mathematische Methoden der optimalen Steuerung. Carl Hanser Verlag, 1972 (299 Seiten).
Falls ein Anwender tiefer in die neuere Optimierungstheorie eindringen will, ist ihm dieses Buch zu empfehlen. Setzt nur konventionelle Kenntnis der Analysis voraus. Bringt exakten Beweis des Maximumprinzips und stellt die Querverbindung zur Dynamischen Programmierung her.

[27] Frank, W.: Mathematische Grundlagen der Optimierung. R. Oldenbourg Verlag, 1969 (211 Seiten).
Macht nur geringe mathematische Voraussetzungen. Entwickelt Maximumprinzip und Dynamische Programmierung auf der Grundlage der klassischen Variationsrechnung.

[28] Gumowski, I. - Mira, C.: Optimization in Control Theory and Practice. Cambridge University Press, 1968 (242 Seiten).
Benutzt Funktionalanalysis, bringt aber, was benötigt wird. Verwendet den Caratheodoryschen Zugang zur Variationsrechnung. Bringt auch einen Abschnitt über Direkte Methoden der Variationsrechnung.

[29] Lee, E.B. - Markus, L.: Foundations of Optimal Control Theory. J. Wiley, 1967 (576 Seiten).
Profundes Werk, in dem man beispielsweise Bedingungen für die Hinlänglichkeit des Maximumprinzips findet, das aber wegen seiner mathematischen Anforderungen für den Anwender nicht leicht zu lesen ist.

[30] Pontrjagin, L.S. - Boltjanski, V.G. - Gamkrelidze, R.V. - Miscenko, E.F.: Mathematische Theorie optimaler Prozesse. R. Oldenbourg Verlag, 2. Auflage, 1967 (340 Seiten).
Setzt zum Verständnis der Beweise weitergehende mathematische Kenntnisse voraus, als sie einem Ingenieur normalerweise zur Verfügung stehen. Aufgabenstellungen und Beispiele aber gut verständlich.

Bücher über Gebiete der Optimierung, die in diesem Buch nicht behandelt werden.

Optimierung von Abtastsystemen (diskreten Systemen)

[31] Fan, L.-T. - Wang, C.-S.: Das diskrete Maximumprinzip. R. Oldenbourg Verlag, 1968 (197 Seiten).

Numerische Methoden der Optimierung

[32] Hofer, E. - Lunderstädt, R.: Numerische Methoden der Optimierung. R. Oldenbourg Verlag, 1975 (231 Seiten).

[33] Hoffmann, U. - Hofmann, H.: Einführung in die Optimierung. Verlag Chemie, 1971 (264 Seiten).
Für Anwender aus der chemischen Verfahrenstechnik geschrieben. Bringt auch etwas über Lineare, Nichtlineare und Dynamische Programmierung.

Siehe auch [12] und [15].

Lineare und nichtlineare Optimierung

[34] Koo, D.: Elements of Optimization, with Applications in Economics and Business. Springer, 1977 (220 Seiten).
Mit einem Kapitel über Variationsrechnung, Maximumprinzip und Dynamische Programmierung (ca.40 Seiten).

[35] Krabs, W.: Einführung in die lineare und nicht-lineare Optimierung für Ingenieure. B.G. Teubner, 1983 (232 Seiten).

[36] Nour Eldin, A.H.: Optimierung linearer Regelsysteme mit quadratischer Zielfunktion. Springer, 1971 (163 Seiten). Lösung dieses Optimierungsproblems, auch bei beschränkten Steuergrößen und Zustandsvariablen und allgemeiner Strecke (Totzeit und verteilte Parameter zugelassen), mittels nichtlinearer Optimierung.

Direkte Methoden der Variationsrechnung

[37] Jacob, H.G.: Rechnergestützte Optimierung statischer und dynamischer Systeme. Springer-Verlag, 1982 (229 Seiten).

Vektoroptimierung (Mehrziel-Optimierung, Polyoptimierung)

[38] Dück, W.: Optimierung unter mehreren Zielen. Vieweg, 1979 (104 Seiten).

[39] Salukvadze, M.E. - Casti, J.L.: Vector-Valued Optimization Problems in Control Theory. Academic Press, 1979 (219 Seiten).

Mathematische Hilfsmittel.

[40] Bronstein, I.N. - Semendjajew, K.A.: Taschenbuch der Mathematik. 25. Auflage, 1991, Verlag Nauka (Moskau)/B.G. Teubner/Harri Deutsch. Ergänzungsband, 6. Auflage, 1991, Verlag Harri Deutsch. Abschnitt 3.2 Variationsrechnung und optimale Prozesse (ca. 35 Seiten, darin auch Maximumprinzip). Kapitel 6: Lineare Optimierung (ca. 40 Sei-

ten). Abschnitt 9.1 bis 9.3: Ganzzahlige, lineare, nichtlineare, dynamische Optimierung (ca. 35 Seiten).

[41] Föllinger, O.: Laplace- und Fourier-Transformation. Hüthig-Verlag, 6. Auflage, 1993.

[42] Zurmühl, R. - Falk, S.: Matrizen und ihre Anwendungen. Teil 1: Grundlagen. Springer-Verlag, 5. Auflage, 1984.

Regelungstechnische Grundlagen

[43] Föllinger, O., unter Mitwirkung von F. Dörrscheidt und M. Klittich: Regelungstechnik, Einführung in die Methoden und ihre Anwendung. Hüthig-Verlag, 7. Auflage, 1992.

[44] Föllinger, O.: Lineare Abtastsysteme. R. Oldenbourg Verlag, 5. Auflage, 1993.

[45] Föllinger, O.: Nichtlineare Regelungen I/II. R. Oldenbourg Verlag, 7. Auflage, 1993.

Weitere Bücher über die Optimierung von Regelungen

[46] Chui, C.K. - Chen, G.: Linear Systems and Optimal Control. Springer-Verlag, 1989.

[47] Geering, H.P. und andere: Optimierungsverfahren zur Lösung deterministischer regelungstechnischer Probleme. Verlag Paul Haupt, Bern und Stuttgart, 1982.

[48] Papageorgiou, M.: Optimierung. R. Oldenbourg Verlag, 1991.

Außer Methoden der Variationsrechnung (Teil II: Dynamische Optimierung) auch Parameteroptimierung (Teil I: Statische Optimierung) und stochastische Optimierung (Teil III).

[49] Unbehauen, H.: Regelungstechnik III. Friedr. Vieweg und Sohn, 4. Auflage, 1993, Kapitel 6 und 7.

[50] Weinmann, A.: Regelungen, Analyse und technischer Entwurf.
Springer-Verlag, Wien.
Band 2 (2. Auflage, 1987), Kapitel 10.
Band 3 (1986), Kapitel "Optimale Regelungen".

Noch zwei Bücher über numerische Methoden der Parameteroptimierung (statischen Optimierung)

[51] Fletcher, R.: Practical Methods of Optimization. Wiley & Sons, 2. Auflage, 1987 (Nachdrucke 1991 und 1993).

[52] Gill, P.E. - Murray, W. - Wright, M.H.: Practical Optimization.
Academic Press, 1981 (10. Nachdruck 1993).

Stichwortverzeichnis

www.ingramcontent.com/pod-product-compliance
Lightning Source LLC
Chambersburg PA
CBHW081526190326
41458CB00015B/5464